新型职业农民培训系列丛书

上海市土壤肥料与主要作物科学施肥技术

SHANGHAISHI TURANG FEILIAO YU ZHUYAO
ZUOWU KEXUE SHIFEI JISHU

林天杰　金海洋　主编

U0256268

中国农业出版社

图书在版编目（CIP）数据

上海市土壤肥料与主要作物科学施肥技术 / 林天杰，金海洋主编 . —北京：中国农业出版社，2015.9
（新型职业农民培训系列丛书）
ISBN 978 - 7 - 109 - 20744 - 8

Ⅰ.①上… Ⅱ.①林… ②金… Ⅲ.①耕作土壤-土壤肥力-上海市-技术培训-教材②作物-施肥-上海市-技术培训-教材 Ⅳ.①S159.251②S147.2

中国版本图书馆 CIP 数据核字（2015）第 180365 号

中国农业出版社出版
（北京市朝阳区麦子店街 18 号楼）
（邮政编码 100125）
策划编辑　石飞华
文字编辑　李　蕊

中国农业出版社印刷厂印刷　新华书店北京发行所发行
2015 年 9 月第 1 版　2015 年 9 月北京第 1 次印刷

开本：880mm×1230mm　1/32　印张：8.75
字数：241 千字
定价：24.00 元
（凡本版图书出现印刷、装订错误，请向出版社发行部调换）

丛 书 编 委 会

本 书 编 委 会

主　　编：林天杰　金海洋

副 主 编：徐春花　严　瑾　杨晓磊

编写人员：（以姓名笔画为序）

王　华　王　坚　王宏光　王寓群

汤勇华　孙　利　毕经伟　严　瑾

杨晓磊　邱韩英　张春明　陆　萍

林天杰　金海洋　周超英　施　俭

徐春花　翁德强　高善民　唐玉姝

董　晖

审　　稿：朱　恩　周丕生

序

  2014 年中央 1 号文件明确指出要"加大农业先进适用技术推广应用和农民技术培训力度""扶持发展新型农业经营主体"。上海市现代农业"十二五"规划中也确立了"坚持把培育新型农民、增加农民收入作为现代农业发展的中心环节"等五大基本原则。这些都对加强农业技术培训和农业人才培育，加快农业劳动者由传统农民向新型农民的转变提出了新的要求。

  上海市农业技术推广服务中心多年来一直承担着本市种植业条线农业技术人员和农民培训的职责，针对以往培训教材风格不一，有的教材内容滞后等问题，组织本市种植业条线农业技术推广部门各专业领域的多位专家编写了这套农民培训系列丛书。该丛书涵盖了粮油、蔬菜、西瓜、草莓、果树等作物栽培技术，以及粮油、蔬菜作物病虫害防治技术和土壤肥料技术等内容。编写人员长期从事农业生产工作，内容既有长期实践经验的理论提升，又有最新研究成果的总结提炼。同时，丛书力求通俗易懂、风格统一，以满足新形势下农民培训的要求。

相信该丛书的出版有助于上海市农业技术培训工作水平的提升和农业人才的加快培育，为上海都市现代农业的发展提供强大技术支撑和人才保障。

中共上海市委农村工作办公室

上海市农业委员会

副主任

2014 年 12 月

目　录

序

第一章
土壤与植物营养基础知识

第一节　土壤基础知识

一、土壤的概念及功能

土壤是地球的皮肤，是地壳表面岩石风化体及其再搬运沉积体在地球表面环境作用下形成的疏松物质。不同学科的科学家从自己的学科研究特点出发，对土壤的认识与理解不同，因此对土壤的定义不完全一致，应用较广泛的经典定义是，"土壤指地球陆地表面能够生长绿色植物的疏松层"。具有四大特征：①具有一定的物质组成——固、液、气三相。②具有自身的形成和发展过程，是一个独立的历史自然体——生物、气候、母质、地形、时间等自然因素和人类活动综合作用下的产物。③具有独特的三维空间形体特征——土壤剖面和土体构型。④具有肥力——能够生长绿色植物（本质特征）。

土壤是多功能的历史自然体，具有五大功能：①生产功能。是人类农业生产的基地。是植物生产的介质，在植物生长发育中具有营养库作用、养分转化与循环作用、雨水涵养作用、生物支撑作用、稳定和缓冲环境变化作用。②生态功能。是陆地生态系统的基础。维持生物活性和多样性，转化废弃物使其再循环利用，缓解、消除有害物质，调控水分循环系统，稳定陆地生态平衡。③环境功能。是环境的缓冲净化体系，全球有 $50\%\sim90\%$ 的污染物最终滞留在土壤中，是地球上污染物最大的"汇"，在土壤的自净能力范围内，是污染物最好的缓冲与净化地。④工程功能。是地面建筑工程基地与建筑材料。几乎 90％以上的建筑材料是由土壤中来的。⑤社会功能。是支撑人类社会生存与发展的最珍贵的自然资源。人类生存的基础生活中消耗的 80％以上的热量、75％以上的蛋白质和部分纤维素均直接来自土壤。

二、土壤的形成

自然界的矿物岩石经风化作用及外力搬运、沉积作用形成母质，母质经成土作用形成土壤。在地球上未出现生物之前，只进行岩石的风化作用，而且速度极其缓慢。地球上生物特别是高等绿色植物出现后，不仅大大加速了风化作用，而且能累积养分，促进肥力的发展，所以生物的出现也就标志着成土过程的开始。一般来讲，成土过程是在风化过程的基础上进行的，但实际上这两个过程往往交织在一起，很难将其截然分开。

土壤的形成是多种因素综合作用的结果。19 世纪俄国土壤学家 B. B. 道库恰耶夫总结认为成土因素主要有 5 个：母质、气候、生物、地形、时间。土壤是在这五大成土因素综合作用下形成的。

1. 母质 母质是土壤固相部分的基本材料和物质基础，也是植物矿质营养元素的最初来源。母质对土壤形成的影响主要表现在两个方面。一是母质的矿物组成、理化性状在其他因素的制约下，直接影响着成土过程的速度、性质和方向；二是母质对土壤理化性质有较大影响。成土过程愈长，土壤和母质的性质差异越大，但母质的某些性质仍会保留在土壤中，不同母质发育的土壤，其养分状况不同。

2. 气候 气候是主要的环境因素，与土壤形成关系密切的气候因素主要是温度与湿度。气候对土壤形成的影响体现在两个方面。一是直接参与母质的风化，水热状况直接影响到矿物质的分解与合成以及物质的累积和淋失；二是控制植物的生长和微生物的活动，影响有机质的累积、分解，决定养分物质循环的速度。

3. 生物　生物是土壤形成的主导因素，也是最活跃因素之一。生物因素包括植物、土壤动物与土壤微生物。生物除了积极参与岩石风化之外，还在土壤形成中进行着有机质的合成与分解，只有当母质中出现了微生物和植物时，土壤的形成才真正开始。植物对土壤的形成最主要作用是：通过光合作用合成有机质，把分散在母质、水体和大气中的营养元素选择性吸收累积在土壤中，对肥力的发展意义重大；根系的穿插对土壤结构的形成有重要作用；根系分泌物能引起一系列的生物化学作用和物理化学作用。土壤动物参与了土壤腐殖质的形成和养分转化，其残体是有机质的来源，参与一些有机残体的分解破碎作用以及搬运、疏松土壤和母质的作用，某些动物还参与土壤结构的形成，有的脊椎动物能够翻动土壤，改变土壤的剖面层次。土壤中的微生物种类多、数量大，在土壤物质与能量的生物学循环中起着极为重要的作用，一是分解有机质，释放各种养料为植物吸收；二是合成土壤腐殖质，发展土壤胶体性能；三是固定大气中氮素，增加土壤含氮量；四是促进土壤物质的溶解与迁移，增加矿质养分的有效度（如铁细菌能促进土壤中铁的溶解和移动）。

4. 地形　地形是间接的环境因素，对土壤形成和发展的影响与母质、生物、气候不同，它和土壤之间没有物质和能量的交换，只是影响土壤和环境之间物质和能量交换的一个条件。首先，地形能影响地表热量和水分的重新分配，其次能影响到母质的重新分配。

5. 时间　时间是成土作用的强度因素，各种成土因素作用于土壤，都因时间的增长而加强。土壤的形成和发展是在上述母质、气候、生物、地形等成土因素的作用下，随时间的进展而不断运动变化的产物。时间越长，土壤的性质及肥力的变化越大。

以上 5 个成土因素为自然成土因素，另外，人类活动影响到土壤的形成速度和发育进程，在土壤形成过程中有独特的作用。人类活动对土壤的影响有两重性，若合理改造、利用土壤，有助于土壤肥力的提高，若利用不当，就会破坏土壤。

三、土壤的物质组成

土壤是由固相（包括矿物质、有机质和活的生物体）、液相和气相等三相物质组成的疏松多孔体。其物质组成如图1-1所示。

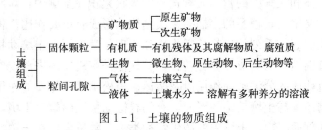

图1-1　土壤的物质组成

土壤是一个多孔体系，由土粒和粒间孔隙组成。土壤孔隙是土壤水分、空气存在的场所，是物质和能量交换的场所，是土壤动物和微生物活动的场所，也是植物根系伸展的空间。土壤的三相物质共同构成了一个相互联系、相互制约、不断运动的统一体。这些物质的比例关系及其运动变化对土壤肥力有直接影响，是土壤肥力的物质基础。

（一）土壤矿物质

土壤矿物质是土壤的主要组成物质，构成土壤的"骨骼"，一般占土壤固相质量的95%～98%。固相的其余部分为有机质和土壤微生物，所占比例小，占固相质量的5%以下。土壤矿物质的组成、结构和性质对土壤物理性质（结构性、水分性质、通气性、热学性质、力学性质和耕性）、化学性质（吸附性能、表面活性、酸碱性、氧化还原电位和缓冲性能）以及生物和生物化学性质（土壤微生物、生物多样性和酶活性等）均有深刻的影响。土壤矿物质的元素组成很复杂，元素周期表中全部元素几乎都能发现，但主要元素组成约有20种，包括氧、硅、铝、铁、钙、镁、钛、钾、钠、氮、磷、硫及一些微量元素如锰、锌、铜、钼等。

土壤矿物的种类很多，约有 3 300 种。按矿物来源，分为原生矿物和次生矿物。原生矿物是直接来源于母岩的矿物，其中岩浆岩是其主要来源；原生矿物以硅酸盐和铝硅酸盐占绝对优势，常见有石英、长石、云母、辉石、角闪石和橄榄石以及其他硅酸盐类和非硅酸盐类；原生矿物含有丰富的钙、镁、钾、钠、磷、硫和多种微量元素，经风风化作用供植物吸收，是植物养分的重要来源。次生矿物是由原生矿物分解转化而成，以结晶层状硅酸盐黏土矿物为主，还含有相当数量的晶态和非晶态的硅、铁、铝氧化物和水化氧化物。

（二）土壤有机质

土壤有机质是土壤中的各种植物残体和动物微生物遗体，在土壤生物的作用下形成的一类特殊的高分子化合物。土壤有机质是土壤固相的组成成分之一，尽管其仅占土壤质量的很小一部分，但其数量和质量是表征土壤质量的重要指标，在土壤肥力、环境保护和农业可持续发展方面具有十分重要的作用和意义。有机质提供土壤微生物活动所需的碳素和能量，提供植物生长所需的矿质养分，促进土壤养分的有效化，提高土壤的保肥供肥性和酸碱缓冲性，改善土壤的物理性状。土壤有机质对全球碳平衡起着重要作用，可认为是全球"温室效应"的主要因素。

土壤有机质含量变异性大，低的不足 5 g/kg（如一些漠境土和沙质土壤等），高的可达 200 g/kg，甚至 300 g/kg 以上（如泥炭土、一些森林土壤等）。通常将表层有机质含量高于 200 g/kg 的土壤称为有机质土壤，将表层有机质含量低于 200 g/kg 的土壤称为矿质土壤，耕作土壤表层的有机质含量通常在 50 g/kg 以下。

土壤有机质分为土壤腐殖质、未分解或部分分解的动植物残体和微生物生物量，其中 90% 以上为土壤腐殖质。土壤有机质含碳量平均为 580 g/kg，所以有机质含量是有机碳含量的 1.724 倍。

有机物进入土壤后，一方面在微生物酶作用下发生氧化反应，彻底分解而最终释放出二氧化碳、水、氨、矿物质和能量，将所含氮、磷、硫等营养元素释放成为植物可利用的矿物质，称为有机物的矿化；另一方面，通过微生物的合成或在植物组织中聚合转变为组成和结构比原来有机物更为复杂的新的有机化合物，称为有机物的腐殖化。江南地区土壤有机物质的平均腐殖化系数：作物秸秆为 0.21，作物根系为 0.40，绿肥为 0.21，厩肥为 0.40。

（三）土壤生物

土壤生物主要包括土壤微生物、土壤原生动物和后生动物。土壤生物是土壤肥力的核心，它们直接或间接参与了土壤中几乎所有的物理、化学、生物学反应，对土壤肥力意义重大。尤其是微生物与植物的关系非常密切，对植物的生长非常重要，有的微生物甚至成为植物生命体的一部分。

土壤微生物主要包括原核微生物（古细菌、细菌、放线菌、蓝细菌和黏细菌）、真核微生物（真菌、藻类和原生动物）以及无细胞结构的分子生物病毒；它是地表下数量最巨大的生命形式，每千克土壤可含 5 亿个细菌、100 亿个放线菌和近 10 亿个真菌。土壤动物按自身大小，可分为微型土壤动物（如原生动物和线虫等）、中型土壤动物（如螨等）、大型动物（蚯蚓、蚂蚁等）；它直接或间接地改变土壤结构，在促进土壤养分循环方面起着重要作用。土壤中高等植物根系虽只占土壤体积的 1%，但其呼吸作用却占土壤的 $1/4 \sim 1/3$；根系活动能明显影响土壤的物理和化学性质。

（四）土壤水分

土壤水分是指存在于土壤孔隙中及吸附于土粒表面的水分。土壤水分实际上并非纯水，而是很稀的土壤溶液，除了供作物吸收外，对土壤的很多肥力性状都能产生深远的影响，比如矿质养分的溶解、有机质的分解与合成、土壤的氧化还原状况、土壤的通气状况、土壤的热性质、土壤的机械性能、耕性等都与土壤水分有密切的关系。

土壤水分按存在状态分为固态水（化学结合水和冰）、液态水和气态水（水汽）。其中数量最多的是液态水，它分为束缚水和自由水，自由水又分为毛管水、重力水和地下水。生产实践中常用吸湿系数、凋萎系数、田间持水量和饱和含水量等水分常数来反映土壤水对生产作用的能力水平。土壤水按被植物吸收利用的难易程度分为无效水、有效水（分为速效水和迟效水），低于凋萎系数的属于无效水，有效水一般为土壤田间持水量和萎蔫系数之差。

（五）土壤空气

土壤空气存在于未被水占据的土壤孔隙中，其含量取决于土壤孔隙度和土壤含水量。土壤空气与大气的组成相似，但是在含量上存在一些差异；通气良好的土壤，空气组成接近于大气，通气不良土壤的空气组成和大气差异较大；通常土壤空气的二氧化碳高于大气，氧气低于大气，水汽高于大气，氮气稍大于大气，还含有较多的甲烷、氢气等还原性气体。土壤的通气性对土壤的发育和植物的生长具有重要的作用，肥沃土壤要有良好的通气性，一般认为种子正常发芽的氧含量必须在10％以上，大多数植物根系在土壤空气中氧浓度低于10％就有明显的生长影响，氧浓度为3％～5％时，绝大多数植物根系停止生长发育。土壤孔隙的多少和大小孔隙比例要保持适当，以保证植物需求的水分与空气。调节土壤空气的方法主要是改善土壤结构以改变大小孔隙比例，如采用合理耕作、轮作、排水等措施。

（六）土壤热量

土壤的热状况对植物生长和微生物活动有极其重要的影响，水、肥、气、热共同组成土壤肥力要素。土壤热量的来源主要有太阳辐射能、微生物分解有机质产生的生物热能、地球内热。调节土温的一般措施有垄作、中耕、深翻、镇压、培土等，利用水分热容量大的特性以水调温，利用农作物秸秆、塑料薄膜、化学制剂等材料的覆盖调温，设置风障、营建防护林提高地温。

四、土壤颗粒和质地

(一) 土壤颗粒

土壤颗粒（土粒）是构成土壤固相骨架的基本颗粒，数目众多、大小（粗细）和形状迥异。土粒可分为矿质颗粒和有机颗粒两种，前者占土壤固相质量的 95% 以上，而且可以长期稳定存在，构成土壤固相骨架，后者极易被小动物吞噬和微生物分解，或者与矿质颗粒结合而形成复粒，很少单独存在。国内外对土粒分级制有不同的标准（表 1-1），但基本粒级大致相近，都把矿物土粒分为石砾、沙粒、粉粒和黏粒 4 组，我国土壤工作中，1949 年以来应

表 1-1　常见土壤粒级制

当量粒径（mm）	中国制	卡庆斯基制		美国农部制	国际制
3～2	石砾	石砾		石砾	石砾
2～1				极粗沙粒	
1～0.5	粗沙砾	物理性沙粒	粗沙粒	粗沙粒	粗沙粒
0.5～0.25			中沙粒	中沙粒	
0.25～0.2	细沙粒		细沙粒	细沙粒	细沙粒
0.2～0.1		细沙粒			
0.1～0.05			极细沙粒		
0.05～0.02	粗粉粒	粗粉粒		粉粒	粉粒
0.02～0.01					
0.01～0.005	中粉粒	中粉粒			
0.005～0.002	细粉粒	物理性黏粒	细粉粒		
0.002～0.001	粗黏粒				
0.001～0.000 5	细黏粒		黏粒	粗黏粒	黏粒
0.000 5～0.000 81				细黏粒	
<0.000 1				胶体	

引自：黄昌勇，《土壤学》，2010。

用较多的是苏联的卡庆斯基制，20 世纪 80 年代后也有文献引用国际制和美国制。中国制应用还较少。

（二）土壤质地

土壤质地是指土壤中各粒级土粒的配合比例，或各粒级土粒占土壤质量的百分比组合。它是根据土壤机械分析，分别计算各粒级的相对含量，即分析机械组成（或称粒级组成）而确定的。土壤质地对土壤的养分含量、通气透水性、保水保肥性和耕性等各种性状都有很大的影响。

古代的土壤质地分类是根据人们对土壤沙黏程度的感觉来进行，19 世纪后期开始测定土壤机械组成并开始划分土壤质地，至今全世界有 20～30 种土壤质地分类制。1949 年之前，我国使用的是国际分类制和美国分类制，1949 年之后使用的是苏联卡庆斯基简化分类制，前两者采用三元制（沙、粉、黏三级含量比），后者采用二元制（物理性沙粒与物理性黏粒两级含量比）。

国际制：按三元制把土壤质地分为 4 类 12 级，以黏粒含量15％、25％作为壤土类、黏壤土类和黏土类的划分界限，以沙粒含量85％作为划分沙土与其他 3 类土壤的界限（表 1-2）。

表 1-2 国际制土壤质地分类标准

质地类别	质地名称	各级土粒含量（%）		
		黏粒 （<0.002 mm）	粉（沙）粒 （0.02～0.002 mm）	沙粒 （2～0.02 mm）
沙土类	沙土及壤质沙土	0～15	0～15	85～100
壤土类	沙质壤土	0～15	0～45	55～85
	壤土	0～15	30～45	40～55
	粉（沙）质壤土	0～15	45～100	0～55

（续）

质地类别	质地名称	各级土粒含量（%）		
		黏粒 （<0.002 mm）	粉（沙）粒 （0.02~0.002 mm）	沙粒 （2~0.02 mm）
黏壤 土类	沙质黏壤土	15~25	0~30	55~85
	黏壤土	15~25	20~45	30~55
	粉（沙）质黏壤土	15~25	45~85	0~40
黏土类	沙质黏土	25~45	0~20	55~75
	壤质黏土	25~45	0~45	10~55
	粉（沙）质黏土	25~45	45~75	0~30
	黏土	45~65	0~35	0~55
	重黏土	65~100	0~35	0~35

引自：林成谷，《土壤学》北方本。

美国农部制：根据沙粒（2~0.05 mm）、粉粒（0.05~0.002 mm）和黏粒（<0.002 mm）3个粒级的比例，划定12个质地名称，分别是沙土、壤沙土、粉土、沙壤、壤土、粉壤、沙黏壤、黏壤、粉黏壤、沙黏土、粉黏土和黏土。

卡庆斯基制：按照土壤中物理性沙粒与物理性黏粒两级含量比例，根据3类土壤划分为9个质地名称（表1-3），卡庆斯基制还根据石砾含量进行质地的分类，适用于山地土壤质地分类（表1-4）。土壤灰化土的分类标准比较适合上海地区。

表1-3　卡庆斯基制土壤质地分类（简制）

质地组	质地名称	物理性黏粒（<0.01 mm）（%）			物理性沙粒（>0.01 mm）（%）		
		灰化土	草原土、 红黄壤类	碱化、 碱土类	灰化土类	草原土、 红黄壤类	碱化土、 碱土
沙土	松沙土	0~5	0~5	0~5	100~95	100~95	100~95
	紧沙土	5~10	5~10	5~10	95~90	95~90	95~90

（续）

质地组	质地名称	物理性黏粒（<0.01 mm）（%）			物理性沙粒（>0.01 mm）（%）		
		灰化土	草原土、红黄壤类	碱化、碱土类	灰化土类	草原土、红黄壤类	碱化土、碱土
壤土	沙壤土	10～20	10～20	10～15	90～80	90～80	90～85
	轻壤土	20～30	20～30	15～20	80～70	80～70	85～80
	中壤土	30～40	30～45	20～30	70～60	70～55	80～70
	重壤土	40～50	45～60	30～40	60～50	55～40	70～60
黏土	轻黏土	50～65	60～75	40～50	50～35	40～25	60～50
	中黏土	65～80	75～85	50～65	35～20	25～15	50～35
	重黏土	>80	>85	>65	<20	<15	<35

引自：林成谷，《土壤学》北方本。

表1-4 土壤石质程度分类

（卡庆斯基，1972）

1 mm 石砾含量（%）	石质程度
<0.5	非石质土（质地名称前不冠）
0.5～5	轻石质土
5～10	中石质土
>10	重石质土

中国质地制（暂行方案）：1975年，中国科学院南京土壤研究所等单位总结拟订了中国土壤质地分类的暂行方案，将土壤分为三大组12类（表1-5、表1-6）。中国质地制比较符合我国国情，但目前使用较少，在实际应用中还需进一步补充与完善。

表 1-5　我国土壤质地分类标准

质地组	质地名称	不同粒级的颗粒组成（%）		
		沙粒（1～0.05 mm）	粗粉粒（0.05～0.01 mm）	细黏粒（<0.001 mm）
沙土	粗沙土	>70		
	细沙土	60～70		
	面沙土	50～60		
壤土	沙粉土	>20	>40	<30
	粉土	>20		
	沙壤土	>20	<40	
	壤土	>20		
	沙黏土	>50		≥30
黏土	粉黏土			30～35
	壤黏土			35～40
	黏土			40～60
	重黏土			>60

引自：熊毅，《中国土壤》第二版，1987。

表 1-6　土壤石砾含量分级（中国质地制）

石砾含量（%）	分级
<1	无石砾（质地名称前不冠）
1～10	少砾质
>10	多砾质

引自：熊毅，《中国土壤》，1987。

（三）土壤质地的简易手测法

野外诊断土壤质地可以用手测法，需要有一定的经验来初步判断土壤的质地类型。具体操作方法：取玉米粒大小的里外都干的土，用拇指和食指挤压使之破碎，根据用力大小判断土质的粗细；

或取同样大小的湿土，用拇指和食指揉成球状到不粘手为止，然后拇指不动，食指用力搓压土球，看湿土球是否能搓压成片，观察片面断裂、平滑或发亮与否，判断土质粗细，标准如表1-7所示。

表1-7　土壤质地的简明判断

土质名称	干土状态	湿土状态
沙土	不成团，偶有小团轻压即散碎	手搓不成球可成球不成片
沙壤土	部分成块，用小力挤压即碎	勉强成片，并断裂成短片
轻壤土	成块较多，稍用力挤压可碎	能成片，可断裂成长片
中壤土	大部分成块，用力挤压才破碎	成片，片不易断裂
重壤土	成块，用大力挤压方可破碎	成片，片面光滑，片不断裂
黏土	成块，手指用力难捏碎	成片，片面平滑发亮，片不断裂

引自：赵东彦，《土壤质量管理与科学施肥》，2005。

另外，还可将要测的土壤湿透（以手捏不能从指缝间挤出水来为宜），用手搓成粗约8 mm的土条进行判断，如表1-8所示。

表1-8　湿土的土壤质地简易判断

土质名称	搓条过程土壤性状
沙土	不能成土条
沙壤土	开始有不完整的土条
轻壤土	揉条时细条成小段裂开
中壤土	细条完整，但曲成环时断裂开
重壤土	细条完整，曲成环时不断开，但有裂痕
黏土	细条完整，成环坚固，表面光滑

引自：赵东彦，《土壤质量管理与科学施肥》，2005。

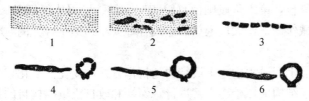

图1-2　湿土的土壤质地判断示意
1. 沙土　2. 沙壤土　3. 轻壤土　4. 中壤土　5. 重壤土　6. 黏土

五、土壤结构和土壤耕性

（一）土壤结构及结构性

土壤中的矿物颗粒，在大多数情况下都不是以单粒状存在，而是在多种因素的综合作用下，互相团聚成大小、形状和性质不同的土团、土片和土块等团聚体，这种团聚体称为土壤结构或结构体。土壤结构性是指土壤中结构体的形状、大小及其排列情况及相应的孔隙状况等综合特性。土壤结构不同，土壤中的孔隙特别是通气孔隙所占的比例有显著差异，直接影响土壤水、肥、气、热状况，从而在很大程度上反映了土壤的肥力水平。土壤结构状况与耕性也有密切关系，所以结构性是土壤的重要物理性质之一。

土壤结构依据结构体的几何形状、大小及其肥力特征，可划分成以下 4 个主要类型：块状结构和核状结构、柱状结构和棱柱状结构、片（板）状结构、团粒（粒状和小团块）结构。此外，在缺少有机质的沙土中，沙粒单个存在，并不黏结成结构体，也可称为单粒结构。块状、柱状和片状结构按其性质、作用均属于不良结构体，团粒结构属于农业生产上要求的良好的结构体。

具有团粒结构的土壤，松紧适宜、通水透气、保水、保肥、保温，扎根条件好，能协调水、肥、气、热诸肥力因素，土壤肥力较高，耕作管理比较省力；反之，非团粒结构的土壤各肥力因素不协调，耕作管理比较费力。

土壤团粒结构的形成，大体上分两个阶段：第一阶段是由单粒凝聚成复粒，第二阶段则由复粒相互黏结、团聚成微团粒、团粒，或在机械作用下，大块土垡破碎成各种大小、形状各异的粒状或团粒结构。

农业生产过程中，土壤结构随耕作方式的变化而变化，新结构生成与老结构破坏始终交替进行。保持和改良土壤结构目的是改善土壤团粒结构，主要措施除了增施有机肥料、不断补充形成团粒结构的物质基础有机质之外，还有以下几点。

（1）合理轮作　禾本科和豆科等根系发达能促进团粒结构的形成，多年生牧草比一年生作物能提供土壤更多的蛋白质、碳水化合物及其他胶质物质；合理灌溉、晒垡、冻垡。

（2）改良土壤的酸碱性　酸性土施用石灰，碱性土施用石膏，不仅有降低土壤的酸碱度作用，而且还有改良土壤结构的效果。

（3）应用土壤改良剂　主要有三类，第一类是人工合成高分子聚合物制剂，目前已试用的有水解聚丙烯腈钠盐、乙酸乙烯酯、顺丁烯二酸共聚物钙盐、聚乙烯醇、聚丙烯脱酰胺等；第二类是自然有机制剂，是从植物残体与泥炭等物质中提炼而来，如利用当地的褐煤、风化煤、泥炭等资源生产的腐殖酸肥料；第三类是无机制剂，如硅酸钠、膨润土、沸石、氧化铁（铝）硅酸盐等。

（二）土壤耕性与耕作

土壤耕作是在作物种植以前或种植过程中，为了改善植物生长条件而对土壤进行的机械操作。其主要作用有两点：一是改良土壤耕作层的物理状况，调整其中的固、液、气三相比例，改善耕层构造；二是使土壤符合自然条件和不同作物的栽培要求，如平作时要求地面平整，垄作时要有整齐土垄、开沟灌/排水等。

土壤耕作一般可分为常规耕作法和少、免耕法两大类，常规耕作法又称为传统耕作法或精耕细作法，通常指作物生产过程中由机械耕翻、耙压和中耕等组成的耕作体系，主要包括翻耕、碎土、耙地、整地、镇压、开沟、铲地、耖田等作业。土壤少耕法通常是指在常规耕作基础上减少土壤耕作次数和强度的一类土壤耕作体系，主要有田间局部耕翻代替全部耕翻、以耙代耕、以旋耕代犁耕、耕耙结合、板田播种和免中耕等。免耕法是免除土壤耕作，直接播种农作物的耕作方法。

土壤耕性是指土壤在耕作时所表现出来的特性，是土壤物理机械性的综合表现，及在耕作后土壤外在形态的表现。耕性的好坏可以反映土壤的熟化程度，直接关系到能否给作物创造一个合适的土壤环境并提高劳动效率，可从以下 3 个方面来衡量。一是耕作难易。耕作时土壤对农机具产生的阻力大小不同，可决定人力、畜力和动力的消耗，影响劳动效率。二是耕作质量好劣。耕性良好的土壤，耕作时阻力小，耕后疏松、细碎、平整，有利于作物的出苗和根系的发育；而耕性不良的土壤，耕作费力，耕后起大坷垃、大土垄，会影响播种质量、种子发芽和根系生长。三是宜耕期长短，即适宜耕作时间的长短。如沙性土宜耕期长，表现为"干好耕，湿好耕，不干不湿更好耕"；黏质土与之相反，宜耕期很短，表现为"早上软，晌午硬，到了下午锄不动"。

改善土壤耕性有改良耕作方法和调节土壤力学性质两个途径。可以通过调节土壤湿度来调节土壤力学性质，黏质土的宜耕土壤含水量为饱和持水量的 50%～60%，宜耕期短；沙质土为饱和持水量的 30%～70%，一般以土块被耕犁抛散而不粘农具为宜。此外，还可以通过增施有机肥来促进土壤有机—无机复合胶体生成，进而形成良好的土壤团粒结构，对沙土、黏土、壤土的耕性均有改善；客土改良，对过沙或过黏的土壤，通过与客土掺混的方法改善土壤的沙黏性。

六、土壤肥力和土壤生产力

一般认为，土壤肥力是指土壤在植物生长发育过程中，能够同时、不断地供应和协调植物需要的水分、养分、空气、热量和其他生活条件的能力，这种能力是土壤的物理、化学和生物性质的综合反映，因此，通常把水、肥、气、热称为土壤的四大肥力因素。"四要素"并非孤立存在，而是相互联系和制约的。土壤肥力分为自然肥力和人为肥力，自然肥力由自然因子（五大成土因素）综合作用发育而来；人为肥力由人为耕作熟化过程（人为耕作、施肥、灌溉及其他技术措施等作用）发育而来。

土壤生产力是由土壤本身的肥力属性和发挥肥力作用的外界条件所决定的，肥力只是生产力的基础，而不是生产力的全部。发挥肥力作用的外界条件指的是土壤所处的环境，包括气候、日照条件、地形及其相关的排水和供水条件，有无毒质或污染物的侵入等，也包括人为耕作、栽培等土壤管理措施。肥力因素相同相近的土壤在不同的环境条件下表现出来的生产力也可能差异很大。为了实现高产、高效、优质农业生产，除培肥地力外，还必须强化农田基本建设，如灌排条件、防护林等。

七、土壤的保肥供肥性能

土壤保肥性能是指土壤能吸收保持分子态、离子态或气态、固态养分的能力和特性。土壤吸收作用按其吸收机制可分为机械吸收、物理吸收、化学吸收、生物吸收和离子交换吸收等5种类型。

土壤的供肥性能指土壤在作物整个生育期内，持续不断地供应作物生长发育所必需的各种速效养分的能力和特性。它是土壤的重要属性和评价土壤肥力的重要指标。

土壤保肥和供肥性能的调节主要有以下几种方法。

一是加强农田基本建设。主要包括改造地表条件、平整土地和改良土壤、培肥土壤。平原地区以平整土地、兴修水利工程为主，建设田、渠、林、路、电配套的旱涝保收高产田。低洼潮湿区以排灌配套、修筑台田和条田、排涝洗盐改土为主。工程措施是基础，还要配套改良、培肥土壤的农业技术措施，才能达到改善土壤保肥供肥性能的目的。

二是合理耕作。合理耕作可以提高土壤的通气性和蓄水能力，促进土壤微生物的活动，加速土壤矿物质养分的风化释放和有机质的分解转化，显著地增加土壤有效养分。但耕作过于频繁，又容易造成土壤有机质分解过快和有效养分的过度消耗，必须做到适度、合理，并要与施肥等措施相配合。合理耕作主要包括合理耕翻、中耕、镇压、耙糖、深松耕作等。

三是合理灌排。水分条件影响土壤水、气、热的平衡和微生物活动，也在很大程度上左右着植物对养分的吸收。在生产上，干旱缺水会降低土壤养分的有效性，故施肥必须结合灌水，以便充分发挥肥效，促进作物生长；土壤水分过多，又会抑制土壤养分的释放，影响植物对养分的吸收，应及时排除，以便透气增温，促进养分转化。要根据作物需求与土壤条件采用合理灌排，灌溉方法主要有漫淹灌、喷灌、滴灌、渗灌等。

四是合理施肥。通过合理施肥调节土壤胶体状况，采用增施有机肥、秸秆还田和种植绿肥等措施，提高土壤有机质含量，不仅对提高土壤的保肥能力具有重要作用，而且还能提供一定数量的有效养分，提高土壤持续供应养分的能力。合理增施化肥，除能保持土壤稳定性、促进有机物质的分解和有效地调节养分供应外，还能提高作物的生物产量，相应地增加秸秆等有机物的归还量，起到"以无机（无机肥）促有机（增加有机质胶体）"的作用。所以，在施用有机肥料的基础上，适当增加化肥的投入，是改善土壤供肥性能、提高土壤保肥性能的基本措施。

五是调节交换性阳离子组成。土壤胶体吸附的阳离子比例失调，不利于作物养分的平衡吸收利用。如北方盐碱土中 Na^+ 过多，往往抑制作物对 Ca^{2+}、Mg^{2+}、K^+ 等养分的吸收；在南方红、黄壤地区，Al^{3+}、Mn^{2+} 过多会直接毒害作物。过多的 Na^+、Al^{3+} 导致 pH 过高或过低，使土壤的某些性质恶化，限制了土壤肥力的发挥，不利于作物的生长。因此，在南方适量施用石灰、草木灰等碱性物质，使土壤的盐基饱和度达 $70\%\sim80\%$，pH 达到 $6.0\sim6.5$，也是提高土壤肥力的重要措施。在碱土地区，施用石膏可以改良土壤。

第二节　植物营养与施肥基础知识

植物体内的组成很复杂，新鲜的植物含有 $75\%\sim95\%$ 的水分和 $5\%\sim25\%$ 的干物质，如果将干物质经煅烧之后，植物体的有机质就会进一步分解，C、H、O 和 N 这 4 种元素多数以气态的形式挥发掉，而残留下的灰分中所含的元素种类非常多，包括 P、K、

Ca、Mg、S、Fe、Mn、Zn、Cu、Mo、Cl、Si、Na、Al 等，随着现代分析技术的进步，发现植物体中的元素种类达几十种。但这么多种现在已发现的元素并非都是植物生长所必需的。现已证实，所有高等植物必需的营养元素有 16 种，即碳（C）、氢（H）、氧（O）、氮（N）、磷（P）、钾（K）、钙（Ca）、镁（Mg）、硫（S）、铁（Fe）、锰（Mn）、锌（Zn）、铜（Cu）、硼（B）、钼（Mo）、氯（Cl）。

一、植物必需营养元素的判定标准

Arnon 和 Stout（1939）提出判定一种元素是否为高等植物必需的营养元素要符合以下的 3 个标准：①该元素是植物正常生长所不可缺少的，如果缺少了，植物就不能完成其生活史，也即营养元素的必要性。②该元素在植物体内的营养功能不能被其他元素所代替，即营养元素功能的专一性。③该元素必须是直接参与植物的代谢作用，即起直接作用的，而不是起其他的间接作用的，也即营养元素功能的直接性。上述 16 种植物必需的营养元素均符合这 3 个标准。现还证明有些元素对某些植物可能也是必需的，而另外一些也可能是对植物生长起一定的促进作用。例如，硅（Si）对水稻是必需的，钠（Na）、钴（Co）、镍（Ni）、铝（Al）、钒（V）、碘（I）等元素在一定浓度下可能对作物生长有利，这些元素称为有益元素。

二、植物体内必需营养元素的含量

植物必需的 16 种营养元素在体内的含量有很大差别，按照植物体内含量的多寡可分为大量元素（包括 C、H、O、N、P、K、Ca、Mg、S 9 种）和微量元素（包括 Fe、Mn、Zn、Cu、B、Mo、Cl 7 种），有时也把 Ca、Mg、S 这 3 种营养元素称为中量元素或次量元素。其体内的含量（大约值）如表 1-9 所示。

表 1-9　植物体内必需元素含量及其相对比例（与 Mo 含量比较）

（综合 Stout，1939 和 Epstein，1972）

营养元素		占植物干物百分比（%）	植物可吸收利用的主要形态	与钼比较的相对原子数
大量元素	C	45.0	CO_2	60 000 000
	H	6.0	H_2O	30 000 000
	O	45.0	O_2，H_2O	40 000 000
	N	1.5	NO_3^-，NO_2^-，NH_4^+	1 000 000
	P	0.2	$H_2PO_4^-$，HPO_4^{2-}	60 000
	K	1.0	K^+	250 000
	Ca	0.5	Ca^{2+}	125 000
	Mg	0.2	Mg^{2+}	80 000
	S	0.1	SO_2，SO_4^{2-}	30 000
微量元素	Fe	0.01	Fe^{2+}，Fe^{3+}	2 000
	Mn	0.005	Mn^{2+}	2 000
	Zn	0.002	Zn^{2+}	300
	Cu	0.000 6	Cu^+，Cu^{2+}	100
	B	0.000 2	BO_3^{3-}，$B_4O_7^{2-}$	1 000
	Mo	0.000 01	MoO_4^{2-}	1
	Cl	0.01	Cl^-	3 000

引自：奚振邦，《现代化学肥料学》，2008。

三、作物对养分的吸收

作物主要依靠伸展在土壤中的根系吸收养分；亦可通过叶面吸收营养，作为根系吸收营养的补充。

作物在从土壤中吸收无机物和某些简单的有机物的同时，也向土壤分泌相应的物质。这些分泌物中，除了与土壤中的养分进行交换外，有些物质还能起到溶解土壤中的养分、提高其有效性的作用，如 H_2CO_3；有些则是供给和促进根际土壤微生物活动的有机物，如氨基酸。

（一）作物根系对养分的吸收

作物为了吸收养分，而具有强大的根系。其根系和土壤的接触面积可达几百平方米，大大超过地上部分与空气的接触面积。

具有吸收养分能力的根系是没有木质化的、新生的幼嫩部分，通常是根尖分生组织的 2～3 mm，但具有吸收能力的这部分根的寿命很短，大都只有几小时或几天。

根系对养分的吸收，必须具备几个基本条件。首先，营养环境中要有足够数量的可供吸收的养分和水分介质。其次，进行吸收作用的根尖表面细胞要有透性，其中的生物膜要有足够活性以使养分通过。最后，作物要有使养分进入根细胞并输送至地上部分的能力。

1. 养分向根系的运送 养分在土壤介质中的移动和向根系运送，主要通过 3 种途径。

（1）质流 是指养分作为土壤溶液中的溶质随土壤溶液运送到根表的过程。作物地上部的蒸腾作用是土壤中质流向根部运送的基本动力。

（2）扩散 作物根系吸收某种养分后会形成根际亏缺区，与根际外土体该养分较丰富的区域之间相比，存在浓度差或浓度梯度。这样，根际外土体的养分将通过扩散作用，由较丰富区向根际亏缺区迁移，运送至根表。

（3）截获 由于作物根系的不断伸展，不断增加根系与土壤颗粒的接触。根系通过扩大伸展范围和增加伸入土粒间空隙，与土粒密切接触，从土粒表面截取接触根表的有效养分。这一过程，也称为养分的接触交换。

由于不同养分在土壤中存在的形态和移动速率不一，不同作物的根系伸展和接触土壤的特点各异，因此，对不同作物吸收的养分总量及上述 3 种养分运送方式所占的比例，显然是不相同的。而对同一种作物吸收的不同养分及 3 种运送方式所占的比例也有很大差异（表 1-10）。

表 1-10　小麦根部的养分供应

一些残留养分	需要量（t/hm²）	供应比例（%）		
		质流	扩散	截获
N	110	82	11	7
P_2O_5	60	20	56	24
K_2O	200	30	63	7

引自：何念祖，《植物营养原理》，1987。

2. 根系对养分的吸收　达到根表的养分被根系吸收，进入作物体内被输送利用，是一个复杂的生理过程。包括两步：第一步，根表发生养分离子的接触交换；第二步，养分进入根细胞。

（1）养分离子的接触交换　即由植物呼吸作用产生的 H_2CO_3 以及合成产物中羧基功能团电离产生的 H^+ 和 HCO_3^-。这些离子可被吸附在根表或在细胞间隙中，分别和土壤溶液中的正离子和负离子进行交换。

这种离子的交换吸附方式，既可以发生在根系与土壤溶液的界面，也可以发生在根系与土粒接触的界面。

施用的化肥，养分离子经与作物根系交换后，其残留离子能改变介质的 pH 反应。因此，把一些能残留阴离子与交换后留下的 H^+ 结合的化肥，如 $(NH_4)_2SO_4$ 和 $NaNO_3$，能使介质变酸，称为生理酸性肥料；反之，一些能残留碱金属和碱土金属阳离子，并与交换下的 HCO_3^- 结合的化肥，如 $NaNO_3$ 和 $Ca(NO_3)_2$，能使介质变碱，称为生理碱性肥料。

上述根系与养分的这种交换吸附过程是一个非代谢性的被动过程，遵循一般的物理化学规律，作物一般不需消耗额外能量。

（2）养分进入根细胞　吸附在根表的养分，无论是离子还是分子，都必须透过原生质膜，才能进入细胞。原生质膜是一种生物膜，对透过物质具有生物选择性。

由于生物膜的成分复杂、结构巧妙，因而也较脆弱，其完整性和功能常受到多种环境因子（光强、干旱、低温）和矿质养分种类、相对含量等的影响。氧自由基和过氧化氢的毒害，亦会影响膜的生物活性和对矿质养分的吸收。

（二）作物吸收养分的特性

不同作物对养分的吸收有不同的特点，但所有作物都具有吸收养分的共同特性。

1. 作物的基本营养方式是无机营养　尽管作物根系能直接吸收少量可溶性有机物分子，但基本的营养方式是吸收无机物，主要是无机离子。如果对作物施用有机肥，也要分解成简单无机养分离子后才能被大量吸收。即使施用有机分子尿素，也需经氨化生成 NH_4^+ 向作物供氮。

2. 作物吸收养分的选择性　植物组织内虽然可以分析出 70 余种元素，但作物对必需的营养元素具有选择性。虽然，养分离子在根际和根表，常常遵循一般的物理化学原理；但要进入植物体内和参与同化作用时，植物具有主动性。

植物对养分的选择性吸收，是生物反映和体现其生命现象的一个重要特征。

3. 作物吸收养分的相对稳定性　不同作物有着不同的遗传性，长期在一定的营养环境中，逐步形成对必需养分的吸收特点，如对养分的吸收量、吸收比例、特殊的营养要求等，且具有相对稳定性。

不同作物营养特性的相对稳定主要表现在，同一作物能在不同的营养环境中吸收大致相同的养分量。如种植在世界各地不同土壤上的小麦，其麦粒的含氮量为 $1.8\% \sim 2.2\%$。如果品种相同，产量近似，则含氮量更为相近。另一方面，种植在相同环境（如同一土壤）上的不同作物，其吸收的营养元素则可能极为悬殊，如种植在同一土壤上的小麦、大豆和烟草，其养分含量的差异就很大（表 1-11）。

作物为了保持其固有的生长生理特点，有选择地吸收那些最必需的营养物质，通常具有一些特殊的组织结构和生理适应能力。如豆科作物根系的共生固氮以及对磷的溶解能力；香蕉、烟草、向日葵则有高度发达的木质部使其能吸收、转运大量的钾，这些都是不同作物相对稳定的营养特性。

表1-11　小麦、大豆和烟草的养分含量

作物	养分含量（%）			
	N	P_2O_5	K_2O	CaO
小麦	2.1	0.82	0.50	0.07
大豆	5.8	1.08	1.26	0.17
烟草	2.7	0.73	4.35	5.06

引自：奚振邦，《现代化学肥料学》，2008。

（三）植物的叶面营养

作物除了根部营养，还可以进行根外营养。最重要的根外营养器官是叶，叶面吸收的最重要的养分是 CO_2。植物的叶片，除了可以吸收离子与单盐外，还能吸收气体分子和有机物分子，如尿素分子。

根外喷施的营养液，可以通过两条途径进入植物体，一是通过气孔进入叶肉细胞，二是通过角质层到达表皮细胞内。不管从哪条途径进入植物体，喷施的营养物质都要求湿润，使其成为溶液状态，才能渗入活细胞，参与植物体内的新陈代谢活动。这就要求叶表面首先被湿润。所以，当天气干燥、夜间没有露水、植株内部又非常缺水时，根外追肥就不易得到理想的效果。

叶面施肥的优点是：可以在作物生长的不同阶段，尤其是生长旺盛的后期进行；吸收转化速率高，如喷施尿素在施用 24 h 内就有明显作用，而将其施入土壤一般要 4～5 d 才有效果，在气温低时甚至要等 7～9 d。

叶面施肥也有其局限与不足之处：养分经叶组织的穿透率低，尤其是角质层厚的作物；易从叶片的表面流失或被雨水淋洗；喷雾液易迅速干燥；叶片易灼伤等。

叶面施肥常用于防治缺素症，特别是微量元素，作为对根部施肥的补充。

四、植物必需营养元素的功能与缺素症

（一）大量元素

1. 氮 构成植物体的最小单位，是细胞的重要组成部分之一。蛋白质是细胞的主要组成部分，而氮在蛋白质中含 6%～18%。氮也是叶绿素的重要组成部分，植物进行光合作用，需要叶绿素。此外，植物体内所含的维生素、激素、生物碱等有机物中也含有氮素。氮一般聚集在幼嫩的部位和种子里。

氮充足：植物的茎叶繁茂、叶色深绿、延迟落叶。

缺氮：植株矮小，下部叶片首先缺绿变黄，逐步向上扩展，叶片薄而黄。

氮过量：氮肥施得过多，尤其在磷、钾供应不足时，会造成徒长、贪青、迟熟、易倒伏、感染病虫害，特别是一次用量过多会引起烧苗，所以一定要注意合理施肥。

2. 磷 是组成植物细胞的重要元素，也是很多酶的组成部分。磷能促进细胞分裂，对根系的发育有很大的促进作用。磷参与植物体内的一系列新陈代谢的过程，如光合作用、碳水化合物的合成、分解、运转等。促进体内可溶性糖类的贮存，从而能增强植物的抗旱抗寒能力。

磷充足：特别在苗期能促进根系发育，使根系早生快发，促进开花，对于球根花卉，能提高其质量和产量。

缺磷：植物生长受到抑制，首先下部叶片颜色发暗呈紫红色，开花迟，花亦小。

3. 钾 不直接组成有机化合物，而参与部分代谢过程和起调节作用。主要以离子态存在，在体内移动性大，通常分布在生长最旺盛的部位，如芽、幼叶、根尖等处。

钾充足：能促进光合作用，促进植物对氮、磷的吸收，有利于蛋白质的形成，使枝叶苗壮，枝秆木质化、粗壮，不易倒伏，增强抗病和耐寒能力。

缺钾：体内代谢易失调，光合作用显著下降，茎秆细瘦，根系生长受抑制，首先老叶的尖端和边缘变黄，形成"金边"，直至枯死，严重时大部分叶片枯黄。

（二）中量元素

1. 钙　是细胞壁中胶层的组成成分，以果胶钙的形态存在。钙易被固定下来，不能转移和再度利用。

缺钙：细胞壁不能形成，并会影响细胞分裂，妨碍新细胞的形成致使根系发育不良，植株缺钙严重时会使植物幼叶卷曲、叶尖有黏化现象，叶缘发黄，逐渐枯死，根尖细胞腐烂、死亡。

2. 镁　是一切绿色植物不可缺少的元素，因为镁是叶绿素的组成成分之一，对光合作用有重要的作用；镁又是许多酶的活化剂，有利于促进碳水化合物的代谢和呼吸作用。

缺镁：首先从老叶开始，叶肉失绿，叶脉清晰，类似"鱼骨状"，最后严重至叶片枯死。

3. 硫　是构成蛋白质和酶不可缺少的成分，含硫的有机化合物在植物体内参与氧化还原过程。因此在植物呼吸过程中，硫具有重要的作用。叶绿素的成分中虽不含硫，但它对叶绿素的形成有一定的影响。

缺硫：使叶绿素含量降低，叶色淡绿，严重缺硫时呈白色。硫在植物体内移动性较差，很少从衰老组织中向幼嫩组织运转。

（三）微量元素

1. 铁　通常占干物重的千分之几，是形成叶绿素所必需的。叶绿素本身不含铁，但缺铁叶绿素就不能形成，会造成"缺绿症"。铁在植物体中的流动性很小，老叶中的铁不能向新生组织中转移，因而不能再度利用。

缺铁：下部叶片常能保持绿色，而嫩叶上会呈现网状的"缺绿症"。

2. 锰 叶绿体的结构成分，参与光合作用、水的光解。是多种酶的活化剂，对植物呼吸、蛋白质的合成与水解、硝酸态氮的还原都起重要的作用。

缺锰：使植物体内硝态氮积累、可溶性非蛋白态氮素增多。

3. 铜 植物体内多种氧化酶的组成成分，在氧化还原反应中起重要作用。铜参与植物的呼吸作用，还影响作物对铁的利用。在叶绿体中含有较多的铜，与叶绿素的形成有关。铜还具有提高叶绿素稳定性的作用，避免叶绿素过早遭受破坏，有利于叶片更好地进行光合作用。

缺铜：会使叶绿素减少，叶片出现失绿现象，幼叶的叶尖因缺绿而黄化，最后叶片干枯、脱落。

4. 锌 是许多酶的组成成分。锌能促进植物体内生长素的合成，对植物体内物质水解、氧化还原过程以及蛋白质的合成等有重要作用。

缺锌：除叶片失绿外，在枝条尖端常会出现小叶和簇生现象，称为"小叶病"。严重时枝条死亡。

5. 硼 不是植物体内的结构成分，但硼能促进碳水化合物的正常运转，促进生殖器官的正常发育。硼还能调节水分的吸收和氧化还原过程。

缺硼：会影响花芽分化并发生落花落果现象，还会使茎秆裂开。

6. 钼 存在于生物催化剂之中，对豆科作物及自生固氮菌有重要作用，能促进豆科作物固氮。还能促进光合作用的强度，以及消除酸性土壤中活性铝在植物体内累积而产生的毒害作用。

植物缺钼的共同症状：植株矮小，生长受抑制，叶片失绿、枯萎以致坏死。豆科作物缺钼，根瘤发育不良，瘤小而少，固氮能力减弱或不能固氮。

7. 氯　植物光合作用中水的光解需要氯离子参加。氯离子是细胞液和植物细胞本身的渗透压的调节剂和阳离子的平衡者。因为环境中存在丰富的氯，通常不会产生缺乏现象。

（四）植物营养缺乏症状检索表

不同植物表现出不同的缺素症状，即使是相近的种类间也有差异。

A. 影响到全株或局部的老叶，特别表现在下部老叶

1. 影响到全株老叶明显变黄和死亡

a. 叶浅绿色，植株矮且茎细，有的裂开，叶小，下部叶浅绿色、黄色后转为褐色而枯死 ·· 缺氮

b. 叶暗绿，生长慢，有时下新叶的叶脉（尤其是叶柄）黄色且带紫色，落叶早 ·· 缺磷

2. 经常局部影响较老的和下部的叶

a. 下部叶靠近顶部和边缘有斑点，通常坏死。边缘开始变黄并继续向中间发展，以后老叶凋落 ································ 缺钾

b. 下部叶黄化，在后期坏死。叶脉间黄化，叶脉为正常绿色，叶边缘向上或向下有揉皱，叶脉间突然坏死 ············ 缺镁

B. 局部影响新叶

1. 顶芽生长良好

a. 叶黄化，叶脉保持绿色

①通常无坏死斑点，在极端情况下，边缘和顶部有坏死，有时向内发展，仅较大的叶脉保持绿色 ···················· 缺铁

② 通常有坏死斑点，并分散整个叶面，呈棋格或最终呈网状，只有最小叶脉保持绿色 ······································ 缺锰

b. 叶呈淡绿色，叶脉色比叶中间淡，坏死较少，老叶很少或不死亡 ·· 缺硫

2. 顶芽通常死亡

a. 叶的尖端和边缘坏死，顶端有弯曲，出现上述症状之前根已死亡 ····· 缺钙

b. 嫩叶基部碎裂，茎及时柄脆弱，分生组织死亡，有增加分枝的趋势 ·· 缺硼

五、科学施肥的依据

农业生产通过作物进行物质和能量的转化，最终获得人类生活需要的农产品。构成农作物需要的营养元素，一部分可以从大气、水和土壤中获取；而当环境中有效营养元素含量不足，不能满足农作物的需要时，则要通过施肥来补充土壤环境中的营养元素，这就构成了科学施肥的依据。

(一)养分归还（补偿）学说

养分补偿学说是养分归还学说的发展，是施肥的基本原理之一。德国化学家李比希 1843 年在所著的《化学在农业和生理学上的应用》一书中，系统地阐述了植物、土壤和肥料中营养物质变化及其相互关系，提出了养分归还学说。认为人类在土地上种植作物，并把产物拿走，作物从土壤中吸收矿质元素，就必然会使地力逐渐下降，从而土壤中所含养分会越来越少，如果不把植物带走的营养元素归还给土壤，土壤最终会由于土壤肥力衰减而成为不毛之地。因此要恢复和保持地力，就必须将从土壤中拿走的营养物质还给土壤，必须处理好用地与养地的矛盾。

(二)同等重要律

不论大量元素还是微量元素，对农作物来说都是同等重要的，缺一不可，缺少了其中的任何一种营养元素，作物就会出现缺素症状，而不能正常的生长发育、结实，甚至会死亡，导致减产或绝收。例如，作物对铜的需要量很少，但小麦缺铜则会出现不孕小穗。

(三)不可替代律

作物需要的各种营养元素，在作物体内都有其一定的功能，相互之间不能代替。如缺少钾，不能用磷代替，缺磷不能用氮代替，即使是和它们化学性质十分相似的其他元素也不行。缺少什么元素，就必须施用含有该元素肥料。

（四）最小养分律（木桶理论）

上述的两条定律说明，要保证作物的正常生长发育，获得高产，就必须满足作物所需要的一切元素的种类和数量及其比例。若其中有一个达不到需要的数量，生长就会受到影响，产量就受这一最小元素所制约。最小的那种养分就是养分限制因子。无视这种养分的短缺，即使其他养分充足，也难以提高作物产量。需要提出的是最小养分不是指土壤中绝对含量最少的养分，而是对作物的需要而言的，是指土壤中有效养分相对含量最少（即土壤的供给能力最低）的那种养分。

最小养分律可用木桶盛水的样子形象地表示出来，又称为木桶理论。土壤好比一个盛水的木桶，构成木桶的每一块木板代表土壤中一种营养元素，如果土壤缺氮，氮素就是最小养分，代表氮素的木板就比其他木板低一些，木桶的盛水量代表作物的产量，盛水超过代表氮素的木板就会自然流出，要想提高木桶的盛水量，必须提高氮素木板的高度（图1-3）。

最小养分随作物种类、产量和施肥水平而变化。一种最小养分得到满足后，另一种养分就可能成为新的最小养分。例如，新中国成立初期，我国基本上没有化肥工业，土壤贫瘠、突出表现为缺氮，施用氮肥都有明显的增产效果。到了20世纪60年代，随着生产的发展，化学氮肥的施用量有了一定增长，作物产量也在提高，但有些地区开始出现单施氮肥增产效果不明显的现象，于是土壤供磷不足就成了进一步提高产量的制约因素。在施氮基础上，增施磷肥，作物产量大幅度增加。到了70年代，随氮、磷用量的增长及复种指数的提高，作物产量提高到了一个新水平，对土壤养分有了更高的要求，南方的有些地区开始表现缺钾；北方一些高产地块也出现了土壤供钾不足或某些微量元素的缺乏。最小养分一般是指大

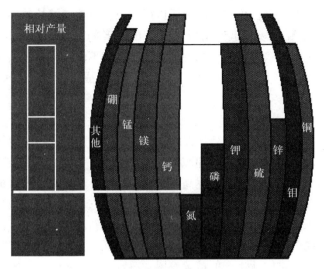

图 1 - 3　最小养分的木桶示意

量元素，但对某些土壤来说是指硼，缺硼会出现油菜花而不实或棉花的蕾铃脱落；北方出现的水稻坐蔸和玉米白化苗病，只有在施用硼肥或锌肥后，病症才会消退。

根据最小养分律，在施肥实践上，应根据土壤有效养分含量和作物需肥特性，首先施用养分含量最小（缺）的那种肥料，当发生最小养分转变，新的最小养分出现时，施肥的目的随之转变。因而在实际施肥过程中，需进行各种肥料的配合施用，使各种养分因子在较高水平上满足作物需要。

（五）报酬递减律

在生产条件相对稳定的前提下，随着施肥量的增加，作物产量也随之增加，但增产率呈递减趋势。这一经济规律包含以下几层意思。

① 这一规律是以各项技术条件相对稳定为前提，反映了限制因素与作物增产的关系。如果在生产过程中，某项技术条件有了新的改变或突破，则上述限制因素也就随之发生变化。原来的生长限

制因素很可能让位给另一生长限制因素，产量将随新的因素条件的改善而有所提高。但在达到适量以后，仍将出现递减的趋势。

② 报酬递减律是说明投入和产出两者的关系。产出的多少，并不总是和投入呈直线正相关的。如果我们不注意研究投入和产出的关系，而一味地盲目大量施肥，就会造成"增产不增收"等现象。

③ 正因为投入和产出不一定呈直线正相关的关系，所以就应该根据农作物对肥料的效应曲线来确定获得高产的最佳施肥量。

总之，充分认识报酬递减这一经济规律，并用它来指导施肥，就可避免施肥的盲目性，提高肥料的利用率，从而发挥肥料最大的经济效益。另外，我们也不应该消极地对待它，片面地以减少化肥施用量来降低生产成本；相反，我们应研究新的技术措施，促进生产条件的改进，在逐步提高施肥水平的情况下，力争提高肥料的经济效益，促进农业生产的持续发展。

（六）因子综合作用律

作物的生长发育是受到各因子（水、肥、气、热、光及其他农业技术措施）影响的，只有在外界条件保证作物正常生长发育的前提下，才能充分发挥施肥的效果。因子综合作用律的中心意思就是：作物产量是影响作物生长发育的诸因子综合作用的结果，但其中必然有一个起主导作用的限制因子，作物产量在一定程度上受该限制因子的制约。所以施肥就与其他农业技术措施配合，各种肥分之间也要配合施用。如水能控肥，施肥与灌溉的配合就很重要。

第二章
上海土壤的主要特点

第一节　上海土壤的成土历史与地貌特征

一、成土历史

上海平原的成因，据大量的考古、历史和地学工作的资料表明，西部洼地是先由长江和钱塘江大量泥沙堆积成若干沙嘴，其后逐渐封淤而成；中部"冈身"是若干沙嘴的连接地带；东部滨海则是向外伸展的堆积地区。

第二次土壤普查结果表明，上海平原的地史变迁中，沉积母质屡经叠加覆盖的现象相当普遍，不论西部、中部或东部地区，都发现有埋藏的古沉积层或古土壤层。

在西部洼地，埋藏的泥炭层或腐泥层较为普遍，这是当时沼泽环境的产物。在中部"冈身"，断续出现埋藏的贝壳沙层段，其上叠加沉积的黄棕色土层中，普遍有草甸化的老表土层埋藏。在东部滨海，虽然多系江海沉积层，一般富含碳酸盐，经自然淋溶而中部层段常有石灰结核，但局部亦有埋藏的腐泥层或老表土层。总的说来，成陆和成土的年龄是比较轻的。

根据上海市第二次土壤普查对上海不同成因环境、不同沉积层位的埋藏古表土层及新生体的样本的 ^{14}C 测年资料表明了上海市自西而东，即湖群地段→湖群边缘→"冈身"地段→"冈身"外侧→滨海地段，在 $1\sim2\,m$ 土壤层和沉积层内的年龄差异和位移变化。

（一）中部"冈身"的贝壳沙层

此层是上海地区年龄较早的沉积层，但其上覆盖的是黄棕色的偏黏土层，且层间夹有暗灰色的老表土层，是埋藏的古草甸遗痕，距今有 2 000 年左右。

（二）西部洼地广泛分布的泥炭层或腐泥层

此层通常埋伏在离地表 40～50 cm，甚至 100 cm 处，其形成距今有 2 000 年左右，但青浦、松江区境内较金山一侧年轻，相差 500 年左右。另外，自金山、松江毗邻地段起至金山境内，埋藏的泥炭层或腐泥层多与古黄斑层相衔接，且层段界面清晰。此古黄斑土层土体坚实，不甚透水，多锈斑和铁、锰结核，说明此层形成于干湿交替的氧化环境。此层在古文化遗址的断面层次划分中，称为"锈斑土层"，是当时先民赖以生存的古土壤，距今有 4 000～5 000 年，甚至 6 000～7 000 年了。

（三）东部滨海是成陆较晚的地区

原南汇境内存有埋藏距今 1 000 年左右腐泥层，至少反映了当时成陆后的地面一度较为稳定，出现过滨海草甸土形成阶段，也说明这一带海平面既出现过相对上升阶段，又出现过相对稳定阶段。

（四）三岛地区

崇明、长兴、横沙三岛均为长江入海口因海水顶托作用而形成的江心沙洲，成土年龄较晚，以崇明岛为最早，已有 1 300 多年历史。公元 618 年（唐武德元年），长江口外海面上东沙西沙两岛开始出露。以后许多沙洲时东时西、忽南忽北涨坍变化，至明末清初，始连成一个崇明大岛。公元 696 年（唐万岁通天元年）初，始有人在岛上居住。公元 705 年（唐神龙元年），在西沙设镇，取名为崇明（"崇"为高，"明"为海阔天空，"崇明"意为高出水面而又平坦宽阔的明净平地）。公元 1222 年（南宋嘉定十五年）设天赐盐场，隶通州。公元 1277 年（元至元十四年）升为崇明州，隶扬州路。公元 1396 年（明洪武二年）由州为县，先隶扬州路，后隶苏州府，兼隶太仓州。中华民国时期，先后隶属江苏南通、松江。新中国成立后，隶属江苏南通专区。1958 年 12 月 1 日起改隶上海市。横沙岛成陆稍次，在清咸丰八年（1858 年）开始露出水面，咸丰十年长江主流走北支入海，横沙南部向外激涨。清同治二年（1863 年）丈见滩地面积 186 hm²，同治十二年（1873 年）丈见泥涂水影 700 hm²，至光绪年间，面积淤成东西宽 5 km、南北长 7.5 km 的沙岛。据此计算，横沙岛的成陆年龄距今已有 155 年。长兴乡位于吴淞口外长江南水道，东邻横沙岛，北伴崇明岛。长兴岛成陆于清咸丰年间（1851 年），几与横沙岛相近。

二、地貌特征

上海地貌成因的地质背景，主要是在全新世海侵旋回和构造沉降的同时，又经历了江、海、河、湖的沉积作用，才构成了现今的坦荡平原。这片平原的相对高差虽然只有 3～4 m，似乎比较平缓，但它们彼此间的地貌形态及其成因不尽一致，因而分异现象仍较明显。循此，从平原地貌成因的外动力条件，可将上海平原粗略划分为湖沼平原、沿江平原、滨海平原、沙岛平原和星散残丘 5 个一级地貌类型。

（一）湖沼平原地貌特征

分布于西部的松江、金山、青浦 3 个区境内，主要由较为封闭的碟形洼地组成。众多碟形洼地的碟底部位，地面高程多在 3.2 m 以下，地下水位高，常在 50 cm 以内；但碟缘部位的地势稍高，地面高程以 3.8～4.0 m 居多；而碟底向碟缘过渡地段，稍有微波起伏，地面高程多在 3.2～3.8 m，土体渍水严重。但在淀山湖湖滨地段，常见"龟背"地形，而在青浦西部的湖群密布地段，则多"岛状"地形，地面高程多为 3.8～4.2 m，其间还存有少量圩头小洼地，地面高程在 3.5 m 或 3.2 m 以下。另外，境内泖河两侧，地势低下，地面高程都在 2.0～3.2 m 或者更低，且圩头多，微地形分割，加上潮汐频繁，形成地低水高的环境。

（二）沿江平原地貌特征

分布于黄浦江两侧的闵行、嘉定、宝山、奉贤区境内。主要是吴淞江与黄浦江汇合的三角地带，以及浏河下侧沿江地段的冲积物。境内地势要明显高于湖沼地区，地面高程通常在 3.5～4.5 m，微地形较为起伏，局部高亢地的高程要超过 4.5～5.0 m，局部洼地则不到 3.5 m，地下水位多在 60～120 cm，由于处于强感潮河地段，地下水位波动较大。

（三）滨海平原地貌特征

分布范围波及"冈身"以东的闵行、嘉定、浦东新区、南汇、奉贤和金山等区境内。地势高爽平缓，地面高程多在 4.0～5.0 m，局部低洼地则不到 3.5 m，地下水位都在 100 cm 以下，其中贝壳堤或沙堤众多，呈弧形断续向外侧伸展，一般浅埋于 0.5～2.0 m 的地下，局部亦有出露地表，都由贝壳和细沙组成，并杂有植物根茎、石灰结核和铁、锰结核，分选性好。

（四）沙岛平原地貌特征

分布在长江河口的崇明、长兴、横沙及团结沙 4 个岛屿，主要由长江水体携带的大量泥沙淤积而成。崇明岛为早期形成的河口沙岛，地面高程多在 4.0～5.0 m，但中部地势较为高亢，局部为 4.5 m 以上，微地形起伏较明显；西南部亦有部分地洼地，高程仅 3.0 m 左右。长兴、横沙、团结沙三岛均为晚期出露成陆，地势低下，地面高程在 2.5～3.5 m，多数仅 3.0 m 左右；由于在平均高潮位（3.2 m）以下，地下水位在 50 cm 左右，受潮汐影响较大。

（五）星散残丘地貌特征

分布在西南部的湖沼平原上和杭州湾水域中，在松江区境内有天马山、东佘山、西佘山、辰山、薛山、凤凰山、小昆山、横山、机山、钟家山、北竿山、库公山、罗山等，但海拔高度都不足百米，其中天马山、西佘山分别为 97 m 和 93 m，多数海拔为 50～70 m，有些低于 50 m。在金山区境内有大金山、小金山、秦皇山、甸山、查山，大多海拔不足 50 m，其中屹立于海域中的大金山最高，海拔 103.4 m。在青浦区境内的淀山，因采石开挖几乎夷为平地。这些残丘多为古老的火山岩所发育，且以孤丘拔起于坦荡平原之上或屹立于海域之中，加上次生植被较为繁茂，其势挺秀、傲然，充分反映了亚热带生物气候的环境特征。

第二节　上海土壤的主要类型

土壤分类是土壤普查的基础，是认识土壤、评价土壤资源、利用改造土壤、进行土壤区划和因土制宜推广农业技术、特别是科学施用肥料的必要前提，也是进行综合农业区划的重要依据。上海市第二次土壤普查对土壤进行了全面科学的分类，21 世纪后，随着种植结构调整及土地开发利用水平的提高，按国家分类系统的相关要求，将原来的分类进行了归并与衔接。

一、第二次土壤普查分类

上海市第二次土壤普查的分类系统是按照土壤的发生、发育进行四级分类，共将全市分成 4 个土类、7 个亚类、25 个土属、95 个土种（表 2 - 1）。

（一）土类

主要是根据成土条件、成土过程、剖面形态和属性来进行划分。据此，上海土壤划分为 4 个土类。

1. 水稻土土类　为上海市分布最广的土类。在长期的耕作、施肥和排灌的深刻影响下，经历了频繁的还原淋溶和氧化淀积作用

表 2-1 上海市第二次土壤普查土壤分类及归并前后对照

土类	亚类	合并前		合并后	
		土属	土种	土属	土种
水稻土	潜育型水稻土	1. 青泥土	1. 青泥土	1. 青泥土	青泥土
			2. 荡田青泥土		青泥土
			3. 荡田胶泥土		青泥土
			4. 铁钉胶泥土		青泥土
	脱潜型水稻土	2. 青紫泥	5. 青紫泥	2. 青紫泥	青紫泥
			6. 黄斑青紫泥		黄斑青紫泥
			7. 黄底青紫泥		青紫泥
		3. 青紫头	8. 青紫头		青紫泥
		4. 青紫土	9. 青紫土	3. 青紫土	青紫土
			10. 黄斑青紫土		黄斑青紫土
			11. 小粉青紫土		青紫土
	潴育型水稻土	5. 青黄泥	12. 青黄泥	4. 青黄泥	青黄泥
			13. 小粉青黄泥		青黄泥
		6. 青黄土	14. 青黄土	5. 青黄土	青黄土
			15. 沙心青黄土		青黄土
			16. 沙身青黄土		青黄土
			17. 沙底青黄土		青黄土
			18. 沙贝青黄土		青黄土
		7. 黄潮泥	19. 黄潮泥	6. 黄潮泥	黄潮泥
			20. 沙姜黄潮泥		黄潮泥
			21. 沙身黄潮泥		黄潮泥
			22. 沙底黄潮泥		黄潮泥
			23. 黏底黄潮泥		黄潮泥
		8. 沟干泥	24. 沟干泥	7. 沟干泥	沟干泥
			25. 强沟干泥		沟干泥
			26. 铁屑沟干泥		沟干泥

（续）

土类	亚类	合并前		合并后	
		土属	土种	土属	土种
水稻土	潴育型水稻土	8. 沟干泥	27. 沙底沟干泥	7. 沟干泥	沟干泥
			28. 沙贝沟干泥		沟干泥
		9. 沟干潮泥	29. 沟干潮泥	8. 沟干潮泥	沟干潮泥
			30. 沙心沟干潮泥		沟干潮泥
		10. 黄泥头	31. 黄泥头	9. 黄泥头	黄泥头
			32. 强黄泥头		黄泥头
			33. 沟干黄泥头		黄泥头
			34. 沙贝黄泥头		黄泥头
			35. 沙底黄泥头		黄泥头
		11. 黄泥	36. 黄泥	10. 黄泥	黄泥
			37. 强黄泥		黄泥
			38. 黑沼黄泥		黄泥
			39. 铁屑黄泥		黄泥
			40. 轻黄泥		黄泥
			41. 沙身黄泥		黄泥
			42. 沙底黄泥		黄泥
		12. 潮沙泥	43. 潮沙泥	11. 潮沙泥	潮沙泥
			44. 黏底潮沙泥		潮沙泥
			45. 潮泥		潮泥
			46. 黏心潮泥		潮泥
			47. 黏底潮泥		潮泥
			48. 沙身潮泥		潮泥
			49. 沙贝潮泥		潮泥
	渗育型水稻土	13. 黄夹沙	50. 黄夹沙	12. 夹沙泥	黄夹沙
			51. 沙身黄夹沙		黄夹沙
			52. 沙底黄夹沙		黄夹沙

（续）

土类	亚类	合并前		合并后	
		土属	土种	土属	土种
水稻土	渗育型水稻土	14. 沙夹黄	53. 沙夹黄	12. 夹沙泥	沙夹黄
			54. 沙身沙夹黄		沙夹黄
			55. 沙底沙夹黄		沙夹黄
		15. 小粉土	56. 小粉土		小粉泥
		16. 并煞沙	57. 并煞沙		并煞沙
			58. 贝壳沙土		并煞沙
			59. 小粉泥		小粉泥
潮土	灰潮土	17. 灰潮土	60. 旱作黄泥		
			61. 旱作黄夹沙		
			62. 旱作沙夹黄		
		18. 菜园灰潮土	63. 菜园黄潮泥	13. 菜园灰潮土	菜园黄潮泥
			64. 菜园黄泥		菜园黄泥
			65. 菜园沟干潮泥		菜园沟干潮泥
			66. 菜园潮沙泥		菜园潮沙泥
			67. 菜园挖垫土		菜园挖垫土
			68. 菜园黄夹沙		菜园夹沙泥
			69. 菜园沙夹黄		菜园夹沙泥
		19. 园林灰潮土	70. 园林青紫泥	14. 园林灰潮土	园林青紫泥
			71. 园林青黄泥		园林青黄泥
			72. 园林黄泥		园林黄泥
			73. 园林沟干泥		园林沟干泥
			74. 园林沟干潮泥		园林沟干潮泥
			75. 园林青黄土		园林青黄泥
			76. 园林潮泥		园林潮泥
			77. 园林小粉土		园林小粉土
			78. 园林黄夹沙		园林夹沙泥

(续)

土类	亚类	合并前		合并后	
		土属	土种	土属	土种
潮土	灰潮土	19. 园林灰潮土	79. 园林沙夹黄	14. 园林灰潮土	园林夹沙泥
		20. 挖垫 灰潮土	80. 挖平土	15. 挖垫灰潮土	吹淤土
			81. 堆叠土		吹淤土
			82. 吹淤土		吹淤土
滨海盐土	滨海盐土	21. 滨海盐土	83. 潮间盐土	16. 滨海盐土	潮间盐土
			84. 黄泥盐土		黄泥盐土
			85. 夹沙盐土		夹沙盐土
		22. 盐化土	86. 潮间盐化土		潮间盐土
			87. 黄泥盐化土		黄泥盐土
			88. 夹沙盐化土		夹沙盐土
			89. 沙质盐化土		沙质盐土
			90. 盐化底黄泥		黄泥盐土
			91. 盐化底夹沙泥		夹沙盐土
			92. 盐化底沙土		沙质盐土
		23. 残余盐化土	93. 残余盐化土		潮间盐土
黄棕壤	黄棕壤	24. 山黄泥	94. 山黄泥	17. 山黄泥	山黄泥
		25. 堆山泥	95. 堆山泥		山黄泥

而形成。发生层段一般具有耕作层（A）、犁底层（P）、渗渍层（W）等发生层段，但其剖面的中下部也可能保持着不同起源遗留的自然发生层段，如潜育层（G）或淀积层（B）、母质层（C）等。

2. 潮土土类 发育于各类沉积母质上，既受弱矿化度的活动地下水的影响，又在旱耕熟化中伴有碳酸盐的强烈淋溶过程，发育程度颇不一致。其发生层一般具有耕作层（A）、含钙淀积层（Bca）和含钙母质层（Cca）。

3. 滨海盐土土类 分布于上海市的沿海地区，由于海水浸渍而导致土体中盐分积聚。上海的滨海盐土，由于从盐渍淤泥演变为盐土的成土时间短暂，加之围垦进程不断加快，剖面发育年轻。其发生层段一般为含盐耕作层或含盐生草层（Asa）和含盐母质层（Csa）。

4. 黄棕壤土类　分布于西部的星散山丘上，在亚热带生物气候条件下，物质淋溶明显，黏粒移动活跃，土壤处于脱钾脱硅的弱富铝化过程。其完整剖面的发生层段，一般具有腐殖质层（A'）、铁、锰淀积层（Bir-Mn）和母质层（C）。

（二）亚类

亚类是在土类范围内的发育分段，依据次要成土过程及其发育层次的分异进行划分，其发生特征和土壤利用改良方向比土类更趋一致。

1. 水稻土亚类　按水耕熟化、起源类型、沉积母质等分异程度，水稻土类划分成4个亚类。

（1）潜育水稻土　为地下水位高的囊水型水稻土。植稻期间，全剖面呈强烈还原状态，潜育层出现在50 cm以内，基本剖面构型为A-（Pg）-G或A-P-G。

（2）脱潜水稻土　为潜育水稻土经排水改良，地下水位下降，灌溉水和地下水逐见分离，为渍滞型稻田土壤。潜育层出现在50～100 cm，虽然上层仍滞水，但出现不同程度的明显脱潜层段（Wg层），基本剖面构型为A-P-Wg-G或A-P-Wg（W）-G。

（3）潴育水稻土　为爽水型稻田土壤。植稻期间，上层为还原态，中下部层段呈氧化态或氧化还原态，底层还原状况又有所增强。在氧化还原作用下，铁、锰或碳酸盐表现重新分配，即使出现潜育层（G层），亦在100 cm以下，基本剖面构型为A-P-W-G或A-P-W-B。

（4）渗育水稻土　植稻历史较短暂的稻田土壤，一般地下水位较低，部分受季节性潜水而波动，多数土体富含碳酸盐，剖面中铁、锰分异较弱，致使发生层分化不明显，基本剖面构型为A-P-

Cca 或 A - P - Bw - C。

2. 潮土亚类　此亚类是旱耕熟化方式不一，利用种植类型多样的土壤类型。其只有灰潮土亚类 1 个，发育于各类沉积母质上，因耕作、施肥、浇灌频繁，物质循环极为活跃。在园田熟化条件下，基本剖面构型为 A - Cca，A - B - C 或 A - (P) - B - C；在园林熟化条件下，以根圈熟化为主，棵间熟化为辅，一般具有深厚的根圈熟化层；根圈剖面构型为 $A' - A'' - Bc$；棵间剖面构型为 $A' - B - C$。

3. 滨海盐土亚类　为受海水浸渍或溯河倒灌而积盐的一类滨海土壤，呈带状分布于上海市的沿海地区。其只有灰潮土亚类 1 个，成因主要是海水浸渍下的盐分补给，盐分组成以氯化物为主，基本剖面构型为 Asa - Csa。在上海市西部洼地至今尚存在着小面积的沼泽型盐化土，其成因为早期海水浸渍后，地下水径流排泄不畅而致使残余的盐分聚积，盐分组成以氯化物、硫酸盐为主。剖面构型为 Asa - (Psa) - Wgsa - G。

4. 黄棕壤亚类　其只有黄棕壤 1 个亚类，为在自然林木或草本覆被下，具有弱富铝化特征的黄棕色土体，呈酸性反应。经初步耕垦熟化后，耕层有时呈中性反应，其下仍呈微酸性反应。基本剖面构型为 A - Bir - C 或 A - C。

（三）土属

土属则是根据 1 m 土体内的母质类型、质地分异程度和碳酸盐有无等地方因子或残余特征而进行划分。土属性能具有相对稳定性，直接影响土壤的生产性能。上海地区母质属性可划分成 9 个类型。

（四）土种

土种是诊断层次、理化性质和生产性能相近一致的土壤类型。其性状和构型比较稳定，在短期内一般农业技术措施难以改变。土种划分依据包括耕层质地分异、质地层次排列、特殊诊断层次、剖面构型量变、含盐量及母质分异等。

二、土壤类型归并后新分类

自从 1984 年上海市第二次土壤普查结束以来，上海市农田土壤的面积大幅减少，由 1985 年的 34.5 万 hm^2，减少到 2006 年的 20.80 万 hm^2，减少了 39.71%，第二次土壤普查中的某些土壤类型已不复存在，结合上海市第二次土壤普查分类系统的具体状况，2007 年 10 月对土壤种类，主要是土属、土种进行了归并，由原先的 25 个土属、95 个土种归并为 17 个土属、38 个土种（表 2-1）。

三、上海市与全国土壤分类系统的对接

根据全国的分类系统，上海市经过归并后的土壤系统和全国统一分类系统进行了对接，共分成 4 个土类（包括全国分类系统中未下达的黄棕壤土类）、8 个亚类（包括全国分类系统中未下达的黄棕壤亚类）、11 个土属（包括全国分类系统中未下达的黄棕壤土属）和 25 个土种（包括全国分类系统中未下达的山地黄壤土种）（表 2-2）。

表 2-2　国家土壤类型与上海市土壤类型名称对照及土种面积比例

土类（国家）	亚类（国家）	土属（国家）	土属名称（上海）	土种编号（国家）	土种名称（国家）	土种名称（上海）	比例（%）
潮土	灰潮土	石灰性灰潮沙土	菜园灰潮土	H2121111	小粉土	园林小粉土	3.79
			园林灰潮土			菜园挖垫土	
			挖垫灰潮土			吹淤土	
		石灰性灰潮壤土	菜园灰潮土	H2121211	夹沙土	菜园夹沙泥	0.05
						园林夹沙泥	
						菜园黄潮泥	
						菜园潮泥	
						园林潮泥	

（续）

土类 （国家）	亚类 （国家）	土属 （国家）	土属名称 （上海）	土种编号 （国家）	土种名称 （国家）	土种名称 （上海）	比例 （%）
潮土	灰潮土	石灰性 灰潮壤土	园林灰潮土	H2121212	沟干土	园林沟干泥	0.05
						园林沟干潮泥	
						园林青紫泥	0.31
						园林青黄泥	
						园林黄泥	
						菜园黄泥	
滨海 盐土	典型 滨海盐土	滨海 泥盐土	滨海盐土	K1211212	盐塘土		9.44
				K1211213	黄泥盐土		0.02
				K1211214	黄泥轻盐土	黄泥盐土	0.14
	滨海 潮滩盐土	涂泥盐土	滨海盐土	K1231214	粉泥盐土		7.93
				K1231215	粉泥 中盐土	潮间盐土	2.69
						夹沙盐土	
						沙质盐土	
水稻土	潴育水稻土	湖泥田	黄泥	L1111313	黄泥	黄泥	12.03
			黄泥头	L1111314	黄泥头	黄泥头	1.95
			青黄土	L1111311	青黄土	青黄土	7.55
			青黄泥	L1111312	青黄泥	青黄泥	6.85
		淡涂泥田	潮沙泥	L1111511	潮泥	潮沙泥	5.45
						潮泥	
			沟干潮泥	L1111512	沟干潮泥	沟干潮泥	3.76
			沟干泥	L1111513	沟干泥	沟干泥	3.70
	渗育水稻土	渗淡涂泥田	黄潮泥	L1131511	黄潮泥	黄潮泥	1.10
			夹沙泥	L1131512	黄夹沙	黄夹沙	9.50
						沙夹黄	
				L1131513	粉夹沙	小粉泥	7.12
						并煞沙	
	潜育水稻土	青潮泥田	青泥土	L1141115	青泥土	青泥土	0.66
	脱潜水稻土	黄斑黏田	青紫泥	L1151111	青紫泥	青紫泥	7.63
				L1151112	黄斑青紫泥	黄斑青紫泥	4.28
		黄斑泥田	青紫土	L1151212	青紫土	青紫土	1.25
				L1151213	黄斑青紫土	黄斑青紫土	2.05
				L1151214	青紫头	青紫头	0.75
黄棕 壤①			黄棕壤			山地黄壤	
合计							100

注：①黄棕壤国家并无下达，系根据上海的实际情况补充之土种。

第三节 耕地普查与土壤环境调查

一、二次土壤普查

(一) 第一次土壤普查

1959年，进行了上海历史上的第一次土壤普查，当时，技术力量相对薄弱，经费投入不足，工作图件精度较低，分析化验条件受到限制，且土壤分类系统尚不够完善，受到以上诸多客观条件以及土壤科学发展水平的限制，只能完成五万分之一比例尺的县级土壤分布图，对县级以下的单元（当时为人民公社、生产大队、生产队）未予细分；从分类上讲，只是分到土属这一级，对土种未予细分；对各类土壤的养分含量，亦只是采用速测的方式，例如，铵态氮采用纳氏比色法，有效磷采用钼蓝比色法，有效钾采用亚硝酸钴钠比色法，硝态氮采用酚二磺酸比色法，酸碱度采用永久色阶比色法等；只对少量的典型样本提交上海市农业科学院土壤肥料研究所进行全氮、有机质等项目的测定。

第一次土壤普查的特点是以有种田经验的老农为主组成技术队伍，分类系统以群众长期以来所沿用的名称为主。由于群众在长期的生产实践中，对土壤生产利用性状的认识，特别是长期以来作为收取分级地租依据的土壤生产力的认识比较深刻；他们对土壤的命名比较形象生动，所以当时的土壤分类具有广泛的群众基础。

第一次土壤普查主要成果，一是在上海市历史上首次应用发生学分类的方法对上海的农业土壤进行了科学的分类。二是对各类土壤的生产性能的叙述具有较强的生产性，由于第一次土壤普查采用科技人员与农民相结合的方法，对土壤的性质具有丰富的感性认识，对土壤的耕性、生产性能以及地力等级有着深刻的体会。三是对土壤的地带性分布规律作了科学的论证，对各类土壤的合理规划利用提供了科学的依据，对指导上海市当时的农业生产发挥了积极的作用。

（二）第二次土壤普查

上海市第二次土壤普查于 1979—1988 历时 10 年完成。1979年，在全国科学大会的推动和促进下，我国的科学事业有了飞速的发展，国家和地方财政对科技的投入大幅增加，为了摸清我国的土地资源且为经济腾飞做好准备，农业部部署在全国范围内开展第二次土壤普查，各地政府在省、市、地、县建立了土壤普查工作办公室，为了加强土壤普查结束之后开展成果推广应用，之后在省、市与地区、县一级相继建立了土壤肥料工作站。全国还根据各省、市所处的地理位置，按大行政区分成技术协作组，由全国土壤普查工作办公室与中国科学院土壤研究所进行统一技术指导，主要是统一土壤分类系统、规范土壤分析化验方法、统一成果图件的种类与比例要求以及成果报告的编写方式等，并要求在进行土壤普查的同时，进行各种类型的肥料肥效的田间试验，为土壤普查的成果推广作理论准备。

为了领导与具体指导上海市的第二次土壤普查工作，上海市建立了由上海市土壤肥料工作站、上海市农业科学研究院土壤肥料研究所和上海市农场局技术推广站组成的"上海市土壤普查办公室"，具体负责各个郊县土壤普查的技术工作以及市级资料和图件的汇总，总结编写了《上海土壤》《上海土种志》《上海土壤资源图集》等书。

上海市第二次土壤普查，采取了以专业队伍为主的方针，全市及各个郊县成立了野外普查、分析化验及图件编绘 3 支专业队伍，逐级完成了大队（即现今的村）、公社（即现今的乡、镇）、县、市四级的野外普查、样品化验及成果图件的编绘工作，在整个工作中，实行了 5 个"统一"，即统一野外普查、统一分析化验、统一编绘图件、统一整理资料、统一编写报告，这样就保证了土壤分类系统野外实施的一致性和图件资料逐级汇总与编绘的系统性。

上海市第二次土壤普查的工作底图为二千分之一比例尺的地块图，该图是根据上海市测绘处提供的二千分之一比例尺的航空影像图或同比例尺平面线划图，经实地调绘后重新绘制的。

大队一级的普查成果为"四图"，即二千分之一比例尺的土壤图、土壤有机质含量分布图、土壤有效磷含量分布图和土壤有效钾含量分布图；公社一级（即乡、镇）的普查成果为"七图一报告"，即万分之一比例尺的土壤图、土壤有机质含量分布图、土壤有效磷含量分布图、土壤有效钾含量分布图、土壤利用改良分区图、土壤生产力评级图、农田地貌图以及公社土壤普查报告；县级的普查成果为"六图"，即二万五千分之一比例尺的土壤图，五万分之一比例尺的土壤有机质含量分布图、土壤有效磷含量分布图、土壤有效钾含量分布图、土壤利用改良分区图和农田地貌图。

上海市第二次土壤普查从土壤发生学的观点探讨了上海土壤形成的地理环境和农业背景，对上海地史变迁以及地貌分异、水文特点、植被组分进行了深入的调查；剖析了成土条件和成土特点，特别对平原土壤母质和发育特征，以及成陆年龄和成土年龄的区域差异，进行了详细的剖析和探讨；阐述了土壤的发生分类及其地域和微域分布，重点提出了土属、土种单元划分的诊断指标，对基层分类的定性量化作了尝试；叙述了土壤类型的性状和特征，重点应用大样本的资源，通过统计分析，对各类土壤理化性状及生产性能作了较全面的综述；分析了土壤物质基础和肥力特征，重点论述了高产地区的碳素平衡、养分平衡和投入产出的盈亏状况，并结合土壤理化性质，对合理施肥、微量元素应用和培肥措施作了较全面的评述；探讨了上海土壤资源利用现状和开发前景，重点对土壤资源进行了数量与质量的评价，提出了区、片利用改良的主攻方向和进一步挖掘土壤生产潜力的战略措施。

与第二次土壤普查同期进行的上海市耕地面积量算工作，亦取得了重要的成果。它利用了二千分之一比例尺的航空影像图作为工作底图，通过实地踏勘进行修正后，在图上进行量算，得到了当时农村各类用地的比较精确的面积，这对于当时农村面积的统计，由于习惯亩*（相当于 0.92 市亩）与市亩混淆，长期以来，本地农

---

* 亩为非法定计量单位。1 亩≈667 m²。

民常以习惯亩作为上报种植面积的单位；加之，当时进行土地平整，填河并宅等多出来的土地并未列入生产计划，在当时统购统销的政策下，这无疑是改善社员生活的一项资源。因此，实际土地面积超过国家统计面积的现象非常普遍。通过这次面积量算，比较精确地掌握了各个公社、大队、生产队以及各个县（区）的各类土地的面积，这就为政府进行合理规划、正确利用土地资源打下了科学的基础。这一项工作，在上海历史上是第一次，有着十分重要的科学价值。

二、耕地地力调查

上海市于 2003—2004 年进行了耕地地力调查与质量评价工作，该次调查，利用了先进的全球定位系统（GPS）定位技术进行布点取样，采用专家经验法和层次分析法对耕地地力进行了分级、评价，在此基础上建立了上海市耕地资源管理信息系统。应用地理信息技术对上海市内的地形、地貌、土壤、土地利用、农田水利、土壤污染、农业生产基本情况、基本农田保护区等资料进行统一管理，构建耕地资源基础信息系统，并将此数据平台与各类管理模型结合，形成了上海市耕地地力等级、土壤质地、土壤养分属性等空间分布，对辖区内的耕地资源进行系统的动态管理，为农业决策者、农民和农业技术人员提供耕地质量动态变化、土壤适宜性、施肥咨询、作物营养诊断等多方位的信息服务。

三、土壤环境质量调查研究

20 世纪 80 年代末，随着上海市郊区工农业生产的迅速发展，乡镇工业"三废"排放，以及农作物化肥、农药使用量不断增加；现代化的大规模畜禽饲养业的发展，有机肥料投入的下降，农村环境污染日趋严重。为摸清耕地土壤及农业环境的质量情况，开展了二次土壤环境质量调查。

自 70 年代末期起 20 年，上海市农业科学院土壤肥料研究所和畜牧兽医研究所、上海交通大学农业与生物学院、上海市水文总站即开始对上海农业环境进行了研究，一是开展上海地区土壤环境背景值的研究，摸清上海农业土壤中镉、锌、铜、铅、铬、汞、砷和镍 8 种元素的背景值及背景水平（表 2-3），主要粮食作物糙米和麦粒中磷、钾、镁、钠、钙、锰、锌、铝、铁、铜、镍、钼、钒、砷、铅、铬、钴、镉、汞 19 种元素的含量及背景水平，结球甘蓝（卷心菜）、菠菜、小白菜（青菜）、莴苣、黄瓜、马铃薯（土豆）、青椒和茄子 8 种蔬菜中铜、锌、铅、镉、铬、砷、汞 7 种元素的含量和背景值。二是开展土壤环境质量相关标准研究，主要有农用污泥镉控制标准的研究、灌溉水中汞和硒的标准的研究、饲料中BHC（六六六）、DDT 和汞的允许量的卫生标准研究。三是开展土壤环境相关调查研究，开展污染源及污染程度及其影响调查、开展区域环境的污染状况的研究、开展有机氯农药对饲料及畜禽产品的残留规律研究、开展蔬菜中有机氯、拟除虫菊酯农药残留动态的研究、开展除草剂氟乐灵的环境影响研究、开展蔬菜中硝酸盐含量及控制途径研究、开展氟化物对农业环境影响的研究、开展上海郊区地表水质状况的研究、开展上海河道底泥的污染及其农业利用对环境影响、开展无污染蔬菜生产的理论与实践研究。

表 2-3　上海土壤重金属背景值

元素	均值	最小值	最大值	标准差
Cd	0.138	0.052	0.331	0.067 0
Hg	0.095	0.031	0.181	0.051 5
As	9.1	6.5	13.3	1.83
Pb	25.0	11.9	34.2	5.12
Cr	70.2	37.3	87.9	14.49
Cu	27.2	13.5	43.7	8.03
Zn	81.3	38.9	131.6	16.17
Ni	29.9	12.2	44.5	8.76

进入 21 世纪后，上海市农业环境保护站进一步开展了土壤环境质量相关调查：一是 2002—2003 年农田土壤环境质量调查，调查评价了全市乡镇、57 个大型蔬菜园艺场、14 个国有农场、10 个现代农业园区、出口蔬菜基地和果园的农田环境质量。二是对全市罹受重金属污染的土壤进行了甄别和界定，并对调查中超过国家三级标准的全部土壤进行了退出种植食用农产品的政策。三是对罹受镉污染土壤进行了超积累作物的修复研究。四是对全市农业污染源进行了普查。五是开展全市农业产品产地环境状况调查。

第四节　主要土壤属性

耕地的生产能力是土壤诸多属性综合作用的结果。只有了解认识这些土壤属性才能趋利避害，通过灌溉、耕作、施肥以及土壤改良等措施，充分调动或发挥其有利因素、克服作物生长障碍，取得更大的种植效益。

土壤属性是随时空而变化的。本书介绍的是上海（不包括外地市属农场）土壤的属性，应用资料大部分选自最近期的全市性大样本调查，部分引用 20 世纪 80 年代初的上海市第二次土壤普查（以下简称为"二普"）和 2000 年市郊水稻土调查资料。可以定量检测的属性，凡列出含量范围的，其最低、最高值均为地力调查中出现的极值，在其他调查中很可能有更低、更高的测值；列出主要含量范围的，可以涵盖大样本调查中 68% 样点测值（统计上的平均值加减标准差）。

一、土壤有机质

上海调查检测的土壤有机质主要包括腐殖质和一些已分解失去原形的植物残体以及微生物生命活动的各种产物。这些有机质是最活跃的土壤组分，影响着许多土壤的其他属性。反映肥力特征的许多物理、化学和生物学过程都与有机质有着直接和间接的关系，土壤有机质是土壤肥力重要的物质基础。

（一）土壤有机质含量现状

现阶段上海土壤有机质含量的差异性还是很大，一些新垦植的农田在 10 g/kg 左右，最低的在 4.3 g/kg，而最高的农田在 57.0 g/kg，平均含量为 26.1 g/kg，主要含量范围在 17.1～35.2 g/kg。土壤有机质含量在地域分布上呈现出西高东低的情况，西部松江、青浦、金山地区含量较高，平均含量达 33.4 g/kg；中部和东部地区的土壤有机质平均含量为 24.0 g/kg；岛屿地区含量较低，平均含量仅 19.4 g/kg。相同地区土壤有机质含量的多少还与耕地种植利用方式有关。一般说来种植水稻有利于有机质的积累，含量比相同条件下的旱作土壤高；蔬菜园艺场由于施肥量大，特别是有机肥料施用得多，其有机质的含量比一般旱作土壤要高。不同地区不同农田土壤有机质的含量如表 2-4 所示。

表 2-4　各类农田土壤有机质平均含量与二普比较（单位：g/kg）

区县	全部农田	一般大田	果园	园艺场	二普
闵行	25.0	26.4	24.4	23.3	22.3
嘉定	22.5	22.8	23.2	21.7	22.2
宝山	21.8	23.0	11.6	21.7	20.5
浦东	27.6	27.2	24.2	31.4	21.3
南汇	25.6	25.4	26.1	29.2	20.8
奉贤	21.8	22.6	13.0	20.9	25.0
松江	35.4	38.2	34.1	33.2	39.2
青浦	30.0	30.8	25.7	27.1	30.1
金山	34.5	36.0	24.9	32.4	39.1
崇明	19.3	20.2	17.6	14.1	18.8
农场	19.9				13.5
上海市平均	26.14	26.42	21.74	26.37	26.7

注：二普时农田绝大部分为稻田，相当于现今的一般大田。

（二）土壤有机质含量的演变趋势

二普时土壤的有机质平均含量 26.7 g/kg，与之比较，现在农田土壤的平均含量相对减少了 2.10%。不计蔬菜园艺场和果园，其余所有农田，即为一般的大田，土壤有机质平均含量 26.42 g/kg，比二普时以大田为主的土壤有机质减少 1.05%。总体来看，现在土壤有机质含量与二普时相差不大。但分析不同地区、不同农田土壤的有机质含量，还是有较大变化的。变化的总趋势是原来含量高的地区有所下降，如表 2-4 所示，原来含量相对较低的中、东部地区，除奉贤因大面积土地平整外，其他区县有机质平均含量都有所上升，尤以开垦耕种时间不长、原来土壤的有机质含量最低的市属农场上升幅度更大，达到了 47%。西部的松江、金山、青浦 3 个区的土壤有机质含量都有不同程度的下降，这可能与西部低洼地改良、种植结构调整、土壤水气矛盾得以改善、促进了有机质的分解有关。

（三）土壤有机质含量评价

土壤有机质含量常被视作耕地地力、土壤质量的重要标尺。上海土壤就其平均数值来看，有机质含量并不算低，在现代栽培技术条件下，一般不会成为提高农作物产量的制约因素。

由于不同地区土壤有机质的积累特征不同，含量分布的不平衡性很大，所以，对土壤有机质含量的评价，不能简单地依数量多少来判断其对地力贡献的大小。从宏观分析，二普时有机质含量最高的地区，作物产量水平常常并不是很高，而高产地区和许多丰产片（方）的土壤有机质含量也并不是很高。从局部分析，市郊西部湖群洼地的青紫泥土壤的有机质含量很高，但与邻近有机质含量较低些的其他土壤如黄斑青紫泥、青黄泥比较，作物产量水平往往有所不及。但这种现象的存在，也并不表明土壤有机质含量与作物产量就一定无关、对地力没有贡献，而是要分析有机质积累的土壤条件和含量范围。总结农业生产实践，在集体生产计划经济年代，同一个乡镇（公社）内各村队（大队、小队）间种植的作物品种、栽培管理措施基本相同，化肥短缺计划供应用量一致，作物实产计量严格，能准确测算单产，当时的产量水平受人为因素影响较少，可以较好地反映地力高低。松江区九亭镇二普试点时统计各村队前 10 年的粮食常年平均单产，与大样本调查（每 $2\sim3\ hm^2$ 1 个样品）测定的土壤有机质平均含量排比分析，在散点图上，有机质含量 26 g/kg 是个拐点。土壤有机质平均含量低于 26 g/kg 的村队，粮食常年单产高低，与土壤有机质平均含量多少的排序一致，产量与有机质有相关性（r=0.996），而且平均单产的年际变异系数随有机质含量增加而有变小的趋势。表明在这个范围内，较高的土壤有机质含量对增加粮食作物产量和提高作物的稳产性都是有作用的。土壤有机质平均含量在 26 g/kg 以上的村队，产量与有机质排序交叉，统计分析也无相关。生产和试验的实例都说明，并不是土壤有机质含量越高，作物产量也就越高。有的土壤有机质，是因低湿、土黏等因素而积累，这样的高有机质含量也预示着土壤伴有作物生长的其他障碍。

综上分析，将土壤有机质含量低于 25 g/kg 划分为偏低、$25\sim35\ g/kg$ 为中等、高于 35 g/kg 为较高。以这样 3 个等级来评价，上海农田土壤中约有 48％的土壤有机质偏低，对这部分土壤，要增加有机肥或有机物料的投入，加快土壤有机质的积累速度、提高含量，增加土壤肥力的物质基础。36％的土壤有机质含量属中等，对这部分土壤，培肥的目标是既要保持有机质的分解、积累平衡，又要适当提高平衡的质量。有机质含量在 35 g/kg 以上的土壤，不必刻意追求有机质数量的增加，有机肥（物）料的使用以处置农业废弃物和更新老化的土壤有机质为目标。

二、土壤氮、磷、钾养分

氮、磷、钾养分，作物需要量多而土壤供应又最感不足，通常称为养分三要素。土壤中氮、磷、钾的数量及其存在状态是土壤肥力最重要的因素以及各项施肥技术应用的主要依据。

（一）土壤氮素养分

氮是三要素养分之首，是作物所需的主导营养元素。

1. 土壤全氮　上海土壤全氮含量范围很宽，最低 0.10 g/kg，最高 3.30 g/kg，主要范围在 1.14～2.22 g/kg，全市平均为 1.68 g/kg。农田土壤中的全氮绝大部分存在于有机质中，其在不同地区、不同农田中含量状况与土壤有机质基本上相同。土壤全氮中能为作物吸收的有效氮素只占其中的很少一部分，大部分存在于有机质中的氮，需要经过矿化释放才能为作物吸收，矿化作用的进程是缓慢的，氮释放的速度难以满足作物需氮要求。而且矿化作用是一个生物学过程，要受到多种因素影响，氮释放的速率变化很大，全氮含量很难反映土壤的供氮水平，一般将其视作供氮的潜力而与其他形态氮一起来分析土壤的供氮状况。不过全市农田中约有40％的土壤全氮含量小于 1.5 g/kg，这样低的全氮量，土壤供氮能力就不会高了，需要增加有机肥料和维持一定氮化肥的使用量，以逐步增加土壤全氮的含量，提高供氮水平。对于全氮含量在 1.5 g/kg 以上的土壤，其肥料的施用量，只要能保证作物吸收到足够的氮素就可以了，不需要为提高土壤含氮量而多施肥料。未被作物吸收的氮素虽然有一部分可以保留在土壤中供下茬作物利用，但大部分还是损失掉了，既浪费资源、又污染环境。

2. 土壤水解氮　土壤水解氮是用化学方法测得的铵态氮、硝态氮、氨基酸、酰胺和易水解的蛋白质中氮的总和，土壤水解氮的数量可用来衡量土壤供氮的水平。上海土壤水解氮含量范围也很宽，最低 15 mg/kg，最高 311 mg/kg，主要范围在 87～185 mg/kg，平均 136 mg/kg。不同利用方式农田的水解氮平均含量，以园艺场土壤较高，为 145 mg/kg；大田土壤次之，为 135 mg/kg；果园土壤较低，为 124 mg/kg。所有这些农田的水解氮含量都不算高，在过去的研究中，青紫泥土壤的水解氮低于 200 mg/kg 的就属于偏低，不施氮肥种小麦只能获得 75％以下的产量。由于作物对氮素的需求量大、时效性强，上海的农作物生产不能全靠土壤供氮。要充分发挥耕地的生产潜力，任何一种土壤，在当前种植除豆科以外的任何一种作物，都需要施用适量的氮素肥料，才能获得较高的产量。

（二）土壤磷素养分

上海土壤全磷含量二普时大样本测定的变动范围在 0.43～1.12 g/kg，平均为 0.76 g/kg。土壤全磷绝大部分不能直接被农作物吸收利用，它只是土壤中磷素养分的贮备，要考测土壤磷素养分供应能力主要依据有效磷含量。

1. 土壤有效磷含量　磷在土壤化学的整个体系中反应是非常复杂的，能为作物吸收和利用的磷，其科学范畴不十分确切。用人为化学方法测得的土壤有效磷，其"有效性"是相对的，目前的测定技术要与作物吸收土壤磷的实际情况完全吻合还有一定的难度。土壤有效磷测定方法很多，各种方法的测值相差甚大，含量水平的高、低及丰、缺也只限于同一测定方法，在生物试验和相关统计基础上的经验性判断。上海农技系统历来应用同一种方法（奥尔逊法）测定土壤有效磷含量，现阶段各类农田土壤有效磷含量在0.3～183.0 mg/kg，算术平均含量 34.7 mg/kg。其中，园艺场土壤的有效磷含量最高，平均69.3 mg/kg；果园土壤次之，平均47.1 mg/kg；一般大田土壤的有效磷含量相对最低，平均24.8/kg。如表 2－5所示，土壤有效磷含量分级统计的样品频率大致上也反映了各类农田土壤有效磷含量的面积比例情况，可以看出，园艺场大部分土壤有效磷含量在 30 mg/kg 以上；而大田土壤的有效磷含量大部分在30 mg/kg 以下，尤以 5～10 mg/kg 的面积比例较大；果园土壤以有效磷含量 30～60 mg/kg 的较多。

2. 土壤有效磷评价　早期的文献资料和上海市早年的田间试验结果显示，土壤有效磷含量丰富水平的数值大多较低。一般认为土壤有效磷含量的缺乏标准在 5 mg/kg 以下；5～10 mg/kg 时，施磷对水稻无效，而对其他作物有效；10～15 mg/kg 时，磷肥对水稻、小麦无效，而对绿肥、油菜、蚕豆有效；15～20 mg/kg 时，

表 2 - 5　土壤有效磷含量分级和频率

土壤有效磷含量分级（P，mg/kg）	土壤有效磷含量分级频率（%）			
	全部农田	园艺场	果园	一般大田
<5.0	4.26	1.20	7.56	4.80
5.0～10.0	18.75	6.70	8.72	22.64
10.1～15.0	16.32	7.22	15.12	18.77
15.1～20.0	9.49	6.70	6.98	10.41
20.1～30.0	15.06	12.54	10.47	16.06
30.1～60.0	19.69	19.07	25.58	19.40
60.1～120.0	11.53	26.80	16.68	7.16
120.1～150.0	1.73	6.36	3.49	0.40
>150.0	3.16	13.40	5.23	0.36

施磷对大多数作物无效，但对某些豆科绿肥可能有效；大于 20 mg/kg 时，对一般作物施磷都无效。上海地区 1980 年研究的结果，对于青紫泥土壤种小麦，有效磷高、中、低含量指标分别是大于 16 mg/kg、4～16 mg/kg、小于 4 mg/kg。近年文献中的有效磷丰缺标准较过去的高，这可能与作物品种及产量水平的提高有关。

由于不同种类的作物对土壤有效磷的要求不一样，不同利用方式农田土壤中有效磷含量的相差也很大，对土壤有效磷的评价就不能一概而论。参考近年研究结果和上海农业生产的实际情况，分别为蔬菜园艺场与大田土壤确定了不同的有效磷丰缺标准（表 2 - 6）。

对于有效磷含量低于 10 mg/kg 的土壤，即使是种水稻也是偏低。在上海市近年田间试验和农业生产实践中，对这样的低磷土壤，多施磷能起到很好的增产效果，因此要高量施磷，以尽早提高土壤磷的肥沃度。有效磷含量在 10～15 mg/kg 的土壤，即使是粮田也属偏低，因为粮田也要轮种绿肥、西瓜等需磷较多的作物，且

表 2 - 6　土壤有效磷含量水平的划分

含量水平	有效磷（P）含量（mg/kg）		磷素投入：产出
	园艺场土壤	大田土壤	
低	<30	<10	2：1
偏低	30～60	10～15	(1～2)：1
中等	60～120	15～30	1：1
高	>120	>30	(0～1)：1

在这样供磷水平的土壤中，有的水稻施磷试验还有一定增产效果。有效磷含量在 15～30 mg/kg 的大田土壤，对于种一般旱作物，供磷水平属中等，可实行补偿施磷，施入作物从土壤中携出的磷量即可，种水稻时也可不施或少施磷肥。有效磷含量在 30 mg/kg 以下的园艺场土壤，施磷量应是作物吸收量的 2 倍，使土壤较快积累磷素。有效磷含量在 30～60 mg/kg 的园艺场土壤，施磷量应该超过作物吸收量。有效磷含量在 60～120 mg/kg 的园艺场土壤实行补偿施磷。有效磷含量超过 30 mg/kg 的大田和有效磷含量超过 120 mg/kg的园艺场土壤，应该少施或一段时期不施磷肥。这并不是"刮地力"，因为磷肥的当季利用率很低，但却有后效的，现在土壤之所以含有这么多的有效磷，也是以前施磷的结果。

3. 磷肥使用与土壤磷素的积累　上海地区在 20 世纪 60 年代开始推广应用化学磷肥，80 年代以后旱地作物普遍施磷，90 年代以后，在水稻上也少量施用磷肥。施磷对农作物产量提高起到了重要作用，磷肥的长期使用也提高了土壤有效磷含量。现今土壤的有效磷比二普时也有了明显提高（表 2 - 7），全市各类农田平均的有效磷含量达到了 34.7 mg/kg，是二普时土壤平均数的 2.8 倍；一般大田平均有效磷含量 24.8 mg/kg，比以大田土壤为主的二普平均有效磷含量，差不多翻了一番。各区县及市郊农垦农场的各类农田，土壤的有效磷平均含量都比二普时土壤的平均含量高得多。

表2-7 各类农田土壤有效磷（P）平均含量与二普比较（单位：mg/kg）

区县	全部农田	一般大田	果园	园艺场	二普
闵行	81.7	53.0	50.4	138.1	21.8
嘉定	34.0	22.1	93.7	84.8	11.9
宝山	37.5	28.6	39.9	65.6	15.9
浦东	45.2	33.2	48.6	105.1	14.3
南汇	32.6	27.7	94.3	102.9	16.2
奉贤	30.4	23.6	21.9	93.1	10.0
松江	38.5	31.2	32.3	47.7	19.4
青浦	23.0	16.4	58.5	49.1	13.2
金山	28.7	17.7	22.8	83.3	12.7
崇明	16.6	11.7	69.3	26.6	9.8
农场	24.2				8.6
上海市平均	34.7	24.8	47.1	75.8	12.5

含量高、变化大，是现在土壤有效磷与二普时比较的特点。如果将不同含量有效磷当作正态分布统计，则全市土壤有效磷算术平均数的变异系数为110%。说明不同土壤的有效磷虽然都在增加，但增速相差甚大，有效磷增加最快的是园艺场蔬菜地土壤，其次是果园土壤，大田土壤有效磷的增加相对较慢，土壤有效磷积累很不平衡。不同利用方式农田的土壤有效磷含量有差异的现象在20世纪80年代也存在，当时的菜园土和果园土由于长期积累，有效磷含量才比水稻土高，但差异也没有现在这么大。如今的园艺场、果园大多数是在90年代及以后在原来水稻土上建场（园）种菜（果）的，土壤有效磷迅速积累，特别是园艺场的菜园土壤，10多年就平均上升了约50 mg/kg。土壤有效磷的增加，对作物的磷素营养当然是有益的，但也要注意积累过高的磷素对其他养分的影响，例如，磷素过高可降低土壤锌的有效度、阻碍作物对锌的吸收，并且会抑制作物对硼的吸收，可诱发缺硼等。

磷肥施入土壤以后，当季的利用率虽然不高，但与氮肥不同，磷不容易淋失，更不会挥发。残留在土壤中的肥料磷，或以吸附态存在，或形成磷酸盐沉淀，都会增加土壤全磷含量。2000 年崇明县土肥站的调查测定，200 个土壤样品全磷平均含量为 1.00 g/kg，比二普土壤平均值 0.74 g/kg 上升了 35%，同年市郊其他 9 个区县水稻土调查测定的全磷平均含量 0.86 g/kg，与二普时的 0.76 g/kg 相比，上升了 13%。

（三）土壤钾素养分

根据钾的存在状态和植物吸收性能，土壤中的钾素可分为 3 个部分：大部分是难溶性的矿物钾，是作物不能吸收利用的钾；一部分是非交换性的缓效钾，能逐渐转化为作物可吸收利用的钾，可以作为土壤供钾潜力的指标；很少部分是交换性钾和水溶性的速效钾，是作物能直接吸收利用的钾，速效钾含量的多少可以反映土壤的供钾水平。这 3 个部分钾素总称全钾，二普时全钾含量最低的为 16.3 g/kg，最高的为 26.7 g/kg，主要含量范围 17～24.6 g/kg，平均为 20.8 g/kg，是我国土壤钾素含量较高的地区之一。

1. 土壤速效钾含量　上海土壤速效钾含量最低 27 mg/kg，最高 343 mg/kg，主要范围在 58～180 mg/kg，平均 119 mg/kg。在不同利用方式的农田中速效钾的含量相比，以园艺场土壤为最高，平均 157 mg/kg；其次是果园，平均 151 mg/kg；大田土壤的速效钾含量最低，差不多只及园艺场、果园土壤的 2/3，平均 106 mg/kg。速效钾不同含量的样品出现频率分级统计如表 2-8 所示。

2. 土壤速效钾评价　不同作物对钾的敏感程度、需钾数量和施钾肥效差异很大，大致的顺序是蔬果作物＞经济作物＞粮食作物。随着农业现代化发展和种植业结构调整，一是喜钾农作物面积增加，二是使用的优良品种对土壤供钾的要求提高，过去许多稻麦生产不需施钾的农田，现在施用钾肥多有很好的增产效应。参考近年报道的外地文献资料和本地试验研究结果，结合上海农业生产的实际情况，将蔬菜园艺场和果园土壤与一般大田土壤分开评价，把

表2-8 土壤速效钾含量分级和频率

土壤速效钾含量分级 (K，mg/kg)	土壤速效钾（K）含量分级频率（％）			
	全部农田	园艺场	果园	一般大田
<60	10.79	4.30	4.07	12.99
60～80	15.56	7.04	10.47	18.15
81～100	19.05	14.26	15.12	20.60
101～120	17.85	12.54	20.35	19.04
121～140	12.46	12.20	14.53	12.37
141～160	6.76	12.89	1.74	5.56
161～180	5.43	9.11	8.14	4.27
181～200	3.63	7.22	4.07	2.67
201～220	1.87	2.92	2.33	1.56
221～240	1.23	2.23	2.91	0.85
>240	5.36	15.29	16.28	1.96

土壤速效钾含量水平分为低、偏低、中等和高4个级别。对于蔬菜园艺场来说，土壤速效钾含量在 120 mg/kg 以下的属低，这部分面积约占 38％；速效钾含量在 120～180 mg/kg 的属偏低，这部分面积约占 34％；速效钾含量在 181～240 mg/kg 的属中等，这部分面积约占 13％；速效钾含量超过 240 mg/kg 的为高，这部分面积约占 15％。对于大田土壤土壤速效钾含量在 80 mg/kg 以下的属低，这部分面积约占 31％；速效钾含量在 80～100 mg/kg 的属偏低，这部分面积约占 21％；速效钾含量在 101～160 mg/kg 的属中等，这部分面积约占 37％；速效钾含量超过 160 mg/kg 的为高，高的面积约占 11％。果树是需钾较多的植物，钾又是提高水果品质的营养元素，对于果园土壤供钾水平要求应该更高。但现阶段土壤速效钾含量较低，即使按蔬菜园艺场标准来评判，有一半的果园土壤速效钾含量属低，1/4 的土壤速效钾含量偏低，供钾水平较高的果园不多。对于土壤速效钾含量低的农田，要多施钾肥，施用量

应不低于农作物吸收量的 2 倍，以尽快提高土壤的钾素水平。土壤速效钾含量偏低的农田，施钾量应该超过作物吸收量，使土壤钾素有所积累。速效钾含量中等的农田，可以进行补偿性施钾来保持土壤钾素平衡。速效钾含量高的农田是否要施用钾肥，可由种植经营者根据产投效益而定。因为投入田间的钾素易被土壤吸持而不易流失，即便有极少量的钾进入环境，一般情况下对环境也不会有什么不良影响。

3. 土壤钾素的变化　改革开放以前，上海地区的作物种植以水稻、小麦、油菜为主，很少施用化学钾肥，作物吸收的钾素，除一部分来自有机肥外，主要依靠土壤供应。由于上海是我国土壤钾素含量较高的地区之一，较多的钾素贮量保障了过去农作物较高的产量水平，但钾素的长期入不敷出使土壤含钾量在 20 世纪 80～90 年代迅速下降。2000 年 9 个区的水稻土调查显示，全钾平均含量 18.4 g/kg，比相应的 9 区二普时平均值 20.6 g/kg，下降了 10.68%。同年崇明县土肥站的调查测定，200 个土壤样品全钾平均含量为 1.74 g/kg，比二普土壤平均值 2.29 g/kg，下降了 24.02%。即使原来含量较高的松江区土壤，2000 年调查测定的 257 个大田水稻土样品全钾平均含量为 20.4 g/kg，比二普时全区土壤平均值 23.5 g/kg，下降 13.19%。

20 世纪 90 年代以后，秸秆还田技术的大力推广，绝大部分农作物秸秆不再移出农田，钾素的自然归还量增加。另外，施钾农作物的面积扩大，化学钾肥的生产和使用都得到发展提高。蔬菜、瓜果等作物不仅施用单质钾肥，更多的是施用含钾的复混肥料，这不仅提高了作物的产量和蔬菜瓜果的品质，也使这部分农田土壤钾养分有所积累，反映最明显的是速效钾含量上升。与二普时土壤速效钾平均含量相比，绝大多数园艺场土壤速效钾含量都有较大幅度上升，全市平均上升了 30.8%。多数果园土壤速效钾含量也是上升的，全市平均上升了 25.8%。因为粮田生产经营效益相比较差，以麦—稻生产为主的粮田化学钾肥用量始终很少，两熟年施化学钾养分仅在 40～50 kg/hm²，如果不施有机肥，即使麦、稻秸秆全部还田，也不能弥补土壤钾素的亏缺，因为主产品麦粒和稻谷从土壤中携出的钾量就要超过 250 kg/hm²。所以，一般大田土壤的速效钾含量还是有所下降（表 2-9）。

表 2-9　各类农田土壤速效钾（K）平均含量与二普比较（单位：mg/kg）

区（县）	全部农田	一般大田	果园	园艺场	二普
闵行	132.0	113.3	137.1	163.0	90
嘉定	99.6	89.0	191.5	111.6	98.3
宝山	117.3	101.9	122.8	161.8	99.3
浦东	153.5	125.8	189.6	279.7	114
南汇	141.6	139.6	219.8	154.3	166
奉贤	114.3	107.4	126.7	161.9	138
松江	134.4	109.4	103.5	161.8	103.4
青浦	89.5	79.6	169.6	103.1	97
金山	109.3	97.6	135.8	147.3	134
崇明	86.3	72.4	172.5	93.4	103
上海市平均	118.8	106.5	151.0	157.0	120

三、土壤中量营养元素

植物体内所含的各种必需营养元素中，以干物重计，其平均含量在 0.1%～0.5% 的称为中量元素。按高等植物必需营养元素的一般含量资料，钙含量为 0.5% 左右、镁含量为 0.2% 左右、硫含量为 0.1% 左右，都属中量元素。

（一）土壤有效钙

上海土壤多具石灰反应，因风化成土过程和受淋洗的程度不同，碳酸盐总量一般在 2%～5%，其中碳酸钙占 65%～70%。碳酸钙是溶解度最高的含钙矿物之一，是土壤有效钙的很好来源，所以上海土壤有效钙含量普遍较高，全市只有个别样品的测值在 4 cmol/kg 以下，最高的土样达 42.9 cmol/kg，平均 18.3 cmol/kg，主要分布范围在 10.9～25.7 cmol/kg。土壤有效钙含量在地域分布上呈现由西而东逐渐上升的趋势。西部地区土壤有效钙含量主要在 10.1～18.9 cmol/kg，平均 14.5 cmol/kg；中部地区土壤有效钙含量主要在 10.9～22.9 cmol/kg，平均 16.9 cmol/kg；东部地区土壤有效钙含量主要在 11.8～29.6 cmol/kg，平均 20.7 cmol/kg；岛屿地区土壤有效钙含量主要在 16.7～28.3 cmol/kg，平均 22.5 cmol/kg；地处沿海和岛屿的市郊国有农垦农场，土壤的成土年龄都很低，有效钙含量特别高，所有样品的含量都在 15.8～42.1 cmol/kg 范围，平均为 28.0 cmol/kg，比任何区县的平均数都高。

对于土壤钙素营养丰缺指标的研究目前还比较薄弱，一般认为对大多数作物和土壤来说，有效钙含量在 2 cmol/kg 以上时不会缺钙，低于这个水平时，施钙往往有效。根据谢建昌（1998）对南方土壤有效钙研究的综述文献，土壤有效钙含量在 0.4 g/kg（2 cmol/kg）以下时，施钙有较为普遍的增产作用，在 0.8 g/kg 以下时，施钙对某些果菜有增产作用。以前人研究报道的资料来分析，上海土壤有效钙的数量是充足的。但这并不意味着作物就一定不会缺钙，郊区农作物曾有缺钙的现象发生。因为土壤中钙的有效性还要受到土壤钙饱和度、吸附在胶体上的其他离子（陪补离子）、胶体种类与性质以及土壤 pH 和盐基饱和度等的影响。所以，土壤有效钙指标在农业生产中应用尚需要综合考虑其他因素的影响，例如，钙与镁互有拮抗作用，两者比例失调都会抑制作物对钙或镁的吸收；土壤中钾离子浓度高时不但影响钙的吸收，还影响钙在作物体内的运输；氢离子、三价铝离子浓度高时也会影响钙的吸收。此外，因为作物对钙的吸收、运输主要是通过质流来实现的，所以蒸腾量过小或内皮层木栓化等作物自身的状况也影响着钙的吸收。

（二）土壤有效镁

存在于土壤中的镁可以分为矿物态镁、代换态镁、水溶态镁和有机态镁。其中，代换态镁和水溶态镁是可以被作物吸收利用的，合称为土壤有效镁。上海土壤有效镁含量最低的为 0.68 cmol/kg，最高的为 6.76 cmol/kg，主要分布范围在 2.49～4.55 cmol/kg，平均 3.52 cmol/kg。判断土壤镁素营养丰缺，文献报道的有 3 种指标。①以土壤有效性镁含量为指标，我国材料上报道较多的是以 0.5 cmol/kg 为缺镁临界值。②以代换性阳离子比值为指标，如用钙镁比值的临界指标为 6.5，比值过大容易产生缺镁。③以代换性镁饱和度为指标，我国一般认为正常土壤的代换性镁饱和度的临界值应是 10%左右，低于 10%就有缺镁的可能性。

如果以土壤有效性镁含量 0.5 cmol/kg 为指标，则全市农田土壤的所有样品，有效镁含量都在临界值以上，但有的地区在西瓜、甜瓜上有缺镁症状反映。如果以代换性阳离子的钙镁比值为指标，上海小于 6.5 的土壤样品占 71.3%，意味着有 28.7%的土壤缺镁，现实生产中好像没有那么严重。如果以代换性镁饱和度 10%为指标，则有 16.9%的土壤代换性镁饱和度低于 10%（缺镁）。进一步分析统计发现，凡镁饱和度低于 10%的样品，钙镁比值都大于 6.5，这就意味着有 16.9%的土壤这两项指标都达不到临界值，这部分土壤缺镁的可能性就很大了，还是早施镁肥为好。农作物一旦出现缺镁症状，就会严重影响产量，甚至失收。因为作物缺镁症状的表现总是滞后于生长所受的影响，况且潜在性缺镁往往形态上不表现出症状但产量已受到影响。钙镁比值大于 6.5 而镁饱和度高于 10%的土壤（只有一项指标达不到临界值）占 11.8%，对于这部分土壤，种植对缺镁敏感作物如马铃薯、番茄、葡萄、柑橘、玉米等，生长期内应该喷施硫酸镁。至于其他土壤，如果从提高蔬果产品的含镁量考虑也可施镁，毕竟食物是人体获取镁的主要食物来源。如果从产量和效益考虑，在未经田间试验确证有效前，可暂不施镁，但要注意作物缺镁症状，若发现应及时喷施镁肥进行救治。

（三）土壤有效硫

植物除了由根系从土壤中吸收以硫酸根形态的硫以外，还有多种价数的硫以不同形态从不同途径进入植物体，甚至叶片也会吸收大气中的二氧化硫。因此，硫作为肥料应用常被忽视，尤其是稻、麦等含硫量较少的谷类作物，很少有供硫目标而施硫肥的。从农田生态系统物质循环的角度看，近年来上海土壤中的硫趋于减少是显见的，一是随种植结构调整，稻、麦种植减少，需硫较多的作物相对增多，土壤硫的产出量增加；二是原用的过磷酸钙渐被高浓度不含硫的磷肥所替代，施肥带入土壤的硫大为减少；三是随社会发展、环境改善，沉降进入土壤的硫日渐减少。由于缺乏土壤硫素含量的历史资料，不能分析土壤硫减少的程度，但从调查资料现状看，已有一部分土壤有效硫含量较低。

土壤样品测得的有效硫含量在 1.46～328.80 mg/kg 范围，平均含量 59.93 mg/kg。不同利用方式农田的土壤有效硫含量差异较大，以园艺场土壤的有效硫含量最高，在 3.78～328.80 mg/kg 范围，平均 77.50 mg/kg；大田土壤次之，含量在 1.46～328.80 mg/kg 范围，平均 56.44 mg/kg；果园土壤的有效硫含量最低，在 2.43～328.80 mg/kg 范围，平均 46.09 mg/kg。

关于土壤有效硫的评价，目前对土壤硫素营养丰缺指标还不很一致，综合参考科技文献并结合上海农业生产的实际情况，将上海市园艺场土壤有效硫含量以 30 mg/kg 为临界值，其他土壤以 20 mg/kg 为临界值来考虑施硫与否。有效硫含量低于临界值的土壤，在园艺场中占 43%、果园中占 27%、一般大田中占 20%。这部分土壤种植作物要重视硫肥的施用，化肥要尽量选用含硫的肥料，如普通过磷酸钙含硫 10%～16%，硫酸钾含硫 16%～18%，硫酸铵含硫 24%。此外，兼顾杀菌消毒而用硫黄也是很好的硫肥。对于有效硫含量在临界值以上的土壤，在目前的施肥情况下，暂不需要专门施用硫肥，但要关注作物是否有缺硫症状表现，特别是十字花科、豆科作物以及葱蒜韭菜等对缺硫反应敏感的作物。至于有效硫含量较高（如50～100 mg/kg）的土壤，一般也不用担心土壤供硫过量而对作物产生毒害作用。硫过量现象除了因工矿亚硫酸气烟害和过量施硫情况下会出现外，旱作物中极少见到因硫过量的中毒现象。水稻发生根系变黑、根毛腐烂等硫化氢中毒症状，其关键的因素还是在于稻田强烈的还原环境，防止的主要措施还是提高土壤氧化势。不过，土壤有效硫过高也有其他弊端：硫会抑制作物对钼的吸收，高硫低钼土壤，豆科作物容易出现缺钼症状，低钼土壤施用带硫酸根的化肥，可能会造成豆科作物减产。土壤有效硫含量高于120 mg/kg 的农田，在可能的情况下，应尽量选用不含硫的化肥为好。

四、土壤微量营养元素

微量营养元素是指在植物体内平均含量少于 0.1% （1000 mg/kg）的必需营养元素。这些元素在植物体内都承担着某些重要而专一的作用，缺乏其中的任何一种都将导致作物不能正常生长，甚至不能完成生命周期，而且即使用其他元素替代也不会有完满的效果，某一元素供应不足，即会产生独特的缺素症状。

土壤微量元素的重要性不仅在于对植物生长的影响，这些元素还是重要的生命元素，其在土壤中缺乏或过剩还会通过农产品进入到食物链中而影响到人和动物的健康。对于土壤微量元素含量的了解，不仅是农业生产发展的需要，而且从保持生态系统安全的角度分析也是十分必要的。

（一）土壤有效硼

上海土壤硼素含量很高，但可供作物吸收的硼并不富裕。全市农田土壤有效硼含量在 0.02～2.18 mg/kg 范围，平均含量 0.75 mg/kg。

我国土壤有效硼含量普遍较低，可供参考的土壤硼素供应水平的研究成果资料很多，根据上海地区作物对硼的反应和土壤有效硼含量的实际情况，将上海市土壤有效硼在 0.50～1.00 mg/kg 作为适宜范围来评判其含量水平。以统计样品测值的出现频率估算所占面积，园艺场土壤有效硼含量适宜的面积约占 35%，偏低的面积约占 43%，偏高的面积约占 22%；果园土壤有效硼含量适宜的面积约占 37％，偏低的面积约占 51％，偏高的面积约占 12％；一般大田土壤有效硼含量适宜的面积约占 52％，偏低的面积约占 24％，偏高的面积约占 24％。对于有效硼含量处于偏低的土壤，应在作物种植前基施硼肥，如每公顷施硼砂 10 kg 左右，如作物生长期内有缺硼症状，还要喷施硼肥。有效硼含量适宜的土壤，要关注喜硼作物如油菜、萝卜、卷心菜、芹菜、花椰菜、豆类及豆科绿肥、葡萄等是否有缺硼症状，一旦发现有症状，就要喷施硼肥，并在以后要对此农田土施 1～2 次硼砂。对于有效硼含量偏高的土壤，不要轻易施硼，而要注意耐硼性差的作物如桃、葡萄、无花果、菜豆是否有中毒现象，如叶尖发黄、叶脉失绿、叶片坏死等中毒症状。一般高氮和高钾会加重硼中毒，而施钙则可以降低硼的有效性减轻硼毒。

（二）土壤有效锌

上海农田土壤有效锌含量在 0.07～15.90 mg/kg 范围，平均含量 2.93 mg/kg。在不同利用方式农田中，园艺场可能因为施用的畜禽粪及其加工的商品有机肥特别多，土壤有效锌含量远高于其他土壤，在 0.23～15.87 mg/kg 范围，平均 5.18 mg/kg；果园土壤的有效锌含量在 0.16～13.54 mg/kg 范围，平均 2.53 mg/kg；一般大田土壤有效锌含量在 0.07～15.90 mg/kg 范围，平均 2.38 mg/kg。以不同地区统计的土壤有效锌平均含量来看，岛屿地区的含量特别低，平均 1.38 mg/kg，还不到全市平均值的一半，这可能与岛屿土壤 pH 高有关。

参考国内土壤有效锌评价资料，根据过去上海地区在多种作物上的施锌试验研究，将上海市园艺场土壤有效锌含量在 1.50～3.00 mg/kg、果园和一般大田含量在 1.00～2.00 mg/kg 评判为中等供锌水平。有效锌含量偏低的土壤在该类农田中上所占的比例，园艺场约占 17％，果园约占 29％，一般大田约占 30％。对于缺锌土壤，在生产中要重视喷施锌肥。在缺锌土壤上，还要防止施磷过量，因为磷与锌拮抗，磷过多会加剧作物缺锌。有效锌含量属于中等水平的土壤，对于水稻、玉米、大豆、蚕豆、桃、葡萄等缺锌敏感的作物，要加强观察，出现缺锌症状就要喷施锌肥。有效锌含量超过中等水平的土壤不要施锌，作物体内过高的锌浓度对生长有害而无益。

（三）土壤有效锰

锰是价数易变的元素，在土壤多相体系中的存在比较复杂，往往会同时出现不同价数的化合物，其有效性主要取决于土壤的酸碱性和氧化还原状态。土壤有效锰包括水溶态锰、代换态锰和易还原态锰，三者亦总称活性锰。全市所有农田土壤有效锰含量在 $0.82\sim$ $85.71\,mg/kg$ 范围，平均含量 $26.73\,mg/kg$。土壤有效锰含量与土壤石灰性和 pH 有关，上海市由东向西土壤石灰性减弱、pH 下降，有效锰平均含量有逐渐上升趋势。岛屿地区有效锰平均含量为 $19.58\,mg/kg$，东部地区为 $26.59\,mg/kg$，中部地区为 $24.63\,mg/kg$，西部地区为 $31.80\,mg/kg$。从农田不同利用方式来看，园艺场土壤的有效锰稍多，含量在 $2.82\sim85.50\,mg/kg$ 范围，平均 $28.08\,mg/kg$；一般大田土壤次之，含量在 $0.82\sim85.71\,mg/kg$ 范围，平均 $26.93\,mg/kg$；果园土壤的有效锰含量相对较低，在 $3.25\sim85.50\,mg/kg$ 范围，平均 $19.63\,mg/kg$。

参考国内研究成果和上海市的试验资料，上海土壤的有效锰含量以 $7\,mg/kg$ 为临界值，临界值以下为锰缺乏的土壤，在 $7\sim$ $10\,mg/kg$ 的属于有效锰含量偏低。据此估算，果园的土壤较其他农田更容易缺锰，果园土壤有效锰缺乏和含量水平偏低的面积比例较大，分别约占 10％和 23％；园艺场中有效锰缺乏和含量水平偏低的土壤分别约占 5％和 6％；一般大田土壤有效锰缺乏和含量水平偏低的分别约占 4％和 7％。对于土壤有效锰缺乏的农田，要土施和喷施锰肥，以防止农作物缺锰症并提高土壤锰含量。在土壤有效锰含量偏低农田，对于喜锰的作物如洋葱、豌豆、马铃薯、玉米、草莓、小麦等可能供锰不足，如发现缺锰症状，就要及时喷施锰肥。作物叶面吸收锰的速度很快，只要叶片没有坏死，喷施锰肥后一般能恢复正常生长。

（四）土壤有效铁

上海土壤多系沉积母质发育，全铁含量的变幅较宽，在 2.14%～4.80% 范围，平均含量为 3.30%，其频率分布以 3.0%～4.0% 含量占优势。土壤中的铁以高铁（三价）和亚铁（二价）的离子或化合物形态存在，它们受土壤 pH 和氧化还原条件的影响而相互转化。高铁溶解度低，难被作物利用，亚铁能被作物吸收，是有效铁，但高量亚铁对作物也有毒害作用。

全市各类农田土壤有效铁含量在 4.38～302.78 mg/kg 范围，平均含量 87.61 mg/kg。不同地区土壤有效铁含量差异很大。岛屿地区可能因为土壤 pH 高，有效铁含量最低，平均 43.94 mg/kg；西部地区地势低洼土壤还原性强，有效铁含量最高，平均 119.04 mg/kg，地区间高低相差竟有 2.7 倍。在不同利用方式的农田中，土壤有效铁含量与作物栽培过程中的水分管理很有关系。一般大田在种稻期间差不多有半年淹水，土壤的有效铁含量最高，在 5.32～302.78 mg/kg 范围，平均 92.76 mg/kg；园艺场一般不漫灌淹田，以喷、（渗）灌、浇等方式给作物补充水分，土壤水分极少处于饱和状态，有效铁含量相对比较低，在 8.95～302.50 mg/kg 范围，平均 72.99 mg/kg；果园灌溉浇水比园艺场少，土壤有效铁含量还要低些，在 4.38～302.50 mg/kg 范围，平均 69.85 mg/kg。

资料文献报道的土壤缺铁临界值多在 5 mg/kg 以下。上海调查的数千样品中只有 1 个测值为 4.38 mg/kg，其余样品都在 5 mg/kg 临界值以上，在 10 mg/kg 以下的样品也只占 0.6%。从土壤有效铁的数量来衡量，可以说上海土壤不会缺铁。有的地方果树或绿化树种见缺铁失绿症状，可能因土壤（特别是根际土壤）高碳酸盐含量、高 pH，有效铁被固定有关。淹水和低湿环境的土壤要注意防止铁的毒害，绿肥茬种稻，要提前翻压，避过绿肥腐解高峰的强还原势。排出稻田缩水，耖耙通气，可以提高土壤氧化势，减少高铁向亚铁的转化量，以避免或减轻稻苗受到高量亚铁的毒害。

（五）土壤有效铜

上海土壤平均含铜量为 30.9 mg/kg，高于全国和世界土壤的含铜量水平。土壤中铜的形态有多种，水溶性铜、代换性铜和一部分分子量较低的有机结合态铜是有效性铜。相对于其他微量元素，有效性铜占全铜的比例是较高的。全市各类农田土壤有效铜含量从痕量至 20.60 mg/kg，平均 5.98 mg/kg。在不同利用方式的农田中，园艺场土壤有效铜含量稍高，在 0.87～20.60 mg/kg 范围，平均 6.08 mg/kg；大田土壤次之，含量从痕量至 20.60 mg/kg，平均 5.98 mg/kg；果园土壤的有效铜含量相对较低，含量在 0.44～20.60 mg/kg 范围，平均 5.62 mg/kg。上海土壤的有效铜含量普遍较高，绝大部分农田都不缺铜。仅果园中有近 3％的土壤有效铜含量低于 1.0 mg/kg，要引起注意，在使用消毒杀菌剂时尽量选用硫酸铜或其他含铜制剂，以提高土壤铜含量。发现果树缺铜症状，如叶片失绿畸形、枝条弯曲、长瘤状物或斑块等，就应施用铜肥，一般用硫酸铜，土施用量 25 kg/hm^2 左右，喷施硫酸铜溶液浓度 0.01％～0.02％。

（六）土壤有效钼

钼的来源是原生矿物风化后所形成的含钼次生矿物，一般以钼酸钙形态为主，呈可溶态进入水体的数量极微。各类沉积物含钼量不高，上海土壤发育于含钼量很低的沉积母质，全钼平均含量只 0.49 mg/kg，低于全国水平、远低于全世界土壤含钼水平。以土壤钼贮量而言，上海可称为低钼地区。相对于其他微量营养元素，有效钼占全钼的比例是较高的，但因为全钼不高，上海土壤钼素养分供应并不充足。1980 年上海市农科院在郊区低钼土壤试验研究，喷施钼肥对花椰菜增产特别明显，豌豆增产明显，油菜稍有增产趋势，但麦、稻施钼无效。根据近年调查，全市各类农田土壤有效钼含量在 0.01～0.85 mg/kg 范围，平均含量 0.171 mg/kg。在不同利用方式农田中，园艺场土壤的有效钼含量较高，含量在 0.01～

0.83 mg/kg 范围，平均 0.19 mg/kg；一般大田土壤次之，含量在 0.01～0.85 mg/kg 范围，平均 0.17 mg/kg；果园土壤的有效钼含量相对较低，在 0.04～0.53 mg/kg 范围，平均 0.14 mg/kg。有效钼含量的地域差异较小，不同资料文献报道的丰缺评价指标也相差不大，与上海试验研究的结果较为接近。现以 0.1 mg/kg 为临界值评判，全市各类农田土壤有效钼含量低于临界值的面积约占22%。对这部分土壤最好还是土施钼肥，一般每公顷 300～600 g 有效钼，这样可保持数年残效。另有 35% 的农田，土壤有效钼含量在 0.10～0.15 mg/kg 范围，要注意这些土壤上的作物生长情况，特别是对缺钼敏感的豆科和十字花科作物，如发现有缺钼症状，就要及时喷施可溶性钼肥。

五、土壤的其他属性

（一）土壤有效硅

硅在植物体内的平均含量为 0.15% 左右，由于对作物的生理作用尚不清楚，因此硅是否为作物生长必需的营养元素历来有争论，迄今硅对作物的必需性还没有被普遍确认。但因其在某些作物，特别是水稻体内大量存在，而且对水稻生长有很大影响，也有人认为是部分作物不可缺少的中量营养元素。

上海各类农田土壤有效硅含量在 5.70～433.35 mg/kg 范围，平均含量 163.87 mg/kg。土壤有效硅含量多少除了取决于土壤本身的硅素含量以外，还与土壤的 pH、黏粒含量和水分状况有关。松江区农田低湿黏重，土壤有效硅含量最高，平均 299.46 mg/kg，比全市平均值高 80% 以上；崇明和宝山土壤有效硅平均含量较低，分别为 104.13 mg/kg 和 119.32 mg/kg，这可能与这些地区土壤的pH 较高有关。在不同利用方式农田中，园艺场和果园土壤的有效硅平均含量较高，分别为 193.54 mg/kg 和 197.88 mg/kg；一般大田土壤较低，平均为 153.59 mg/kg。

以土壤有效硅含量 100 mg/kg 为临界值来判断丰缺，全市各类农田低于此值的土壤约占 20%，种植禾谷类作物要考虑施用硅肥。有效硅含量在 100～150 mg/kg 的土壤约有 30%，要密切注意这些土壤上的作物是否出现缺硅的症状。如有缺硅的症状，就要考虑硅肥的使用。特别是水稻需硅量多，土壤供硅不足时，生长受阻，根与地上部分都较短矮，叶片下披，抽穗迟、穗子小、瘪粒多、粒重轻，叶片和谷壳有褐色斑点。密切注意水稻植株的形态，判明需要施硅的农田。

（二）土壤酸碱度（pH）

上海西部地区土壤发育于湖泊河流母质，酸碱反应多中性偏酸，其他地区土壤发育于河流江海母质，有一定数量的石灰存在，土壤中盐基淋洗尚不充分，多呈中性偏碱反应。近年地力调查检测的全市农田土壤，pH 都在 4.07～8.68 范围。在不同地区之间，以岛屿地区的平均 pH 最高，为 7.65；西部地区的平均 pH 最低，为 6.38。在不同利用方式农田中，蔬菜园艺场土壤的 pH 最低，平均 6.79，测值变幅在 4.30～8.65；其次是果园土壤，样品的 pH 测值在 4.36～8.56，平均 7.07；第三是一般大田土壤，pH 测值变幅在 4.07～8.68，平均 7.13。以 0.5 为 pH 单位分级统计样品频率并与二普比较（表 2-10），土壤 pH 在 20 多年来有了较大变化，现阶段全部农田土壤中 pH 在 7.5 以上的碱性土占 36.5%，比二普时碱性土比例下降了 22 个百分点；pH 在 5.5～6.5 的酸性土壤占 23.4%，比二普时酸性土比例约上升 16 个百分点。而且还出现了 4.06% 的强酸性样品，二普时虽然也有 0.07% 的土样 pH 在 5.5 以下，但强酸性样品中有相当多一部分为丘陵地黄棕壤（自然土壤）。排除自然土壤，就二普农田土壤分级频率推算，当时的 pH 平均应为 7.50，现今农田土壤 pH 平均为 7.06，20 多年来 pH 下降了 0.44 单位。其中的园艺场土壤，pH 平均下降了 0.71 个单位。

土壤 pH 下降，有相当一部分土壤出现酸化现象，其原因和机理有待专题深入研究。就一般情况分析，可能与酸雨和施肥有关。

表 2-10　土壤 pH 分级频率比较

pH	地力调查农田土壤 pH 分级频率（%）				二普土壤 pH 分级频率（%）
	园艺场	果园	一般大田	全部农田	
<4.50	0.69	0.58	0.18	0.30	0.07
4.50~5.00	1.55	1.74	0.58	0.83	0.07
5.01~5.50	5.33	0.58	2.49	2.93	0.07
5.51~6.00	12.37	6.98	5.69	7.06	1.22
6.01~6.50	18.21	18.02	15.66	16.29	6.23
6.50~7.00	20.26	20.35	20.37	20.42	11.99
7.01~7.50	15.64	15.21	15.66	15.62	21.82
7.51~8.00	17.18	19.19	21.66	20.65	41.25
8.01~8.50	7.56	16.86	17.07	15.19	17.13
>8.50	0.86	0.58	0.67	0.70	0.29

上海是工业大都市，在过去的 20 多年中，工业、汽车等排放所造成酸雨的强度和频度还都是很高的，尽管近年来燃煤减少及其脱硫技术措施已使空气中二氧化硫浓度有所控制，但氮氧化物对雨水的影响增强，2009 年全市降水的 pH 平均只在 4.66；在所有累积雨量达到 5 mm 以上的雨中，酸雨频率达 74.9%。在酸雨区分级中属于最重级别的酸雨区，对土壤 pH 的影响是可想而知的。有些肥料的施用也可能使土壤 pH 下降：大量有机肥施入土壤后分解产生有机酸，有机酸的积累或进而被微生物分解产生的硫酸、硝酸都可增强土壤酸性；化肥中，过磷酸钙是酸性肥料，含有一定的游离酸；硫酸铵、硫酸钾、氯化钾是生理酸性肥料，主供养分被作物吸收后有酸根残留；尿素、碳酸氢铵等氮肥在旱作土壤中可转化为硝酸根，浦东新区的研究，蔬菜园艺场土壤 pH 与土壤硝态氮含量呈极显著负相关。

就目前情况来看，农田土壤的 pH 下降，在农作物生长中尚未直接反映出有多大的负面影响，但要加强观察，深入研究强酸性土壤对农业生产各方面的影响，分析判断使用石灰改良的必要性。原来偏碱性的土壤，pH下降趋于中性，在客观上对农业生产是有益的。不过pH的下降会使一些污染元素的活性提高，要防患其对农产品品质的影响。

（三）土壤密度

土壤密度，以前也称为土壤容重，是指单位体积原状土（未破坏自然结构）的绝对干重。通过容重测定可以判断、解决许多土壤肥料方面的问题，如通过容重可以判断土壤的紧实度和熟化程度以及计算土壤孔隙度、持水量、一定面积土层的养分容量等。土壤容重的大小不仅与其矿物组成和比例、土壤质地、结构、有机质含量等自身属性有关，还受人为耕作和水分管理的严重影响，土壤容重的变量很大，变化很大。尤其是耕作层土壤的容重，没有多次重复测定，很难客观真实反映实际情况。

近年各区县虽也都有一些独立的容重测定，但由于测定时段的分散性，测值的应用有其限制性。集中统一地力调查检测的土壤容重数据还不够多，只能概略地了解全市土壤容重。近阶段有2/3的耕作层土壤容重在$1.0 \sim 1.3$ Mg/m³，尚较适宜农作物生长；有1/4的土壤容重在$1.3 \sim 1.5$ Mg/m³，根系在这样的土壤中进行生命活动，需要消耗更多的能量；约有8%的土壤容重在1.5 Mg/m³以上，影响根系生长、穿插。对于容重高的土壤，要采取适当的轮作耕作措施和增加秸秆还田的数量与次数，以改善土壤结构，逐渐将容重降至适宜作物根系生长的范围。

（四）土壤含盐量

土壤中可溶盐分达到一定数量后，会直接影响作物发芽和正常生长。濒江临海的上海平原土壤，先期的沉积环境受到咸、淡混合水体的影响，除西部湖沼平原外，原始土壤含盐量是很高的。但上海地区雨量充沛、淡水资源丰富，盐渍淤泥露出水面成滩后就有脱盐过程伴随成土。滩涂围垦后，土壤不再受海潮浸渍，脱盐过程就强于积盐。耕种利用的盐土，更因为人为的脱盐措施，其土壤含盐量很快下降。市郊的 14 个国有农垦农场，是在 1954—1973 年先后在滨海盐土上垦殖建立起来的，但到第二次土壤普查时，有 42% 的耕地土壤盐分含量已降到 1 g/kg 以下，成为脱盐土，43% 的耕地是含盐量在 1~2 g/kg 的轻盐土，14% 的耕地是含盐量在 2~4 g/kg 的中盐土，含盐量大于 4 g/kg 的重盐土只占 1%。1980 年后，土壤进一步脱盐，农作物产量很快上升，市郊国有农垦农场小麦、水稻的单位面积产量水平赶上并超过了郊区的平均水平。这也说明了土壤中原有的盐分已很少，不再是作物高产量的障碍。

地力调查中，全市各类农田样品测定结果统计，土壤全盐量低的小于 0.01 g/kg，最高的 4.10 g/kg，平均含量为 1.11 g/kg。二普时上海的盐土绝大部分都分布于沿海，属滨海盐土。中部、西部地区的土壤耕作层含盐量，在正常情况下一般都在 1 g/kg 以下。而现在大部分含盐量高的土壤，与"滨海"并无关联。保护地栽培、大棚温室的盐分表聚，可能是目前盐土治理的重点。

（五）土壤阳离子代换量

土壤阳离子代换量是土壤胶体能代换吸持阳离子的总量。土壤中的阳离子代换，对植物营养具有重大意义。农作物根系从土壤溶液中吸收了阳离子养分，就可以获得吸着在土壤胶体上的代换性阳离子养分补给；施入土壤溶液中的阳离子养分也可以被土壤胶体吸持，不仅可以防止或减少养分流失，而且也可恢复和提高土壤肥力。土壤阳离子代换量的大小，与土壤胶体的数量、性质有关。沙质土壤中黏粒少，比表面积小，代换量低。有机胶体的代换量比无机胶体大，有机质含量对阳离子代换量的影响更大。在上海西部淀泖地区，土壤中粒径小于 0.001 mm 的黏粒含量增加 3~4 个百分点，阳离子代换量上升 1 cmol/kg。土壤有机质含量增加 1 个百分点，阳离子代换量可上升 1.6 cmol/kg。二普时全市土壤的阳离子代换量多数范围在 12~18 cmol/kg；2000 年水稻土调查时，96 个耕作层样品，土壤阳离子代换量最小的 8.81 cmol/kg，最大的 20.72 cmol/kg，主要范围在 12.50~17.40 cmol/kg，平均 14.95 cmol/kg。地力调查中测得的阳离子代换量，松江区各类农田土壤平均为 17.80 cmol/kg，比二普时的平均值 18.28 cmol/kg 有所下降，这与该区土壤有机质含量的下降基本吻合。其他区县的土壤阳离子代换量平均值多有所上升。阳离子代换量在10 cmol/kg以下样点极少，上海土壤的保肥供肥性能总体上还是比较好的。

第五节　提升耕地质量主要措施

耕地质量是农业生产力的基础，随着上海人口总量的不断增加和耕地面积的逐年减少，人均耕地面积大幅下降，人口对耕地的压力越来越大；由于工农业生产的发展及城乡人民生活水平的提高，农业面临的自身排放、工业三废和生活排放等环境压力越来越大，因此，充分利用十分珍贵的有限耕地，保护、改善并稳步提升耕地质量，保护好农业生态环境，是保持农业生产持续、稳定、健康发展的重要基础。

一、上海耕地质量现状

（一）上海耕地土壤优点

上海由于其独特的地理位置与气候条件，耕地土壤存在着以下优点。

1. 土壤肥沃，宜农耕地比例高　上海地区沿江滨海，地势坦荡低平，气候温暖湿润，土壤肥沃。优越的自然条件为上海郊区土地资源的开发利用提供了有利的自然基础，也为上海农业多样性发展提供了条件。

2. 土地利用率高　在上海城市经济高速发展的影响下，全市耕地几乎全部利用，而且复种指数高，平均达 165%，耕地处于高负荷运转状态。

3. 滩涂资源丰富　上海的江、海岸线长达 448.66 km，其中 30% 的岸线属于淤涨岸段，由于长江每年裹挟着巨量的泥沙在长江口和杭州湾北岸沉淀淤积，为上海的滩涂发育提供了基础，平均每年可形成 20 多 km^2 滩涂，这是上海土地的重要后备资源。

（二）上海耕地土壤缺点

但由于大城市郊区的特点，开发程度高、耕地的产出率高、追求高产、复种指数高，带来了以下缺点。

1. 耕地面积逐年减少，生态功能减弱　随着城市化、工业化进程的加快，上海市耕地面积呈减少的趋势。耕地上种植绿色农作物，对城市自然生态起到了良好的平衡作用，尤其是水稻田，保障了生态安全的人工湿地系统，与天然湿地一样具有净化污水、消解有机有毒物质、钝化或无效化无机有毒物质的功能，并兼有防洪的功能及提高地力、防止水土流失的独特作用。耕地的大量减少、生态功能的弱化，不利于城市的生态安全。

2. 耕地质量部分属性出现退化

（1）部分稻田土壤耕作层变浅　从实行家庭联产承包责任制以来，大型的铧犁深耕作业逐步减少，代之以小型拖拉机旋耕浅耕；秋季的小麦、油菜等作物又多免耕栽培，稻田土壤的耕作层变得越来越浅，现在有相当多的稻田耕作层厚度在 15cm 以内。水、肥、气、热较协调的耕作层变浅，紧实闭塞的犁底层相应抬升，适宜根系活动的空间减少，妨碍农作物生长，耕地的生产潜力得不到充分发挥。在质地偏重的稻田，耕作层变浅、犁底层变厚，土壤内排水性能就变差，上部土层常有水分阻滞形成渍害，甚至发生次生潜育，影响土壤的生物、物理、化学性状，严重影响农作物的高产、稳产。

（2）保护地土壤次生盐渍化面积有所增加　次生盐渍化是指土壤盐分表聚达到了阻碍农作物生长的程度。次生盐渍化严重的土壤在湿润时，表土有紫球藻繁殖，所以常可见到土表出现紫红色胶状物等特有现象；干燥时，土壤板结，土表可以见到白色盐霜。盐分表聚，上部土壤溶液浓度增高，致使根细胞产生负压而不能吸收水分及养分，影响根系生长甚至枯死。次生盐渍化是保护地栽培发展过程中出现的主要土壤障碍因子，一般使用 3 年以上的保护地，土壤表层的含盐量均大于临近露地土壤，大棚土壤的含盐量在 $1\sim$ $3.8\,g/kg$，温室土壤的含盐量在 $1.5\sim5\,g/kg$，当土壤含盐量为 $2\,g/kg$ 时，种植蔬菜都会受到不同程度的危害。

（3）耕地养分失衡现象仍然严重　由于化肥生产的发展、施肥技术的进步，上海土壤养分严重不足、不平衡的矛盾已得到缓解，如土壤磷素有了积累、贮量有所增加，有效磷含量成倍提高；园艺场、果园土壤的速效钾含量有了很大的提升。但由于种植作物种类、品种的改变，产量水平的上升和品质要求的提高，土壤养分还不能满足当今农业生产发展的需要。20 世纪 80 年代，土壤有效磷在 15 mg/kg 以上，就能满足当时粮棉油农作物的需要。现在瓜果、蔬菜等需磷多的作物大发展，对土壤有效磷的需求也大大提高了。根据近年研究（中国农业大学，2006），露地蔬菜土壤有效磷在 20 mg/kg 以下还属于低含量，生产中就要培肥施磷，即施用的磷肥量要大于蔬菜的吸收量；土壤有效磷在 $20\sim60\,mg/kg$ 范围的尚属中等，可按吸收量施磷（补偿施磷）；大于 60 mg/kg 含量才属高含量，可减少施磷量。保护地蔬菜对土壤有效磷的要求更高，含量低、中、高的标准分别为小于 50 mg/kg、$50\sim120\,mg/kg$、大于 120 mg/kg。按照当前农作物及产量对土壤供磷的需求，仍约有 42％的大田和 34％的园艺场土壤缺磷。土壤钾养分的失衡比磷更为严重，大田生产中钾素投入不足，土壤速效钾下降，缺钾土壤面积已达 52％；园艺场、果园土壤的速效钾虽然有了提高，但与蔬菜、瓜果作物生长的需要还有很大差距，仍有 72％的园地土壤缺钾，需要培肥施钾。土壤中的中量、微量营养元素，由于长期以来得不到施肥补充或补充不足，有些元素光靠土壤供应已不能满足当今农作物生产的需求。根据地力调查的分析和评价，上海农田约有 17％点位土壤缺镁、20％点位土壤缺硫、5％点位土壤缺锰、22％点位土壤缺钼；约有 43％点位的园艺场土壤和 24％点位的大田土壤缺硼，有 17％点位的园艺场土壤和 30％点位的大田土壤缺锌。

（4）土壤出现酸化趋势　第二次土壤普查时，上海土壤的 pH

平均为 7.50；pH 大于 7.5 的偏碱性土占 58.7%，pH 在 6.5~7.5 的中性土占 33.8%，pH 小于 6.5 的偏酸性土只占 7.5%。20 多年后的地力调查，农田土壤的 pH 平均数下降为 7.06；偏碱性土壤的比例下降了 20 多个百分点，偏酸性土壤上升了 20 多个百分点，而且有 4% 以上的土壤样品出现了过去平原土壤极其罕见的，pH 小于 5.5 的强酸性反应。在不同利用方式的农田中，土壤酸化程度以园艺场土壤最甚、pH 下降幅度最大，其次为果园，再次是大田。土壤酸性强，不适宜不耐酸作物生长；土壤酸化导致铝、锰和氢对植物产生毒害，并影响营养元素 P、Mo、Ca、Mg 的有效性；pH 下降，会增强土壤中的镉、汞、铜、铅、铬、锌等毒物的毒性。土壤酸化如此明显，必须引起各方重视，要关注其危害并研究其防患。

二、稳定和提高土壤有机质

土壤有机质是耕地质量最重要的指标之一，增加土壤有机质是提高农业综合生产能力的基础内容，土壤有机质是否平衡取决于每年施入土壤的有机质数量、腐殖化系数（按 33%）、土壤有机质含量和矿化系数（按 3%）。经测算，要维持上海郊区基本农田的土壤有机质平衡，每年需投入土壤有机质物料 266~455 kg，其中，闵行、嘉定和宝山区（冈身地区）土壤有机质含量平均每 667 m² 为 3 435 kg，每年每 667 m² 需要补充土壤有机质 103 kg，折投入有机物料 312 kg；浦东新区、南汇和奉贤区（沿海地区）土壤有机质含量平均每 667 m² 为 3 705 kg，每年每 667 m² 需要补充土壤有机质 111 kg，折投入有机物料 337 kg；松江、金山和青浦区（西部低洼地区）土壤有机质含量平均每 667 m² 为 5 010 kg，每年每 667 m² 需要补充土壤有机质 150 kg，折投入有机物料 456 kg；崇明县（海岛地区）土壤有机质含量平均每 667 m² 为 2 925 kg，每年每 667 m² 需要补充土壤有机质 88 kg，折投入有机物料 266 kg。补充土壤有机质的有机物料来源有以下几种。

（一）秸秆还田

增加土壤有机质、维持土壤碳平衡的最重要技术手段是秸秆还田技术，如按每 667 m² 稻草秸秆 500 kg 计算，秸秆还田可向农田增加氮素折尿素约 11.2 kg，磷素折过磷酸钙约 21 kg，钾素折氯化钾约 15 kg。还田方式建议各地依据自身条件、因地制宜实行秸秆半量还田、全量还田、田间堆沤或堆放还田等不同方式。

主要措施有：①稻麦秸秆适量直接还田技术，利用农机设备，直接将秸秆还田或者留高茬。②稻田秸秆还田腐熟技术，稻田秸秆还田腐熟指在上季作物收获后，不对秸秆收、晒、运、贮，而是应用秸秆快速腐熟技术，及时将秸秆覆盖还田，然后进行下季种植。③墒沟埋草耕作培肥技术模式，麦田沟系稻田兼用，水稻抛栽前墒沟内埋入一定量的秸秆。充分利用高温季节、田间农艺活动，促进土壤微生物的有效分解，使秋播秸秆还田时间向前延伸，秋熟积肥秋播用作三麦基肥或盖籽肥。④蔬菜秸秆就地还田，蔬菜园艺场配套秸秆处理装置，通过简单秸秆堆沤还田。

（二）种植绿肥还田

绿肥是我国农业生产的一项重要肥源，种植绿肥，既可以增加农田经济效益，又可利用绿肥根瘤菌固氮，达到以小肥调大肥、以磷肥调氮肥的目的，绿肥作物可以富集或固定土壤中的氮、磷、钾及其他营养元素，翻压腐熟后可提供作物较全面的养分，绿肥还田还可增加土壤碳的含量，补充土壤有机质，改善土壤结构和其他理化性状。

目前上海地区种植的绿肥主要有紫云英、蚕豆和黄花苜蓿 3 种，主要技术措施：①适期早播，培育壮苗越冬：蚕豆穴播宜在 11 月 10 日前，撒播宜在 11 月 5 日前，最迟不超过 11 月 10 日；紫云英宜在 10 月 6 日至 12 日，最迟不宜超过 10 月 15 日，与水稻的共生期掌握在 25～30 d；黄花苜蓿宜在 10 月 20 日前，最迟不宜超过 10 月 25 日,与水稻的共生期掌握在 10 d 左右。②适量播种,保证群体数量。一般蚕豆每 667 m² 播种量为 10～15 kg(启豆 7.5～10 kg,日本大白豆 12.5～15 kg),紫云英 2～4 kg,黄花苜蓿 12.5 kg 左右。③科学用肥,提高产量。蚕豆每 667 m² 基施过磷酸钙 25～30 kg,低钾地区每 667 m² 基施氯化钾 5～7.5 kg,6～7 叶期每 667 m² 追施尿素 5～7.5 kg。紫云英每 667 m² 用钙镁磷肥 8～10 kg 或过磷酸钙(先用少量草木灰中和磷肥中的游离酸)拌种;未种过绿肥的土壤最好用根瘤菌拌种,稻收后每 667 m² 基施磷肥 20～25 kg,立春节气每 667 m² 追施尿素 5 kg。黄花苜蓿大多为经济型绿肥"草头",每 667 m² 基施有机肥 2 000～3 000 kg,过磷酸钙 20～25 kg,保墒保暖,确保小寒节气叶片达到 5～6 张,分枝 2～3 个,安全越冬;立春前后每 667 m² 追施尿素 5 kg,促营养生长;以后,每收割一茬,追施尿素 3～5 kg;最后一茬收割后,即 4 月 15 日至 20 日,每 667 m² 追施尿素 2～3 kg,以保证有一定量的生物学产量,达到耕翻肥田的目的。④及时耕翻,充分腐解。适期翻压,蚕豆盛花至结荚初期,紫云英 4 月下旬盛花后 5 d 左右,黄花苜蓿初荚期。每 667 m² 翻压数量一般为 3 000～4 000 kg。水稻播种前保持足够的腐解时间,一般蚕豆 25～30 d,紫云英和黄花苜蓿 15～20 d。结合耕翻做到深耕、深埋,翻耕后尽快耙地并镇压,加快腐解。土壤先晒垡后灌水,提高土温,加速绿肥腐解。

(三) 增施有机肥料

商品有机肥是以畜禽粪便、动植物残体等综合有机质的副产品资源为主要原料,经过发酵腐熟后制成,为褐色或灰褐色,以粉状为主,无机械杂质,无恶臭,有机质含量≥45%,总养分(N+P_2O_5+K_2O)含量≥5%,含水量≤30%,pH 5.5～8.5,其特点是肥效发挥相对化肥慢,但肥效长,对提高作物产量、改善品质、改良土壤理化性状具有较大的作用。商品有机肥施用方法建议如下。

1. 水稻栽培使用 作基肥或追肥施用。用量每 667 m^2 150～200 kg，同时配施常规水稻栽培的化肥。基施时在耕地或耙地前施用，使肥料入土。追施可作分蘖肥，机插稻移栽 1 周后（活棵返青后）均匀撒施。

2. 小麦栽培使用 作基肥和小麦越冬期施用，每 667 m^2 施用商品有机肥 150～200 kg。同时配合施肥常规化肥，小麦施用有机肥对后茬水稻也有较好的后续肥效。

3. 蔬菜栽培使用 通常采用基施，每 667 m^2 施用量为 250～500 kg，在栽培翻耕前进行全耕层施肥，有利于肥料翻入土中，提高肥料的使用效果。

三、维护耕地设施

为进一步提高郊区基本农田综合后生产能力，需按类别开展耕地设施维护工作，具体为：①6.67 万 hm^2 标准粮田维护，主要包括粮田基础生产设施、提高耕地质量的农业机械设施（如施肥机械等）等的维护。②3.35 万 hm^2 标准菜田维护，主要包括蔬菜生产基础设施、滴灌系统和薄膜等的维护。

四、开展耕地质量定期监测

定期开展耕地质量定位监测相当于对耕地进行定期体检，可动态了解和掌握土壤肥力、土壤环境质量和农业生产的投入产出状况，有利于正确指导农业生产合理利用土、肥、水资源，国家《基本农田保护条例》也规定了各级农业行政主管部门应当逐步建立基本农田地力长期定位监测点，并对基本农田环境污染进行监测和评价。上海市于 2007 年建立了 500 个地力定位监测点和100 个环境质量监测点覆盖郊区大部分土壤类型和种植利用方式，每年一监测，对摸清各年度土壤的总体质量情况提供了基础数据。

五、改造与修复中低产地和障碍性土壤

郊区还有一部分面积耕地存在一定的障碍因素，例如，低洼地土壤、设施土壤次生盐渍化、土壤养分失衡、耕作层变浅、土壤酸化和少部分耕地土壤超过国家土壤环境质量二级土壤标准，为保护有限的耕地资源、提高耕地质量，主要有以下针对性技术措施：①低洼地土壤改良工程建设。开展农田水利建设，提高农田排灌能力。②滩涂、平整田等土壤熟化与改良。对新围垦滩涂地要建立种植水稻等洗盐灌排设施，同时增施有机肥及秸秆等有机物料，提高土壤有机质含量，促进土壤形成团粒结构，提高土壤的熟化程度。③设施土壤次生盐渍化控制。硝酸盐积累是主要因子，改良措施主要有灌水洗盐，合理水旱轮作如种植水稻或水生作物，增施有机肥等有机物料，种植绿肥还田，种植耐盐作物如玉米、苏丹草，高垄深沟种植以减少作物根系盐分，合理平衡施肥。④土壤酸化控制。增施有机肥料，合理平衡施肥，对酸化严重的可增施石灰。⑤重金属污染农田修复。目前主要采用固定和去除两种方法，有物理、化学和生物措施，但见效均很慢。固定一般采用硅酸盐、磷酸盐、石灰等改良剂或者调节 pH 降低重金属的活性。去除一般采用螯合剂螯合重金属萃取去除、通过超累积植物吸收带出农田土壤以及换土等措施。最有效的措施是采取客土法，即把污染土壤更换为干净土壤，但工程量大、成本过高。

第三章
上海肥料施用历史与现状

第一节 有机肥料

一、施用历史与现状

目前，根据标准有机肥料的定义是指来源于植物和（或）动物，经发酵腐熟的含碳有机物料，其功能是改善土壤肥力、提供植物营养、提高作物品质。有机肥料一直是我国农业生产中一项重要的肥料资源，在没有化学肥料生产供应的年代，传统上均以有机肥料作为作物养分来源。人畜粪尿、各种动植物残体、人们生活和工农业生产的有机废弃物以及专门栽培的绿肥，最终都被积制成有机肥料，这种农牧废弃物的农业利用成为自然界物质循环的重要组成部分。

进入现代社会后，随着人民生活水平的提高和农村产业结构的调整、化学肥料用量的增加，有机肥料使用的比例逐渐下降。新中国成立初期，农村用肥水平很低，几乎不用化肥，有机肥占施用肥料的99.9%。随着农业生产水平的提高，化肥和有机肥用量都迅速增加，但化肥增速更快，到2000年为止，我国农田中的肥料投入量按照养分量计算，化肥占施用肥料的69.4%，有机肥仅占了30.6%（表3-1）。同时，因为传统有机肥制造的卫生条件较差，广大农民自己制造农家肥越来越少，因此商业化、工厂化生产有机肥料的行业发展迅速。

有机肥料按照生产和施用方式的不同可以分为农家肥料和商品有机肥料两大类。农家肥料如人畜粪尿、绿肥、饼肥、猪圈等，是

表 3-1　我国农田肥料投入量与结构演变

年份	肥料养分（万 t）			肥料结构（%）	
	化肥养分	有机肥养分	合计	化肥	有机肥料
1949	0.6	443.2	443.8	0.1	99.9
1957	36.8	689.0	725.8	5.1	94.9
1965	176.0	789.4	947.9	18.1	81.9
1975	537.9	1 171.9	1 709.8	31.5	68.5
1980	1 269.5	1 218.2	2 487.7	51.0	49.0
1985	1 775.8	1 442.4	3 218.2	55.2	44.8
1990	2 590.3	1 536.8	4 127.1	62.8	37.2
1995	3 594.0	1 701.0	5 295.0	66.9	33.1
2000	4 146.0	1 828.0	5 974.0	69.4	30.6

引自：奚振邦，《现代化学肥料学》，2008。

由农户根据传统经验将原始物料进行堆制、腐熟并无害化处理后施用于农田之中。由于其生产方式原始、产品形态自然，故产品质量难以控制，产品的运输与施用费时耗力，在现代农业生产的结构中，除了种植绿肥外，极难推广应用；加之，现今畜禽养殖已趋集约化、规模化，所以传统意义上的农家肥料的生产与施用，即采取家庭形式的饲养积造，而肩挑手撒式的运输施用已逐渐淡出农业舞台。

　　商品有机肥料是将现代养殖业、种植业产生的有机废弃物（如鸡、鸭、猪粪、菌渣等）采用工厂化的生产工艺，科学堆制发酵而成。经过多次高温无害化处理，彻底杀灭病原菌、寄生虫卵、杂草种子，消除恶臭。商品有机肥加工科学、质量稳定，运输与施用方便，作为大型畜牧场的附属产品，其推广和施用是今后有机肥料的主要投入方式。

　　在漫长的农业生产历史发展进程中，上海农民很早就掌握了给庄稼施肥可以增加产量的经验。在明、清时期，市郊已普遍种植冬绿肥红花草（紫云英）和草头（黄花苜蓿），并用作水稻肥料。而农户养猪所积下的猪粪，亦是上海市郊的主要肥源之一。故上海地区流行农谚云："种田两件宝，猪坺（猪粪）红花草"。清道光十四年（公元1834年），农书《浦泖农咨》记载："棚中猪多，禾中米多，是养猪乃种田之要务也"。光绪年间奉贤县志记载了"秋种苕子于田中，割叶壅稻，留根壅棉"的绿肥的施用方法。至新中国成立前夕，市郊种植红花草10.8万 hm^2，养猪达46万多头。其他有机肥，如饼肥、青草、河泥、水草、牛粪、羊厩、鸡厩、秸秆灰、人粪尿等，亦有一定比例的施用。

20世纪60年代，经历了初期的3年严重自然灾害后，在"以粮为纲"的方针指引下，为了夺取农作物高产，在化学肥料生产尚不满足作物高产的需要的历史背景下，增加有机肥料的积制和施用，因此，有机农家肥的施用量有了较快的增长，平均每公顷的施用量提高到30 t。其中施用量最高的是禽畜粪，绿肥居次，以下依次为城市大粪、饼肥、秸秆、青草、河泥等。至20世纪70年代，尽管由于增加粮田而减少了绿肥的种植面积，但是由于畜禽生产发展而导致畜禽粪肥的增加超过了绿肥种植面积减少而造成的投入量的减少，因此，有机肥的施用量上升到每公顷37.5 t。畜禽粪和城市大粪的施用量都超过了绿肥。

20世纪70年代末期以后，我们国家化肥工业有了较快的发展，化学肥料的供应量急增，农作物所需要的养分中对化肥的依赖已达70%~80%。加之，这一时期，由于农村劳动力的大量转移，农户缺少足够的劳力用以积制、运送和施用有机肥料，因此，市郊有较大面积的农作物处于不施用有机肥的状况。据1987年调查，上海郊区有机肥资源总量为1 713.2万 t（折猪坺），能利用的仅571万 t，资源利用率只有33.3%；每公顷有机肥料施用量比1980年下降了48.9%。不施有机肥的"吃素田"，多的地方接近80%，少的地方亦有15%。为了增加有机肥的投入，80年代后期，市、县农业技术推广部门积极推广秸秆还田，1990年全市达到14.13万 hm^2，对改良农田土壤起到了有益的作用，但总体来说，有机肥的施用量仍然很少。根据对2 000多户农户的投肥调查资料分析：

夏熟作物施用有机肥的田块只占 35％，平均每公顷施用 4.5 t；单季晚稻也只有一半的田块施用有机肥，平均每公顷施用不足 6.0 t。

进入 21 世纪后，上海郊区农田有机肥料的投入出现了 2 个重大的改革，即治污制肥与秸秆还田。上海市自 20 世纪 80 年代后，为了适应上海市市民生活水平不断增高的需要，在全市建立了一定数量并且具有相当规模的大、中型畜禽场，由于在建场之初，未建立相应的治理设施，因此，大量的禽畜粪尿泄入周围农田及河道，严重污染环境，成为农业自身污染的重要污染源。大型畜禽场的畜禽粪产量是十分可观的，据估算，2007 年，上海全市年上市生猪 205.09 万头，年产粪尿数量要达到 200 万 t 左右。这是一宗十分庞大的有机肥资源。前几年，由于对此认识不足，这些粪尿未经处理直接排放到周围农田或泄入周边的河道，造成了农田和水体的严重污染；但是在目前的社会经济和生产条件下，要将这些粪尿进行环保处理后直接投放农田使用，还存在着一定的困难。因此，为了解决禽畜粪肥的环境污染问题，有效地减少化肥用量，维护耕地质量，提高农业综合生产能力，改善上海郊区生态环境，促进优质农产品的生产，2004 年开始上海市采用价格补贴的政策，鼓励生产和施用商品有机肥，使上海的商品有机肥生产和使用得到了迅速的发展。目前，商品有机肥生产企业约 50 家，比 2003 年的 6 家增加了 9 倍；年生产销售商品有机肥 40 多万 t，比 2003 年不足 2 万 t 增加了 20 多倍。

二、常用的有机肥品种

(一) 秸秆

作物秸秆是农村数量庞大的一宗有机肥资源。在 20 世纪 60 年代中期以前，由于农村燃料的匮缺，大量的作物秸秆被当作柴火烧掉，一部分作物秸秆被填入畜禽厩舍，将之与畜禽粪尿一起堆制，待其腐熟后送达田间施用；少量秸秆用于与河泥一起沤制草塘泥。因此从广义上来说，秸秆还田技术的应用应该是"古已有之"。而秸秆直接还田技术在上海市的研究与应用是从 60 年代中期开始的，但是，在此前后的相当长的一段时期，尽管该技术对于改良土壤与补充土壤养分的作用已逐渐为农业科技工作者和广大农户所接受，但是由于农村的燃料问题长期未能解决，所以这项技术未能得到广泛推广。直至80～90年代，随着农村经济改革，市郊农村燃料逐步实现了"燃气化"，加之，随着农村劳动力大量向城市转移，农民不再或很少积造、施用传统有机肥料。农作物秸秆的用途骤然减少，农户炊燃、制绳、包袋、编织等手工业原料，中小型造纸厂等工业原料，都不再或极少使用秸秆。大量秸秆富余，出现了田间焚烧、场边堆腐、遗弃河道等污染环境的现象。进入21世纪后，特别是近年来，上海的雾霾天气逐年增多，而空气中PM2.5微粒对雾霾的形成起着重大的促进作用。雾霾天气空气中PM2.5微粒会对人体健康造成严重的影响引起人们普遍的关注；而这种天气的形成，主要由车辆尾气排放、厂矿烟气直接排放引起，作物收获季节的秸秆焚烧也影响很大。因此，秸秆还田不仅是单纯的农业技术问题，还是解决秸秆田间焚烧、保护生态环境、保护人民身体健康的重要环保措施，受到了各方面的关注与重视。为了保证这一措施的实施，上海市人民政府毫不动摇地坚持最严格的耕地保护条例，采取了切实的奖励政策，保证秸秆还田的推行；另一方面，积极组织秸秆综合利用技术的开发以及秸秆还田实现机械化的技术攻关。可以深信，在可以预见的将来，秸秆直接还田这一技术将会在市郊获得广泛的推广。

几种大田作物秸秆的养分含量如表3-2所示。

表3-2 几种秸秆的养分含量

秸秆名称	有机质（%）	N（%）	P$_2$O$_5$（%）	K$_2$O（%）
小麦秆	83	0.65	0.80	1.05
水稻秆	81.3	0.91	0.13	1.89
玉米秆	87.1	0.92	0.15	1.18
棉秆	—	0.92	0.27	1.74
大豆秆	89.6	1.81	0.20	1.17

引自：张洪昌等，《肥料应用手册》，2011；奚振邦，《现代化学肥料学》，2008。

（二）畜禽粪尿

畜禽粪尿的利用，是与畜禽养殖的方式相联系的。在新中国成立前及新中国成立后的相当长的历史时期中，上海市郊的畜禽养殖是采用家庭圈厩养殖为主的方式，采用稻、麦秸秆铺垫地面吸收粪尿进行沤制，待其腐熟发酵后，待当季作物收割完毕，田面出清后由生产队干部对厩肥称量组织人力挑进农田进行施用。对农户来说，除了猪出售上市获取主要副业收入外，在当时，厩肥出售给生产队的收入亦相当可观。20 世纪50 年代末，在人民公社的体制下，在"猪多、肥多、粮多"的方针指导下，出现了大队（相当于现今的村一级组织）、生产队二级的集体养猪场，但是由于受到生产方式以及饲料供应的限制，其规模并不大，这种方式一直延续到70 年代末才有所改变（表 3 - 3）。

为了满足市民生活水平不断提高的需要，上海市建立了一定数量并且具有相当规模的大、中型畜禽场。生产规模的扩大、现代化饲养技术以及种质的引进，使得上海市的畜禽产量不断上升，畜禽粪尿的排泄量亦随之急增。但是，由于在建场之初，未建立相应的治理设施，大量的禽畜粪尿泄入周围农田及河道，严重污染环境，造成了农田和水体的严重污染，成为农业自身污染的重要污染源。农业生物废弃物的循环利用不仅是建立物质与能源良性循环的重要内容，亦是治理农业自身污染、建设生态农业的重要环节。

因此，畜禽粪有机肥料的商品化生产，不仅对于解决目前农田有机肥料投入严重不足有着十分重要的意义，更重要的是断绝未经处理的粪尿直接排放到周围农田和泄入周边的河道，从而造成对农田和水体的严重污染——这种来自农业自身的污染。这对于上海市郊区农业可持续发展是根本的保证。

常用畜禽粪和厩肥的养分含量如表 3 - 4 所示。

表 3 - 3 上海市 1987—2010 年生猪产量（单位：万头）

年份	年末存栏数				出栏数
	总数	生产母猪	肉猪	仔猪	
2001	237.77	23.77	134.77	73.30	480.00
2002	224.01	22.62	124.19	72.16	450.00
2003	182.77	17.98	101.99	58.94	409.75
2004	164.72	15.48	90.99	55.00	330.87
2005	153.16	13.45	87.08	49.84	280.00
2006	108.31	10.02	63.47	32.81	206.12
2007	122.93	11.23	72.09	35.81	205.09
2008	162.52	16.52	94.37	48.36	258.22
2009	175.16	17.31	101.86	52.77	269.74
2010	171.87	16.30	103.19	49.36	265.98

引自：国家统计局上海调查总队等，《上海郊区统计年鉴》，2007。

表 3 - 4 几种畜禽粪便和厩肥的一般养分含量（％）

项目	氮（N）	磷（P_2O_5）	钾（K_2O）
猪粪	0.56～0.59	0.40～0.46	0.43～0.44
猪尿	0.30～0.38	0.1～0.12	0.85～0.99
猪厩肥	0.4～0.5	0.19～0.21	0.65～0.7
牛粪	0.28～0.32	0.18～0.25	0.15～0.18
牛尿	0.41～0.5	微量～0.03	0.65～1.47
牛厩肥	0.34～0.4	0.16～0.18	0.3～0.40
羊粪	0.65～0.70	0.50～0.51	0.25～0.29
羊尿	1.40～1.47	0.03～0.05	1.96～2.10
鸡粪	1.63	1.54	0.85
鸭粪	1.10	1.40	0.62

引自：张洪昌等，《肥料应用手册》，2011；奚振邦，《现代化学肥料学》，2008。

（三）绿肥

上海农村历史上素有种植绿肥的习惯，有农谚云"种田无取巧，猪塒红花草（紫云英）"。在新中国成立前，限于当时的历史条件，化学肥料基本上尚无使用，绿肥是主要的农家肥料之一。上海地区的绿肥，主要是冬绿肥，即在当年秋收后播种，翌年春（夏）翻耕入土待其腐烂后供春（夏）栽作物利用。而水生绿肥，如凤眼莲、空心莲子草则作为猪饲料加以利用。作为优质的有机肥料，绿肥不仅能为当季作物提供丰富的养分，而且由于富含粗纤维，对改善土壤的物理性质有着良好的功能，所以深受农民的喜爱。上海郊区以栽植冬绿肥为主，主要品种为蚕豆、紫云英和黄花苜蓿。

20 世纪 60 年代以前，上海农民习惯于将绿肥直接翻耕入土。到 60 年代中期，市郊农民在农业科技人员的帮助下，改进了施肥技术，改绿肥（主要是紫云英）直接翻耕入土为将之堆制肥料，使之发酵腐烂后施入田间，即在田头挖一只积肥潭，将紫云英的地上部分割下后置于潭内，然后将河泥、猪塒按比例放入积肥潭，经发酵腐熟后扎水稻基肥。这种施肥技术与绿肥直接还田相比，克服了养分释放缓慢、难以满足作物苗期生长对养分需求的弊端，提高了肥料的利用率。

绿肥在现代农业生产中具有特殊的地位。随着现代经济的发展，农村劳动力大量向工业、商业及服务业转移，有机肥料的堆制和使用成了突出的问题，随之产生的化学肥料用量急增，不仅引起土壤肥力特别是物理性质的衰退，而且造成了因化肥流失导致的水体污染，使农田环境质量下降。所以，种植绿肥不仅具有良好的增产改土作用，而且对农业环境的保护，亦具有良好的生态意义。

上海郊区在 20 世纪 60 年代初期以前，由于化肥供应紧缺，市区人粪尿受到船运能力的限制而未能充分得以利用，并且畜禽粪尿在家庭养殖为主的背景下，其产量难以满足作物对养分的需求，加之市郊棉花种植面积较大，在棉花行间套种绿肥是传统的种植方式，所以，绿肥的种植面积较大。到 60 年代初，由于国家罹受连续三年的自然灾害，粮食供应紧张，中央提出"以粮为纲"的种植方针，在此方针指引下，一方面进行了种植制度的改革，扩大了粮食三熟制的种植面积（大麦—双季早稻—双季晚稻），削减甚至消灭了单季晚稻的种植面积，这样，使得绿肥—单季晚稻的种植制度消亡，绿肥的种植面积骤减；同时为了麦子高产，扩大了条播麦的麦幅，因而套种的绿肥条幅变窄乃至不予种植，在这些因素的共同作用下，市郊绿肥的种植面积逐年下降，到 70 年代后期，下降到最低点。随着种植业结构的调整，大幅减少粮食三熟制的种植，恢复小麦—单季晚稻二熟制的种植面积，市郊绿肥种植面积不断攀升，到 2004 年，全市绿肥种植面积达到 2.0 万 hm^2；2005—2009年，稳定在 2.67 万 hm^2 左右；2010 年，达到 3.33 万 hm^2；2012年，则上升至 3.73 万 hm^2。

绿肥在现代农业生产中具有特殊的地位。随着现代经济的发展，农村劳动力大量向工业、商业及服务业的转移，有机肥料的积制和使用成了突出的问题，随之而产生的化学肥料用量急增，不仅引起土壤肥力特别是物理性质的衰退，而且造成了因化肥流失导致的水体污染，使农田环境质量下降。所以，种植绿肥不仅具有良好的增产改土作用，而且对农业环境的保护，亦具有良好的生态意义。

作为优质的有机肥料，绿肥不仅能为当季作物提供丰富的养分，而且由于富含粗纤维，对改善土壤的物理性质有着良好的功能，所以深受农民的喜爱。上海郊区以栽植冬绿肥为主，主要品种为蚕豆、紫云英和黄花苜蓿。

1. 紫云英（红花草）　为上海市西部松江、金山、青浦等水稻栽植区传统种植之冬绿肥，于当年水稻收割后种植，于翌年单季晚稻栽植前，将紫云英割倒在田面，待其晾晒数日，然后将之翻入土中，田间泡水，使之腐烂，约 1 周后耙地插秧。

紫云英枝叶鲜嫩，易于腐烂，养分含量高，故深受农户喜爱。紫云英是豆科绿肥，有其特有的共生根瘤菌系，故在从未种植过的农田引进种植时需要拌和相应的根瘤菌制剂。此外，施用磷肥，亦能提高紫云英的产量，起到"以磷增氮"的效果。

2. 黄花苜蓿（草头、金花菜） 为上海市 20 世纪 70 年代以前的冬季绿肥，当时上海主要的植棉区上海县、嘉定县和宝山县广泛种植。它采用草麦夹种作为棉花的前茬，在 3 行麦中种植 2 行黄花苜蓿，在棉花收摘完（10 月底）之前将草籽条播于棉花行间，待棉花收摘完后，拔去棉株，在原来的棉花种植行上播种大麦（或小麦、元麦），待翌年棉花种植前埋青，即在 4 月间将麦行间的黄花苜蓿翻入行间土中，让其腐烂，于 5 月间将棉籽直接播种于麦行间（直播棉），或于麦收后将预先已培育的棉苗移栽于翻埋黄花苜蓿的土行之上（移栽棉）。

在崇明、长兴、横沙等地多有种植蚕豆以代替黄花苜蓿的习惯，其栽植方式则相同。

3. 蚕豆 上海郊区都有栽种，作为冬季绿肥，一般于水稻收割后播种，翌年春夏采摘青蚕豆后将其茎秆拔起横置于田间，晾晒数天，待其稍显干瘪，即将之翻入田内，随即灌水浸泡几天后耙田栽插水稻。

4. 绿萍（满江红） 在 20 世纪 60 年代后期，为了提高粮食产量，在化肥紧缺的背景下，既要确保粮食种植面积，又要增加有机肥料的投入，上海市学习浙江省的经验，引进了绿萍的稻田放养技术，利用少量越冬繁殖的萍母田在初春天气转暖时加速繁殖，然后，待早稻栽插后将其放入稻田，让其在浅水高温并且遮阴的环境下快速生长，待早稻用肥高峰时通过脱水搁田将绿萍烂入土中，充作肥料。绿萍含固氮蓝藻，有生物固氮作用，营养丰富，且萍体鲜嫩，在高温下极易腐烂，肥效快速，是一种优良的绿肥。可惜由于与浙江省相比较，上海冬季气温偏低，时有霜冻、冰雪出现，绿萍在自然条件下难以越冬；而要在"保护"条件下人工越冬，则费时费工成本高，且在春夏加速繁殖时需要预留较多的白田用作萍母田，这在上海市亦有一定的困难，故该项技术在上海市部分郊区进行几年示范后，最终未能得到推广。

上海郊区几种主要绿肥的养分含量可见表3-5。

表3-5 上海郊区几种主要绿肥的养分含量

绿 肥	鲜草成分（鲜重%）			干草成分（干重%）		
	水分	氮（N）	磷 （P₂O₅）	钾 （K₂O）	氮（N）	磷 （P₂O₅）	钾 （K₂O）

绿 肥	水分	氮（N）	磷 (P_2O_5)	钾 (K_2O)	氮（N）	磷 (P_2O_5)	钾 (K_2O)
紫云英	88.0	0.33	0.08	0.23	2.75	0.66	1.91
黄花苜蓿	83.3	0.54	0.14	0.40	3.23	0.81	2.38
蚕豆	80.0	0.55	0.12	0.45	2.75	0.60	2.25
田菁	50.0	0.52	0.07	0.15	2.60	0.54	1.68
绿萍	94.0	0.24	0.02	0.12	2.77	0.35	1.18
水花生	—	0.15	0.09	0.57	2.15	0.84	3.39
水葫芦	—	0.24	0.07	0.11	—	—	—
水浮莲	—	0.22	0.06	0.10	—	—	—

引自：奚振邦，《现代化学肥料学》，2008。

5. 田菁 田菁是一种耐盐碱性强、产量高的豆科绿肥，具有脱盐改土的作用，在江苏沿海地区有大面积种植。20世纪50年代后期，上海在崇明、奉贤、宝山等地围海造地（大部分为围江），农田的盐碱性较强，当地习用的绿肥品种生长不良，产量不高，不能适应这种土壤环境。因此，从20世纪60年代后期开始，从江苏引进了这种耐盐碱的绿肥品种。

田菁是一种夏绿肥，于5～6月套种于麦行内，待麦收后于7月上旬将之翻耕，作为棉花的重肥。由于地区性种植习惯使然，田菁的种植多分布在崇明、长兴、横沙三岛及奉贤、南汇的沿海地区，近年来，随着棉花种植面积的锐减，田菁的种植面积亦大幅减少。在上海市郊仅有零星种植。

6. 苕子 冬绿肥品种，于秋季播种，翌年初夏翻耕作基肥。上海市有零星种植，种植面积不大。

7. 天兰 夏绿肥品种，于春季套种，初夏翻耕作秋熟作物基肥。上海市在20世纪70年代曾从江苏引进，有少量种植。

（四）河泥与草塘泥

上海市郊流传农谚云"种田种到老，勿要忘记河泥稻"。在新中国成立前，由于产量水平不高，化学肥料几乎不用，加之宅沟、河塘均放养鱼虾，故底泥的养分含量比较丰富，因此，在当时，河塘底泥是重要的肥源之一。每届冬季及早春，市郊农民有罱河泥的习惯，即人站立在小船中，用罱泥斗将河泥罱起放入船内，然后将船内的河泥挑入田间浇施，或挑入田头的积肥潭内，与绿肥、杂草、猪塯等置于一处沤制草塘泥。这一传统的积肥习惯一直持续到20世纪70年代末期。以后，随着集体养鱼的发展，宅沟已不再养殖鱼虾，底泥在年复一年的罱挖下已肥沃不再，故罱河泥的积肥习俗逐渐成为过去。至于草塘泥的积制，则由于此时期经济的发展，青壮劳力大量向城市转移从事工业，留下的老弱妇孺无力再行实施而终止。

常见草塘泥的养分含量可见表 3-6。

表 3-6　堆肥和草塘泥的养分含量（%）

项　　目	水分	有机质	氮（N）	磷（P_2O_5）	钾（K_2O）
草塘泥	—	6～13	0.21～0.4	0.14～0.26	—
一般堆肥	60～70	15～25	0.4～0.5	0.18～0.26	0.45～0.70

引自：奚振邦，《现代化学肥料学》，2008。

（五）饼肥

饼肥在上海郊区被用作农田肥料可以追溯到上海先民的农耕历史，但新中国成立以后使用并不多。在 20 世纪 60 年代初期尚有使用，主要是豆饼、菜籽饼和棉籽饼。当时农民向国家出售油菜籽和籽棉后，国家向农民返回相应数量的菜籽饼和棉籽饼，被用作肥料。后来由于养猪饲料的紧缺，菜籽饼被用作猪饲料；而棉籽饼则由于棉花种植面积的减少并且肥效不高而放弃使用。

饼肥是来源于作物种子经压榨或浸提去脂肪后的残渣，故富含有机质、氮素和多种养分。几种常用的饼肥的养分含量可见表3－7。

表3－7 几种油饼的养分含量

项 目	养分（%）		
	氮（N）	磷（P₂O₅）	钾（K₂O）
大豆饼	7.00	1.32	2.13
花生饼	6.32	1.17	1.34
菜籽饼	4.60	2.48	1.40
棉籽饼	3.41	1.63	0.97

引自：奚振邦，《现代化学肥料学》，2008。

（六）沼液和沼渣的利用

利用大型禽畜场排出的禽畜粪尿进行厌气发酵并制取沼气是从20世纪60年代开始的，被用作民用燃料。它起始于农民家庭型的小型沼气池，到80年代初，随着大、中型畜禽场的建造，为了解决畜禽粪的处理，同时提供周边农户的燃气，开始建造大型的沼气站。作为沼气站的副产品，沼液和沼渣被用作肥料，成为一种良好的肥源（表3－8、表3－9）。

表3－8 沼渣与其他材料的养分含量比较（2003）

基质名称	养分含量				有效态养分（mg/kg）			阳离子代换量（cmol/kg）	pH
	有机质（%）	全氮（g/kg）	全磷（g/kg）	全钾（g/kg）	碱解氮	速效磷	速效钾		
桦美草炭	68.59 ±1.92	24.33 ±1.62	1.63 ±0.58	2.32 ±0.22	1 721.70 ±268.66	21.14 ±3.64	166 ±24.8	110.84 ±12.57	5.10 ±0.20
Klasmann 草炭	80.02 ±5.63	13.78 ±0.70	0.44 ±0.06	1.20 ±0.67	799.15 ±82.06	13.65 ±0.97	152 ±41.5	174.97 ±17.21	5.66 ±0.22
沼渣	19.64 ±4.30	19.84 ±2.93	3.13 ±0.15	4.39 ±1.17	1 928.61 ±364.61	698.11 ±95.28	1 212 ±757.8	64.32 ±7.71	7.22 ±0.084

引自：朱恩等，《上海耕地地力与环境质量》，2011。

表 3 - 9　沼渣与其他材料有效态微量元素含量（2003）

基质名称	Cu（mg/kg）	Zn（mg/kg）	Mn（mg/kg）
桦美草炭	0.724±0.114	6.288±0.138	111.34±7.92
Klasmann 草炭	0.186±0.055	9.194±1.188	15.02±3.48
沼渣	9.312±1.058	9.746±2.24	64.24±13.96
基质名称	Mo（μg/kg）	Mg（mg/kg）	EC（ms/cm）
桦美草炭	58.00±12.78	264±20.24	0.112±0.0449
Klasmann 草炭	31.27±4.18	468±132.17	0.239±0.0124
沼渣	15.78±2.22	4 214±313.1	1.476±0.286

引自：朱恩等，《上海耕地地力与环境质量》，2011。

（七）城市人粪尿

城市人粪尿的处理与利用是国际性的问题之一。随着工业化与城镇化步伐的加快，城市人口迅速膨胀，人粪尿的排放量亦急速增加，而对应之处理的速度与数量则远远滞后于排放量的迅速增长。新中国成立后，随着上海城市人口数量的迅速增长，城市大粪的施用量增长较快。据 1958 年统计，平均每公顷蔬菜地施用城市大粪46.2 t；油菜秧地 4.95 t，油菜地 5.28 t；稻田 3.96 t；棉田 1.32 t；瓜地 6.6 t。城市大粪成为 20 世纪 50 年代市郊三大有机肥品种（紫云英、养猪积肥、城市大粪）之一。在城市大粪施用量急速增加的带动下，上海市郊区有机肥的施用水平由每公顷 15 t（折猪塒，下同）提高到 22.5 t。到 20 世纪 80 年代初，由于城市人粪尿随着居民生活条件的改善，大量抽水式坐便器更替了旧式便桶，城市人粪尿的质量急速下降，据测定，其含水量高达 98%～99%，而含氮量仅 0.3%左右。它对标准猪粪的折换率，已由 60 年代初期的2.0∶1 降低到 8.0∶1，在低用量水平下，肥效不明显；因此在 80年代中期，对传统的人粪尿施肥技术进行了改进，主要有两种，一种是用粪泵将粪尿直接喷施田间，这主要用于蔬菜、果树、小麦、油菜等作物上；另一种是"稻田淌灌技术"，即利用稻田灌水时，在排灌站的灌水口将人粪尿会同灌溉水淌入田间。经研究证实，该项技术利用稻田作为天然氧化塘的原理，可以有效地杀灭人粪尿中的大肠杆菌及寄生虫卵，同时利用环卫部门处理粪便时喷施的敌百虫、拟除虫菊酯类、敌敌畏、残杀威·拟除虫菊酯类等有机磷和菊酯类农药的残留作用杀灭水稻害虫。这两项技术的推广对降低劳动强度，节省用工，提高工效，减少化肥用量，促进增产，延长人粪尿利用时间，增加人粪尿利用量，具有重大的推进作用。这对于人口日益膨胀的大都市来说，具有重要的环保意义。在 80 年代初至 90 年代中期，作为一项实用技术，在市郊，特别是邻近市区的近郊地区，有较大面积的应用，中央农业部曾经在宝山县召开现场会。进入 21 世纪以后，在发展经济的方针指导下，上海的经济高速发展，在改革开放的政策导向下，外地人口大量涌入上海，上海人口空前膨胀，人粪尿的数量亦急速增加，但是由于种种因素的综合作用，特别是化学肥料在运输、使用上的优势且市场供应充足，人粪尿的利用量不增反减，大部分人粪尿经过处理达到排放标准后经污水管道排出，仅有少量果园、菜地或麦地仍利用人粪尿，采取沟灌或喷灌的方式进行施肥。

第二节　化学肥料

一、化学肥料对农业生产的作用

化学肥料作为最大的农业生产资料，对提高作物产量、发挥产量潜力和增加土壤有机质含量均起到了重要的作用。

1. 提高生物学产量　化肥的施用，能够有效地提高作物的生物学产量，其中相当一部分是残留在土壤中根茬的产量。以水稻为例，据测定，其根茬要占到地上部籽粒产量的 29%～44%，根茬的残留对平衡和补充土壤有机质乃至提高土壤肥力水平具有重要的意义。

农业产量的提高和化学肥料生产的发展与施用量的增长是平行

的，这已为世界各国乃至上海的农业生产发展史所证实。中国、西方及日本科学家一致认为，在 1950—1970 年世界粮食增产较快的20 年，粮食总产增加近一倍，其中因谷物面积增加所增加的产量占 22%，而增施化肥要起到 40%～65% 的作用（奚振邦，2008）。根据上海市农业技术推广服务这些在市郊组织进行的"3414"试验结果的统计分析，化肥对农业的增产率达到 50.61%，其中，氮肥最高，为 42.23%；磷肥居次，为 7.56%；钾肥占 7.17%（表3-10）。

表 3-10 上海市单季稻"3414"试验中化肥的增产效应

年度	样本数（个）	每 667 m² 无肥区产量（kg）	每 667 m² 施肥区增产量（kg）	每 667 m² 纯养分施量（kg）	每 667 m² 增产量（kg）	增产率（%）	化肥贡献率（%）	单位养分增产量（kg/kg）
2006	19	405.99	613.67	25.06	207.68	54.59	34.15	8.28
2007	31	374.05	559.01	27.21	184.97	56.22	32.92	6.78
2008	41	398.41	568.37	25.28	169.96	44.53	29.92	6.73
合计	91	391.69	574.64	25.89	182.95	50.61	31.82	7.07

引自：朱恩等，《上海耕地地力与环境质量》，2011。

据对 1950—1980 年这 30 年上海郊区几种主要作物的单产与化肥施用量的相关性统计，粮食、棉花和油菜的单产与化肥年施用量密切相关（表 3-11）。

表 3-11 上海郊区化肥施用量与粮、棉、油单产的关系（1950—1980）

作物名称	单产范围（kg/hm²）	化肥施用量范围 [kg/(hm²·年)]	作物单产与化肥施用量相关	
			相关系数 r	相关式（Y=a+bX）
粮食	3 720～12 225		0.952 6**	Y=642.45+3.524X
棉花	210～592.5	1.8～600	0.762 1**	Y=57.89+0.226 6X
油菜	517.5～2 137.5		0.838 4**	Y=99.3+0.516 1X

引自：奚振邦，《现代化学肥料学》，2008。

2. 发挥作物产量潜力　化肥在发挥良种的增产潜力中亦起着重要的作用。现代作物育种的目标是培育高产优质的优良的新品种；而高产的形成是以该品种能吸收和利用大量肥料养分为前提的，因此，高产品种可以认为是对肥料的高效应品种。

3. 提高土壤有机质来源　化肥还可以间接增加农田有机肥来源，上一季施入的化肥的增产，其产品包括籽粒、秸秆及残留的根茬，经过人畜的利用和转化，其废弃物就变成下一季作物的有机肥源。

二、上海市郊化学肥料的施用历史

上海郊区化学肥料的使用始于清光绪三十二年（公元 1906年），所使用的品种只有氮化肥（肥田粉），皆由国外进口。19 世纪 20 年代，进口化肥在作物上的使用面积虽然有所扩大，但使用量仍然很少。新中国成立以后，1950 年上海市郊区每公顷耕地每年氮化肥的使用量折纯氮为 2.25 kg，1954 年增长到 14.25 kg，到1959 年，已达 55.5 kg。

20 世纪 50 年代，上海市郊区开始使用磷肥，彼时，由于施用磷肥对作物的增产效果不如氮肥那么明显，所以磷肥使用的增长速度远不如氮肥那么快。据 1954 年的统计，上海郊区氮、磷化肥的使用量之比（$N：P_2O_5$）为 100：8。

20 世纪 60 年代以后，在国家"以农业为基础"和"以粮为纲"方针的指引下，加大了农业的投入，随着农业产量的增加，化学肥料的投入量亦急速上升；从化肥投入的结构来看，由于作物对土壤养分的吸收具有平衡性的特点，所以，当氮肥的投入量激增的同时，客观上对磷肥的需要亦有所增长；同时，上海市从 60 年代初期起，由上海市农业科学院土壤肥料研究所、上海市农业生产资料公司、上海化工研究院和上海市农业技术推广站牵头，10 个郊县农业技术推广站和农业生产资料站共同参加成立了以推广使用化学磷肥为主要目的的"磷肥试验网"，经过了 10 多年的工作，基本上肯定了化学磷肥在粮、棉、油、绿肥等作物上的肥效表现与合理用量，以及科学的施用方法。因此，从 60 年代开始，直至 21 世纪初，上海市郊在氮化肥用量不断攀升的同时，磷化肥的施用量亦有所增长，但受制于我国磷肥生产主要原料的磷矿粉主要依赖进口，国产磷肥不能满足农田投入的需要，因此磷肥的施用量增长不快。在氮化肥、磷化肥施用量增长的同时，钾化肥亦表现出良好的增产效果，但由于供应量的不足，不能满足生产发展的需要（表3-12）。

表3-12　上海郊区不同年代农田化学肥料的投入量

统计时间	养分量（kg/hm²)			N：P₂O₅：K₂O
	氮肥（N）	磷肥（P₂O₅)	钾肥（K₂O）	
1954	14.25	1.14		1：0.08
1964	123	13.07	2.42	1：0.106：0.019 6
1974	334.5	38.55	17.4	1：0.115：0.052
1984	420	65.4	9.75	1：0.155：0.023
1994				
2001	524.23	64.86	19.96	1：0.124：0.038
2002	457.84	54.73	18.49	1：0.120：0.040
2003	377.77	59.85	19.54	1：0.158：0.052
2004	385	62.68	15.87	1：0.163：0.041
2005	375.47	62.80	19.81	1：0.167：0.053
2006	418.26	72.12	26.92	1：0.172：0.064
2007	401.94	64.08	27.67	1：0.159：0.069
2008	431.70	52.20	24.88	1：0.121：0.058
2009	313.40	50.42	29.66	1：0.161：0.095
2010	207.96	50.25	29.35	1：0.242：0.141

引自：国家统计局上海调查总队等，《上海郊区统计年鉴》，2007。

在化学肥料中，以氮化肥在市郊使用历史最长，用量比例最高。上海使用的氮化肥主要品种有硫酸铵、碳酸氢铵、尿素、氨水及氯化铵等。新中国成立前，市郊使用氮化肥的40多年间，主要品种是硫酸铵。20世纪60年代，市郊各县的相继投产生产工艺简单、投资少且建造周期短的"小化肥"，生产具有就地生产供应、价格便宜实惠等优点的氨水和碳酸氢铵，受到农民的广泛欢迎。自

1963 年开始施用氨水后，迅速得到推广，使用量急剧上升。到1979 年，氨水的使用量要占到全市氮化肥总用量的 52.6%。但由于氨水是挥发性极强的液体氮肥，易挥发降效，不耐存贮，并且运输、施用花劳力多，故从 80 年代开始，使用量急剧下降，到 1985年，其使用量仅占氮化肥总用量的 19%。市郊从 1966 年开始生产、使用碳酸氢铵以来，发展很快。1980 年，碳酸氢铵的使用量占到氮化肥总量的 31.6%，1985 年上升到 43.1%，1988 年进一步提高到 47.1%，其用量超过硫酸铵，成为郊区 80 年代的氮化肥当家品种。但从 90 年代中期以后，随着我国大型合成氨工业企业的相继建成投产，高能耗低浓度的挥发性氮肥的生产逐渐淡出市郊化肥生产、施用舞台。到 80 年代，市郊挥发性氮肥氨水已基本不再施用；而到 21 世纪初，碳酸氢铵在市郊也不再施用。尿素是氮化肥中含氮量最高的品种，上海市郊始用于 1964 年，使用量呈稳步上升的趋势，但在很长一段时期，大型化工厂生产的尿素，大多供应工业部门，难以满足农业生产的需要，所以农业上的使用量增长较慢。1970 年，尿素的使用量仅占到氮化肥总量的 3.6%，至1985 年才上升到 16.2%，1988 年继续上升到 619.7%。氯化铵在郊区使用历史较短，始用于 1975 年，其用量比例不高。

　　磷肥在上海郊区的施用起始于 20 世纪 60 年代初，由上海市农业科学院土壤肥料研究所、上海市农业生产资料公司、上海化工研究院和上海市农业技术推广站（当时尚未建立土壤肥料工作站）牵头，全市 10 个郊县共同参加成立了以推广使用化学磷肥为主要目的的"磷肥试验网"，经过了 10 多年的工作，基本上肯定了化学磷肥在粮、棉、油、绿肥等作物上的肥效表现与合理用量，以及科学的施用方法。进入 70 年代后，化学磷肥已在上海市郊的农业生产上全面推开。至 1974 年，上海郊区磷肥的用量从 1964 年的 13.07万 t（养分量）增加到 38.55 万 t（养分量），增加了 2.95 倍；至1984 年，增长到 65.4 万 t（养分量）。上海使用的磷肥品种，除了在早期因磷肥资源不足而试探性地试用过少量的磷矿粉，最终因上海属于石灰性土壤且肥效欠佳而停止使用外，基本上以过磷酸钙为主，亦有少量钙镁磷肥投入使用。

钾肥的使用始于 20 世纪 70 年代初期，主要是作为肥料三要素试验的成分之一参加当时上海市化肥试验网组织的完全肥料因子试验而出现的，以后随着对其肥料效果的肯定而首先在棉花上使用，当时，市郊植棉区的棉花普遍出现以红叶，茎秆早衰枯死为特征的"红叶茎枯病"，据中科院植物生理研究所研究确定，这是由于土壤缺钾而引起的生理性病害，因此开始了钾肥在生产上的应用；但是，由于钾矿资源的匮缺，钾肥的生产与供应一直未能满足生产的需要，钾肥在生产上的使用长久以来均未形成规模，直至 80 年代后期，以蔬菜专用复混肥为先导的各种专用肥料（水稻、油菜、小麦等专用肥料）的出现，乃至 21 世纪初，高浓度掺混肥料（BB肥）的入市，使得钾肥的使用量得以逐渐增长。从 2006 年开始，市郊钾肥的使用增长较快，稳定在 27 万～29 万 t。上海地区使用的主要钾肥品种为硫酸钾和氯化钾。

微量元素在上海郊区的使用最早是在 20 世纪的 70 年代初期，当时油菜上出现了"花而不实"，即开花后出现阴荚，有报告提出系缺硼所致，因此有些农业技术部门采用在叶面喷施硼酸以改善症状；90 年代中期，市郊主要柑橘种植基地——前卫农场出现了较大面积的柑橘叶片黄化现象，组织诊断表明，叶片中缺少铁和锰，经研究采用根外喷施和根端挂瓶补充硫酸亚铁和硫酸锰的方法以矫治"黄花"症状，但是效果并不理想。80 年代中期，上海市第二次土壤普查基本结束，根据大量样本的检测结果对照诊断标准表明，土壤缺少有效性硼、钼和镁。因此，上海地区曾在西甜瓜、柑橘、桃、梨等果树上，喷施多种元素混合并经过酸、碱调节且添加调理剂以提高黏附力的"叶面肥"，在部分地区的某些作物上，取得了良好的效果。至今，各种类型的"叶面喷施液"，诸如生物活性型、有机复合型、靓叶型、增绿型、促花型、壮苗型等，仍层出不穷、方兴未艾。

上海地区复混肥料的使用，可以追溯到 20 世纪 80 年代中期，此时正值上海的第二次土壤普查基本结束。通过大普查，土壤中磷、钾元素的亏缺已引起土肥工作者的深切关注，"增磷节氮"已成为科学施肥的重要共识，因此出现了针对不同地区土壤的有效磷含量，根据不同作物的"丰缺诊断标准"，确定氮、磷肥的用量，制订施肥配方，将氮、磷肥料掺混施用，这可以说是上海地区施用复混肥料的"初级阶段"。这种肥料只是人工将氮肥（主要是碳酸氢铵）掺加磷肥（主要是过磷酸钙）用锹拌匀后散装掺合成的掺合肥料。以后发展成施用配肥工厂根据不同养分比例经由机械拌和并造粒而成的袋装掺合肥料。这类掺合肥料大多在江苏、浙江等地生产，上海只有小型的配肥站，采用小型的搅拌机将肥料拌和掺混进行生产，并不进行造粒，生产规模甚小。只是 80 年代初，在上海市政府菜篮子工程的扶持下，采用国家财政补贴的方式，嘉定县的长征化肥厂生产的蔬菜专用复合肥投放市场，上海地区复混肥料的施用才进入了规模化的生产和施用阶段。这种专用复合肥是一种混成掺合复肥，其养分比例为 $10：8：7$（$N：P_2O_5：K_2O$）。以后，进入 90 年代后，由于配方施肥的实施产生了一定的困难，一方面，作为土壤普查成果的应用，在进行了大量的肥料田间试验，获得了相当丰富参数的基础后发现，在上海郊区，对地域大致相同的同一种作物而言，其施肥配方亦基本相同；另一方面，在制订施肥配方后，缺乏专门的配肥机构将其配制，因此，逐渐产生了供各种不同作物施用、其氮、磷、钾养分比例不同（有的根据作物的需肥特性添加了相应的微量元素）的各种专用复合肥，如水稻、油菜、小麦等专用复合肥料。由此催生了商品复混肥的生产与使用。但是，囿于所采用的基础原料多为粒状、结晶状或粉末状的低浓度的单质肥料，粒径各不相同，容易在生产或施用过程中产生分离现象，因此在生产工艺上主要采用圆盘造粒法。从复混肥生产发展进程上看，与人工机械拌制掺混相比，虽然在技术上有所进步，但毕竟还处于低浓度的初级阶段。进入 21 世纪，上海市浦东新区建立了市郊首家生产由相近大粒径基础物料配制的、在生产施用过程中不会产生物料分离的高浓度 BB 肥的配肥站。推进了上海市复混肥由低浓度向高浓度的技术进步。BB 肥养分含量高，配比可塑性大，生产、施用过程中不易产生物料分离，对作物的适应性广，因此在市郊得到积极的推广。作为一种主体肥料与技术载体，极大地推进了上海市平衡施肥与配方施肥的开展。

三、上海郊区常用的化肥品种

（一）氮素化肥

氮化肥在上海化学肥料的生产和使用中一直占据着重要的地位。这是因为土壤中氮素虽然其绝对水平不低，但由于植物体对土壤中氮素的吸收量要远高于磷、钾，而且土壤的氮肥肥力不高，加之氮素在土壤中不易积累，通过多种途径，例如，随灌溉水与雨水冲刷的淋失、田间的直接挥发、硝化作用下的流失、反硝化作用下的脱氮等，造成了土壤氮素的消耗。故在多数栽培条件下，单位氮素对农作物的产量贡献要高出于磷、钾养分。

1. 氮肥主要品种

（1）氨水　氨水（$NH_3 \cdot H_2O$ 或 NH_4OH，含氮 12%～16%），系由合成氨导入水中稀释而成。我国常用的氨水为含氨 15%、17% 和 20% 三种，分别称 15°氨水、17°氨水和 20°氨水。含氮量分别为 12.3%、14.0% 和 16.4%。

生产氨水的小化肥厂由于投资少，投产快，适合 20 世纪 50 年代后期的社会条件和经济基础，以及生产发展的要求，并且根据氨水容易挥发、不宜长途运输、适合就近施用的特点，市郊各县相继建造小型的氮肥厂生产氨水，供各县当地使用，当时群众喜称之为"小化肥"。氨水除由氮肥厂生产外，炼焦厂、煤炭干馏和石油工业也可以生产浓度不等的氨水作为副产品。还可以利用氮肥厂氨加工过程中的含氨尾气，生产含氮在 1%～3% 的低度氨水。

氨水中的氨分子极为活泼，不断从水中挥发出来，使得氨水在常温下具有挥发性，对容器有一定的腐蚀性，对生物有刺激性，如人的眼睛、鼻腔和呼吸道黏膜都会因接触挥发入空气的氨而受到强烈的刺激。所以在贮运、保存和施用氨水时，需用耐腐蚀并且密封的容器及机具，并注意安全。

由于氨水极易挥发损失，仅在贮运过程中其损失即可达 10%～30%。加上在田间施用时的直接挥发损失更多，多有烧苗现象出现。同时，由于氨水的氮素含量低，运输成本高；并且生产氨水的"小化肥"属于高能耗企业，不符合国家工业低能耗的要求，所以，从 20 世纪 70 年代开始逐渐停止生产。

（2）碳酸氢铵　碳酸氢铵（NH_4CO_3，含氮 17%），简称碳铵，是 20 世纪 70 年代后期至 90 年代后期上海农业上使用的主要的氮肥品种，在上海的农业生产中发挥了重大的作用。

碳酸氢铵是一种无色或浅色化合物，呈粒状、板状或柱状细结晶，易溶解于水。

碳酸氢铵是酸式碳酸盐。由于碳酸是一种极弱的酸，而在常温下氨是一个活泼的气体分子，因此重碳酸根与氨结合的碳酸氢铵分子极不稳定，即使在常温下（20 ℃）也很容易分解，发生下述反应：

$$NH_4HCO_3 \rightarrow NH_3 \uparrow + CO_2 \uparrow + H_2O$$

碳酸氢铵易于分解是氮素损失（跑氮）和潮解（残留水分子）的过程，是造成贮藏期间碳酸氢铵结块和施用后可能灼伤作物的基本原因。

碳酸氢铵的分解挥发主要受到 3 个因素制约。

① 温度。是影响碳酸氢铵分解挥发的基本因素。据研究，在 10 ℃时碳酸氢铵基本不分解；20 ℃时开始大量分解；60 ℃时剧烈分解；至 69 ℃时便全部分解，无法保持其固体形状。上海地区主要作物的施肥季节在 6～10 月，此期间上海的平均气温为 24.2 ℃（1981—1990 年），恰值碳酸氢铵开始大量分解的转折点，故施用时应防止挥发。

② 水分。碳酸氢铵生产采用离心干燥，故其成品带有吸湿水，一般在 2.5%～3.5%，高者可达 5%。这些吸湿水容易引起碳酸氢铵分子潮解，水分含量越高，潮解越快。在密封包装内，潮解的结果是引起碳酸氢铵结块；而在敞开时则会加速其挥发。据研究，当碳酸氢铵的含水量低于 0.5% 时，在常温下不易分解；当含水量在

2.5％以下时，分解较慢；若超过 3.5％则分解明显加快。为了减少碳酸氢铵的潮解结块并控制其分解挥发，目前多数农用碳酸氢铵生产工厂已将其成品的含水量控制在 3.5％以下。

③ 结晶体粒度。直接影响到晶体表面积的大小，从而影响到其吸湿水的含量，因此明显影响其分解挥发（表 3-13）。

表 3-13　不同粒度碳酸氢铵的分解挥发

结晶粒度	不同放置时间下分解失重（％）			
（mm）	3 d	7 d	15 d	31 d
＞0.9	1.5	4.5	9.5	20.0
0.85	2.0	6.0	13.5	20.5
0.45	2.0	7.5	18.0	34.5
＜0.18	5.0	14.0	34.0	62.0

引自：奚振邦，《现代化学肥料学》，2008。

为了减少表面活性，减少含水量，防止碳酸氢铵结快，目前小氮肥厂都采用添加表面活性剂以增大碳酸氢铵晶体的粒度。

碳酸氢铵的优点主要表现在农业化学性质上，它是一种无酸根氮肥。它的 3 个组成成分：NH_3、H_2O 和 CO_2 都是植物所需要的养分，不含有害的中间产物和最终分解产物，长期施用不会影响土质，是最安全的氮肥品种之一。碳酸氢铵的另一个优点是其阴离子 HCO_3^- 的负电性弱，对阳离子 NH_4^+ 的"吸引力"弱，且易于以 CO_2 形式逸失，离开平衡体系，NH_4^+ 就容易被土粒吸收。故当碳酸氢铵施用入土后就不易随下渗水淋失，淋失量仅及其他氮肥的 10％～33％（奚振邦，2008）。

碳酸氢铵的缺点除了容易分解挥发外，其含氮量低，只有尿素的 37％和硫酸铵的 81％，因此要增加贮运量 0.2～1.7 倍；并且因为其在高温时容易分解挥发，所以不能作为二次加工生产复混肥的主要氮源，这也是它的明显缺点。

碳酸氢铵的合理施用应遵循以下几点。

① 深施的原则。不离土不离水，先肥土后肥苗。将碳酸氢铵深施入土，使其被土粒吸附对作物供肥。深施的方法有多种，作基

肥时可以铺底深施，全耕层深施，分层深施。作追肥时可沟施和穴施等。其中以结合耕耙作业将碳酸氢铵作基肥深施，施用方便工效高，肥效稳定效果好。在旱作物如小麦、油菜上作追肥深施时，需注意控制用量，并注意碳酸氢铵直接接触作物的茎叶而引起烧苗；在天气干旱时应结合灌水，才能充分发挥肥效。

②　避高温的原则。碳酸氢铵的施用，应尽量避开高温季节和高温时间。在早春和深秋，应尽量选择在气温低于 20 ℃的条件下施用；一天中应尽量在早、晚气温较低时施用，可以明显减少施用时的分解挥发，提高肥效。

随着我国化肥工业的发展，碳酸氢铵在我国氮素化肥中的比例可能不断降低，由其他高浓度、性质较稳定的氮肥品种所代替。

（3）硫酸铵　硫酸铵 $[(NH_4)_2SO_4$，含氮 20％～21％$]$，简称硫铵，是市郊农家首次施用的化学肥料，因肥效甚佳，故俗称肥田粉。硫酸铵除了含氮外，还含有 24％左右的硫，也是一种重要的硫肥。清光绪三十二年（1906 年）上海从国外进口第一批化肥即硫酸铵，开始为农家施用。

硫酸铵一般为白色结晶，若混有杂质则带微黄、灰色等杂色，含氮量为 20％～21％，物理性质稳定，分解温度高（≥280 ℃），不易吸湿，只在 20 ℃的温度下，当空间相对湿度达到 81％时才开始吸湿，易溶于水，肥效迅速而稳定。硫酸铵产品的质量标准如表 3-14 所示。

表 3-14　硫酸铵产品质量标准（GB 535—1995）

项　　目		指　标		
		优等品	一等品	合格品
氮（N）含量（以干基计）（％）	≥	21.0	21.0	20.5
水分（H_2O）含量（％）	≤	0.2	0.3	1.0
游离酸含量（以 H_2SO_4 计）（％）	≤	0.03	0.05	0.2

硫酸铵在农化性质上的主要特点，是其分子中含有阴离子 SO_4^{2-}，难以被土壤吸持，因为作物主要吸收 NH_4^+，而将 SO_4^{2-} 残留在土壤中，所以硫酸铵是一种生理酸性肥料。在上海郊区沿江、

沿海及崇明、长兴、横沙等地含游离钙的石灰性土壤上，很容易与 Ca^{2+} 起反应生成难溶的 $CaSO_4$。SO_4^{2-} 可以在有机质丰富的水田下部的还原层因硫细菌的还原作用而形成 H_2S，这种气体会明显影响作物根系的生长发育，引起根的吸收障碍和作物地上部分的早衰。

硫酸铵对任何土壤和作物都有较稳定的肥效，但不宜大量连续和单一施用，而应与其他氮肥品种搭配施用。硫酸铵可以作基肥、种肥和追肥施用。在与碳酸氢铵配合施用时，以碳酸氢铵作基肥、硫酸铵作追肥为好，可扬长避短，提高肥效。

（4）氯化铵　氯化铵（NH_4Cl，含氮 24%～26%），简称氯铵，呈白色或略带浅黄色的细结晶，易溶于水。氯化铵的吸湿点较高，接近硫酸铵，但肥料级的氯化铵由于混有食盐、游离碳酸氢铵和硫酸盐等杂质而有氨肥，易吸湿潮解，故贮运时应注意密封。

氯化铵施用入土后 NH_4^+ 为作物根系所吸收，Cl^- 残留在土壤中，故也是一种生理酸性肥料。由于它对土壤盐基的淋溶和酸化土壤的影响都比硫酸铵强，故在酸性土壤上施用时，一般应配施石灰。我国农用氯化铵产品的技术要求如表 3-15 所示。

表 3-15　我国农用氯化铵产品的技术要求（GB 2946—2008）

项　目		优等品	一等品	合格品
氮（N）含量（以干基计）(%)	$\geqslant$	25.4	25.0	24.0
水分（H_2O）(%)	$\leqslant$	0.5	1.0	7.0
钠盐含量（以 Na 计）(%)	$\leqslant$	0.8	1.0	1.6
粒度（2.0～4.0 mm）(%)	$\leqslant$	75	70	—

通过施用氯化铵带入土壤的氯虽然是作物必需的一种营养元素，但若过量，则会对作物的生长产生一定影响。根据不同作物对 Cl^- 的忍耐程度，可以将作物分为对 Cl^- 敏感作物（即"忌氯作物"）、不敏感作物和需 Cl^- 较多作物（喜氯作物）。烟草、葡萄、浆果类及薯类作物均为对氯较敏感的作物。Cl^- 对烟草的品质有较

大的影响，若摄入过多，将明显影响到烟叶烤制的色泽、质量，使烟叶易于吸湿并燃烧不完全，持燃性差，易熄灭，烟灰呈黑色。Cl^- 对浆果和薯类作物的影响，主要表现在对可溶性糖和淀粉的积累上。过多的 Cl^- 会降低糖度和薯类的淀粉含量。

氯化铵在生产上施用时应注意以下几点：首先是尽量不在对 Cl^- 敏感的作物上施用；其次是作基肥为主，以使土壤有较多时间淋洗 Cl^-；第三是不在同一田块上连续大量施用氯化铵，建议与其他氮肥配施；最后，在含 Cl^- 较多的盐土上要避免或谨慎施用氯化铵。

（5）硝酸铵　硝酸铵（NH_4NO_3，含氮 33%～35%），简称硝铵，纯品硝酸铵为白色斜方晶体，而肥料级硝酸铵一般为淡黄色颗粒。极易溶于水，在 20 ℃时的溶解度达到 65.2%，常作为配制氮溶液等液体氮肥的主要成分。硝酸铵分子中阴离子（NO_3^-）和阳离子（NH_4^+）都含有氮。其中 NH_4^+—N 能被土壤吸持，而 NO_3^-—N 不易被土壤吸持。我国农用结晶状硝酸铵产品技术要求详见标准（GB 2945—1989），主要技术指标如表 3-16 所示。

表 3-16　农用颗粒状硝酸铵的技术要求

项　目	指　标		
	优等品	一等品	合格品
总氮含量（以干基计）(%)	≥34.4	≥34.0	
游离水含量（%）	≤0.6	≤1.0	≤1.5
10%硝酸铵水溶液 pH	5.0	4.0	
颗粒度（1.0～2.8 mm 颗粒）(%)	≥85		
松散度	≥80	≥50	—

硝酸铵有两个主要缺点：一是由于溶解度极高使其有强烈的吸湿性；二是易爆性极强。硝酸铵是一类炸药的原料，所以在贮运过程中如遇高温、火源和严重撞击，可能引起燃爆。所以硝酸铵应密封包装，贮存时避免与易燃物、氧化剂等接触，运输中应作易爆易燃危险品处理。施用前若遇结块，不能用撞击将其粉碎，而应将之

溶解后施用。

硝酸铵适用的土壤和作物范围极其广泛，但最适合于旱地和旱作物。对烟草、棉花、果树、蔬菜尤为适用。对水稻一般用作中后期追肥为宜，若用作基肥，其肥效较其他氮肥要低。上海郊区，硝酸铵是作为设施栽培中滴灌营养液或是作为叶面营养液配制时作为基础原料时施用。在大田栽培的作物上，一般并不单独作为氮肥施用。

（6）硝酸钙　硝酸钙［$Ca(NO_3)_2$，含氮 $13\%\sim15\%$］。硝酸钙作为氮肥很少单独使用，在上海郊区，主要是作为设施园艺中无土栽培时，配置营养液中补充钙元素的组分使用。

肥料级硝酸钙是一种灰色或淡黄色颗粒。硝酸钙极易吸湿，$20\ ℃$时吸湿点为相对湿度 54.8%，很易在空气中潮解后自溶，所以在贮运中应注意密封。硝酸钙适用于多种土壤和作物，对甜菜、烟草、马铃薯等作物尤为适宜。

（7）尿素　尿素［$CO(NH_2)_2$，含氮 46%］，学名碳酰二胺，是人工合成的第一个有机物。尿素作为氮素肥料开始于 20 世纪初，50 年代以后，由于其含氮量高、用途广和工业生产流程不断改进，世界各国发展很快。

尿素有两种剂型，结晶尿素呈白色针状或棱柱状晶形，吸湿性强；作为农用肥料的尿素大都为粒状，可以分为两种，由造粒塔生产的称为小粒尿素，为粒径 $1\sim2\ mm$ 的透明粒子，外观光洁，吸湿性有明显改善；由成粒器生产的尿素，粒径在 $2\sim10\ mm$，其中 $2\sim4\ mm$ 的大颗粒尿素最适合于用作散装掺合肥料的基础肥料，粒径大于 $4\ mm$ 的颗粒尿素主要用于森林等木本作物。

尿素易吸湿，在外界温度高时，其吸湿性增强，所以尿素要避免在盛夏潮湿气候下敞开存放。尿素的溶解度很高，极易溶解于水；尿素是中性有机分子，在土壤中被氨化细菌氨化前不带电荷，不易被土粒吸持，故其很容易随水移动和流失。尿素的高含氮量和在水中的高溶解度，使之成为配制各种固体和液体复合肥料的主要氮源。农业用尿素国家标准如表 3-17 所示。

表 3 - 17　农业用尿素国家标准（GB 2440—2001）

项　目		农 业 用		
		优等品	一级品	合格品
总 N 含量（以干基计）(%)	$\geqslant$	46.4	46.2	46.0
缩二脲含量（%）	$\leqslant$	0.9	1.0	1.5
水分含量（%）	$\leqslant$	0.4	0.5	1.0
粒度（0.85～2.8 mm)(%)	$\geqslant$	93	90	

尿素一经施入土壤，即开始水解氨化。在尿酶的作用下生成 NH_4HCO_3，其反应式如下：

$$CO(NH_2)_2 + 2H_2O \rightarrow (NH_4)_2CO_3 \rightarrow 2NH_4HCO_3 \rightarrow 2NH_3 \uparrow + CO_2 \uparrow + H_2O$$

作物根系可以直接吸收尿素分子，但数量极少。施入土壤的尿素主要以 NH_4HCO_3 中的铵的形态被作物吸收。故尿素入土后表现的许多农化性质与碳酸氢铵相似。尿素水解后引起的氨挥发是其氮素损失的主要方式。

尿素施用不当会引起肥害。大都为植株的幼嫩部分（幼叶、幼根）受到灼伤，甚至引起幼苗死亡。在苗床、秧田和设施栽培中更为明显。因此，必须控制尿素用量，深施入土并覆以薄土，水田作基肥施用时应与耕层水土耙匀，作追肥时控制用量并灌水；在设施栽培中应提前将尿素施入土中并注意通风。

尿素可以作为基肥和追肥施用。因其速效、浓度高，尤以追肥为宜，但均应深施入土。尿素一般不宜作为种肥，必须作种肥时，要与种子分开，尿素的用量也应严格控制。

植物叶片及其幼嫩的营养器官能直接吸收尿素，所以尿素被广泛用于叶面喷施；可以单独喷施，也可以与配制成复合的叶面营养液使用。

2. 氮肥的当季利用率　氮肥的当季利用率与氮肥的品种和用量、水稻的类型（早稻、后季稻或单季晚稻）、有机肥料的质量和数量、稻田的肥力水平、三要素的结构以及肥料的运筹方式等有密切的关系。

从上海市 12 个试验资料的统计来看，全市单季晚稻的氮素当季利用率偏低，平均为 29.10％（表 3 - 18）。因此，提高氮肥的当季利用率，仍是我们应该深入研究的。

表 3 - 18 　种植单季晚稻时氮肥的当季利用率

试验个数	氮素利用率（％） （X±SD）	资 料 来 源
9	26.42±11.49	青浦、南汇、嘉定、奉贤 2006 年单季晚稻"3414"试验总结
35	29.80±16.49	宝山区 2006 年单季晚稻"3414"试验总结
平均	29.10	

引自：朱恩等，《上海耕地地力与环境质量》，2011。

从表 3 - 19 中我们可以看出，随着氮肥施用量的增加，氮肥的当季利用率随着降低；但递降不是很多，这就反映了目前的土壤环境，对氮化肥的反应不是十分敏感，这是值得我们注意的，揭示了减少氮化肥用量的可能性。

表 3 - 19 　不同氮素水平下的氮肥利用率（宝山，2006）

氮素水平	氮素利用率（％）(X±SD)	n
N_1	33.68±24.71	8
N_2	28.82±14.15	24
N_3	27.34±10.14	3
平均	29.80±16.49	35

注：氮素水平 N_1、N_2、N_3 分别代表施用纯氮 105 kg/hm^2、210 kg/hm^2、315 kg/hm^2。

引自：朱恩等，《上海耕地地力与环境质量》，2011。

控制氮化肥的用量，减少土壤中氮素的淋洗流失，减轻其对水体环境的污染，是农田生态环境保护的重要内容。提高氮肥利用率的方法可以从以下几个方面着手，首先是调整肥料结构，降低氮化肥的用量；其次是改进肥料的施用方法，在 20 世纪 70 年代初期大力推广的挥发性氮肥深施技术，在当时对提高氮化肥的当季利用率起到了积极的作用；三是使用长效缓释氮肥，避免氮素集中释放，不会被作物短时吸收而造成挥发、流失。

（二）磷素化肥

1. 磷肥主要品种　磷是作物必需的三要素之一，磷肥是世界上仅次于氮肥的主要化肥产品。

磷在土壤中十分容易与钙、镁、铁、铝等物质发生反应而生成不溶性或难溶性的化合物，而被土壤"固定"，所以在栽培条件下，单位磷素对农作物的产量贡献要远低于氮素养分。

上海大部分农田属于石灰性土壤，富含钙、镁、铁等阳离子，施入土壤的磷酸根离子易与之结合生成难溶性的化合物而被土壤"固定"，所以在氮素化肥用量逐年增长的情况下，科学地增施磷素化肥就显得十分重要了。主要磷肥品种如表 3 - 20 所示。

表 3 - 20　主要磷肥品种

肥料品种	主要化学成分	溶解难易	P$_2$O$_5$ 含量（%）	主要性质	施用特点
磷矿粉	Ca$_5$F（PO$_4$）$_3$	难溶	14～25	灰褐或黄褐色，迟效，粉末状	用于酸性土壤及对磷吸收力强的作物，宜作基肥
钙镁磷肥	a$^-$Ca$_3$（PO$_4$）$_2$	弱酸溶性	14～25	灰绿色或黄褐色，玻璃质，物理性质好，碱性	适用酸性与中性土壤，作基肥、种肥均可，以基肥为好
钢渣磷肥	Ca$_4$P$_2$O$_9$	弱酸溶性	14～28	黑褐色，碱性，柠檬酸溶性，含 CaO 45%～55%	适用于酸性土壤，宜作基肥
普通过磷酸钙	Ca(H$_2$PO$_4$)$_2$·H$_2$O　CaSO$_4$·2H$_2$O	水溶	12～20	烟灰色粉末，速效，酸性，因含游离酸易吸湿结块	宜作基、追肥，一定条件下，也能作根外追肥或种肥

（续）

肥料品种	主要化学成分	溶解难易	P_2O_5 含量（%）	主要性质	施用特点
重过磷酸钙	$Ca(H_2PO_4)_2 \cdot H_2O$	水溶	40～50	灰色小颗粒，酸性、速溶、吸湿性强	适用于各种土壤，基本同过磷酸钙
磷酸	H_3PO_4	水溶	70～72	油状液体	一般不直接施用，大都作液体肥料磷源

引自：奚振邦，《现代化学肥料学》，2008。

　　上海市磷肥在生产上的大面积施用，是从 20 世纪 60 年代开始，经过了 10 多年的试验、示范与推广，到 80 年代才在生产上大面积使用的。它打破了当时上海市化肥施用上氮化肥"一枝独秀"的局面，"节氮增磷"作为一种平衡施肥的增产措施，在整个的 80～90 年代，在生产中得到了推广，因此，磷肥长期以来在生产上已成为一项传统的平衡施肥措施，得到了全面的推广。目前施用的主要磷肥品种有以下几类。

　　（1）普通过磷酸钙　过磷酸钙［Ca（H₂PO₄）· H₂O+CaSO₄，含 P₂O₅ 12%～20%］，泛指用硫酸、磷酸或两者混合酸分解磷矿粉所制得的商品磷肥（表 3 - 21）。依磷矿分解工艺与产品所含有效磷量的不同，过磷酸钙可分成普通过磷酸钙（普钙）、富过磷酸钙（富钙）、重过磷酸钙（重钙或超重钙）及部分酸化过磷酸钙。不同品种过磷酸钙的有效磷（P₂O₅）的含量如表 3 - 22 所示。

表 3 - 21　过磷酸钙产品标准

项　　目	指　　标			
	优等品	一等品	合格品	
			I	II
有效 P_2O_5（%）≥	18.0	16.0	14.0	12.0
游离酸含量 ≤	5.0	5.5	5.5	5.5
水分含量（%）≤	12.0	14.0	14.0	15.0

引自：奚振邦，《现代化学肥料学》，2008。

表 3-22　不同过磷酸钙品种的有效 P_2O_5 的含量

品　　种	有效 P_2O_5 的含量（％）
半过磷酸钙（半钙）	＜10
普通过磷酸钙（普钙）	14～22
富过磷酸钙（富钙）	25～30
重过磷酸钙（重钙）	40～50
超重过磷酸钙（超重钙）	54

引自：奚振邦，《现代化学肥料学》，2008。

普钙外观呈灰白、浅黄或烟灰色粉末状，水溶液酸性反应。其粒径为 2～4 mm。施入土壤后，由于化学沉淀作用，过磷酸钙中的磷酸与土壤组成中所含铁、铝、钙、镁等物质发生反应转化成水不溶性或难溶性的磷酸盐；或是因吸附作用，土壤对磷酸根离子的吸附能力将其吸附在黏土矿物上。因此，普钙被当季作物的利用率较低，一般小于 20％。

普钙适用于各类土壤和各种作物。可作基肥、种肥、追肥和根外追肥。伴随施入的石膏能改善作物的硫营养。

鉴于过磷酸钙容易为土壤固定的特点，在施用上要遵循减少普钙与土壤的接触、增加与作物根系接触面积的原则，具体要注意以下几点。

① 集中施用。如穴施、沟施、蘸秧根、拌种等，以增加作物根系对磷的吸收率。

② 与有机肥料混合施用。借助有机肥料分解过程中产生的有机酸与土壤中铁、铝、钙等离子的络合作用，减少磷酸根的化学沉淀与固定，延长其有效性。

③ 改粉状为颗粒状普钙。以减少普钙与土壤的接触面积，减少土粒对磷的吸附与固定。

④ 根外追施磷肥。可避免普钙与土壤接触。浓度为 1％～3％，用水浸提，时间在 2 h 以上或过夜，取其上部澄清液进行喷施即可。

（2）重过磷酸钙　重过磷酸钙 [$Ca(H_2PO_4)_2 \cdot H_2O$，含 P_2O_5 40%～50%]，简称重钙，因其 P_2O_5 含量约为普钙的 3 倍，也称为三料（三重）过磷酸钙，俗称"三料"，是一种高浓度的磷肥。

重过磷酸钙与普通过磷酸钙一样，可以单独施用，也可以与氮、钾肥一起制成复合肥料或作为掺混肥料的基础原料。

重钙的施用方法与普钙相同，不过因其有效成分含量高，施用量应相应减少。同时由于石膏量极少，长期施用重过磷酸钙的土壤，往往表现缺硫。

（3）磷矿粉　直接将磷矿粉破碎至粉状用作肥料。

磷矿粉的外观色泽因磷矿不同而异，大都呈黄褐色、灰褐色。是一种 90% 以上通过 100 目筛（0.149 mm）的细粉，水分含量低，性质稳定，可长期贮存。

磷矿粉的肥效不太稳定，受到磷矿的性质、作物对磷矿粉中磷的利用能力、土壤的酸碱度以及磷矿粉的细度和施用量等因素的影响。

（4）钢渣磷肥　钢渣磷肥（$Ca_4P_2O_9$，含 P_2O_5 14%～18%），是炼钢工业的副产品。

钢渣磷肥为灰黑色至深棕色粉末，强碱性，不吸湿，不结块，具有良好的物理性质。

钢渣磷肥中的 P_2O_5 含量因原料铁矿的性质而异。高的可达 17% 左右，低的仅 7%～8%，甚至更低。

钢渣磷肥适用于酸性土壤，其肥效与等磷量普钙相比，有时可相当于或略高于普钙，但在上海地区大部分石灰性土壤上，其肥效较差。

（5）钙镁磷肥　钙镁磷肥 [$Ca_3(PO_4)_2$，含 P_2O_5 14%～25%]，又称为熔融磷肥或熔融含贮存镁磷肥。

钙镁磷肥外观灰白、浅绿、墨绿或灰褐色，微碱性（pH 8.0～8.5），玻璃态粉末，无毒，无臭，不吸湿，不结块，不腐蚀包装材料，长期贮存下不易变质。钙镁磷肥的技术指标如表 3-23 所示。

表 3 - 23　钙镁磷肥的技术要求（GB 20412—2006）

项　目		指　标		
		优等品	一等品	合格品
有效 P_2O_5 的质量分数（%）	≥	18.0	15.0	15.0
水分（H_2O）的质量分数（%）	≤	0.5	0.5	0.5
可溶性硅（以 SiO_2 计）质量分数（%）	≥	20.0	20.0	20.0
碱分（以 CaO 计）质量分数（%）	≥	45.0	45.0	45.0
有效镁（以 MgO 计）质量分数（%）	≥	12.0	12.0	12.0
细度（过 250 μm 标准筛）（%）	≥	80	80	80

　　钙镁磷肥中的磷不溶于水，但能被作物根系和微生物分泌的酸以及土壤中的酸所溶解，供作物吸收利用。其肥效与肥料颗粒的细度有一定关系，一般说来，细度越细，肥效也就越高。

　　钙镁磷肥除了对植物提供磷营养外，还能供应钙、镁等养分。其肥效虽然不如过磷酸钙快速，但肥效较长，可以用于不同的土壤和不同的作物。在酸性土壤上，当季肥效大都与过磷酸钙相当，有时可略高于过磷酸钙；在石灰性土壤上，其肥效往往稍低于过磷酸钙。

　　钙镁磷肥的效果与作物根系的吸磷能力关系较大。在油菜、豆科绿肥、豆类和瓜类上的肥效，要超过水稻、玉米、小麦等作物。

　　钙镁磷肥可作基肥、种肥和追肥，但以基肥深施肥效最好。不论基肥追肥，均以集中施用为好，追肥要早施。

　　（6）磷酸　磷酸 [H_3PO_4，（HPO_3）$_n$，$H_{n+2}P_nO_{3n+1}$，含 $P_2O_5 \geq$ 65%]，既是生产高浓度磷肥、复合肥料的基础原料和工业磷酸盐的中间产品，也是配制液体复混肥料的一种基础磷肥。

　　磷酸用作肥料的最为常见的方式是作为液体复合肥料的磷源。

　　对于有效磷含量低于 10 mg/kg 的低磷土壤，施磷多有很好的增产效果，可采取高量施磷；有效磷含量在 10～15 mg/kg 的土壤，即使是粮田也属偏低，因为粮田也要轮种绿肥、西瓜等需磷较多的作物，再者，这样供磷水平的土壤，有的水稻施磷试验还有一定增产效果，因此应该酌量增施磷肥；有效磷含量在 15～30 mg/kg 的大田土壤，对于种植旱作物，供磷水平属中等，可实行补偿施磷；有效磷含量在 30 mg/kg 以下的园艺场土壤，施磷量应是作物吸收量的 2 倍，使土壤较快积累磷素。有效磷含量在 30～60 mg/kg 的园艺场土壤，施磷量应该超过作物吸收量。有效磷含量在 60～120 mg/kg 的园艺场土壤实行补偿施磷。有效磷含量超过 30 mg/kg 的大田和有效磷含量超过 120 mg/kg 的园艺场土壤，应该少施或一段时期不施磷肥（表 3-24）。

表 3-24　土壤有效磷含量（P，mg/kg）水平的划分

含量水平	园艺场土壤	其他土壤	磷素投入：产出
低	<30	<10	2：1
偏低	30～60	10～15	(1～2)：1
中等	60～120	15～30	1：1
高	>120	>30	(0～1)：1

引自：朱恩等，《上海耕地地力与环境质量》，2011。

2. 磷肥的当季利用率　磷肥的当季利用率是在合理施肥中应该考虑的重要的参数。总体上来看，上海土壤中除了西部地区（松江、青浦与金山）外，土壤中石灰的含量都比较高，属石灰性土壤，土壤中磷素十分容易固定而失去其有效性，所以，大部分地区，施用磷肥的当季利用率较低，但磷肥对后茬作物有较良好的作用。另外，由于 20 世纪 90 年代以来磷肥的普遍推广使用，土壤中磷素出现了积累，有效性磷的水平有了一定的提高，因此，磷素利用率较低，2006 年的试验中，磷肥的当季利用率平均仅为 14.96%±8.47%（表 3-25）。

需要指出的是，磷肥的合理施用亦是一个环境问题。近年来，水体环境的磷污染有所扩大，作为水体富氧化的重要因子之一，磷是仅次于氮元素的水体污染元素，所以在科学的指导下，控制磷肥的施用，同样亦是农田环境保护的重要内容。

表 3 - 25　种植单季晚稻时磷肥的当季利用率（2006）

试验个数	磷素利用率（%） （X±SD）	资　料　来　源
9	14.96±8.47	青浦、南汇、嘉定、奉贤 2006 年单季晚稻"3414"试验总结

引自：朱恩等，《上海耕地地力与环境质量》，2011。

（三）钾素化肥

钾是植物必需营养元素的三要素之一。随着现代集约化农业的发展和连续大量施用氮、磷肥料，平衡施肥的概念被普遍接受，在关注农作物产量增长的同时，亦关注到农作物的健康和农产品的品质，钾素的重要性已引起人们更多的关注和认识。

1. 钾肥主要品种　上海在 20 世纪 50 年代尚无钾肥的供应，至 60 年代后期，开始有少量钾肥作为化肥三要素试验的试验用肥而由化肥试验网的主办单位分配到各试验点供田间试验使用。钾肥在上海农资部门市部有所供应是在 70 年代，只是供应量不多，直至 2001 年，上海钾肥的全年施用量才达到 0.55 万 t（实物量）；2002 年骤升至 1.80 万 t（实物量）；从 2004—2010 年，一直维持在 1.28 万～1.50 万 t（实物量），另外复混（合）肥料的大量使用，也提供了较多的钾素。目前，上海市常用的钾肥有以下几种。

（1）硫酸钾　硫酸钾 [K_2SO_4，含 K_2O 50%（K，41.7%）]，是一种主要的钾肥品种。但其消费量远低于氯化钾。

纯品硫酸钾外观白色，呈结晶体或粉末状。肥料级的硫酸钾常带灰黄、灰绿或浅棕色，有辣味，吸湿性小，不易结块，故可长期存放、贮运、施用均较方便。

硫酸钾可作基肥和追肥，可与其他肥料掺合混施，也可作根外追肥的钾源。

硫酸钾进入土壤后，在 K^+ 为作物吸收后，残留 SO_4^{2-}，它对大部分作物无直接的毒害作用。故对多数喜硫忌氯的经济作物，如果树、烟草、糖料和油料作物等，宜用硫酸钾作为钾源。

硫酸钾中的 SO_4^{2-} 残留土壤，可能引起土壤的酸化，并在一定的条件下，如在有机质含量高并通气不良的水田，在硫细菌的作用下经还原产生 H_2S 气体等毒物，影响作物根系的吸收活力，严重时会产生黑根，使作物衰败。

（2）氯化钾　氯化钾 ［KCl，含 K_2O 60.0%（K，50.0%）］，是世界上使用量最大的一种钾肥，占钾肥消费总量的 90% 以上。它不仅可直接作为钾肥施用，或作掺合肥料的基础原料；而且是生产硫酸钾、硝酸钾或磷酸钾等无氯钾肥的基本钾源。

纯品氯化钾是白色有光泽的结晶；商品氯化钾外形呈浅黄色、砖红色或白色，结晶状或颗粒状，游离水含量较低，有一定吸湿性。

氯化钾是生理酸性肥料。施入土壤后，K^+ 为土壤胶体粒子所吸附并被作物根系吸收，使得 Cl^- 残留在土壤中，从而酸化土壤。故在酸性土壤上施用氯化钾时，须配施一定数量石灰或钙镁肥料，也可适当减少氯化钾每次施用量或间隙施用。工农业用氯化钾技术要求如表 3-26 所示。

表 3-26　工农业用氯化钾技术要求（GB 6549—2011）

指标名称	指　　标					
	工业用			农业用		
	优级品	一级品	二级品	一级品	二级品	三级品
氯化钾的质量分数（%）　≥	62.0	60.0	58.0	60.0	57.0	55.0
水分的质量分数（%）　≤	2.0	2.0	2.0	2.0	4.0	6.0
钙镁含量的质量分数（%）≤	0.3	0.5	1.2	—	—	—
氯化钠的质量分数（%）　≤	1.2	2.0	4.0	—	—	—
水不溶物的质量分数（%）≤	0.1	0.3	1.2	—	—	—

氯化钾含有一定的氯元素，虽然氯是作物必需的营养元素。但需要量甚少，只及作物需钾量的 5%～10%，故在连续大量施用氯

化钾时，作物易吸入过多的 Cl^-，从而影响一些经济作物的产品质量，如会降低葡萄和瓜果中的含糖量、降低烟草的燃烧性、增加薯类的水分含量等。此外，供肥料用的商品氯化钾中含有 1%～3% 的氯化钠，所以氯化钾一般不宜在盐碱地上施用。

氯化钾可用作基肥和追肥，都应施至表土以下较湿润的土层中。氯化钾一般不宜作种肥或根外追肥。对烟草、葡萄、薯类等忌氯作物，原则上不予施用。

（3）草木灰　草木灰是市郊农村常用的一种含钾量高的农家肥料，在钾化肥尚未进入市场的年代，农户常用其来补充土壤中钾素。草木灰的主要成分和含量如表 3-27 所示。

草木灰中钾的主要形态是碳酸钾，其水溶液呈较强的碱性，其中也存在一定量的硫酸钾和氯化钾。这些形态的钾都呈水溶性，极易为作物所吸收。

草木灰可作基肥、追肥和盖种肥。市郊农村有"种豆点灰"的谚语，即种植豆科作物时，应在豆穴中施用草木灰，其肥效甚高。

此外，由于草木灰呈黑色，具有吸热保温作用，所以在水稻、蔬菜育苗时，常在苗床上盖上草木灰。由于草木灰碱性较强，故不能与铵态氮肥混合存放或混合施用。

表 3-27　草木灰的主要成分与含量

草木灰种类	K_2O(%)	P_2O_5(%)	CaO(%)
稻草灰	1.79	0.44	10.9
小麦秆灰	13.8	6.40	5.90
棉壳灰	21.99	9.14	14.0
棉秆灰	11.2	1.79	—
糠壳灰	0.67	0.62	0.89

引自：奚振邦，《现代化学肥料学》，2008。

2. 钾肥的当季利用率　在长期偏施重施氮肥、普遍施用磷肥的施肥结构下，三要素平衡中缺钾的矛盾较为突出；而近年来在保护环境的理念日益增强的背景下，秸秆还田的推广在一定程度上缓和了这一矛盾。

钾肥在上海农业生产上的推广，是从 20 世纪 90 年代初期随着专用复混肥料的推广开始的，使用的时间不长。从 80 年代开始磷肥在生产上普遍施用，之后，钾肥作为作物养分三要素的重要作用逐渐趋向明显，在水稻栽培中其增产的效果要超过磷肥。2006 年全市 9 个点的"3414"试验的统计资料表明，全市种植单季晚稻时的钾肥当季利用率平均为 33.43%（表 3 - 28）。

表 3 - 28　种植单季晚稻时钾肥的当季利用率（2006）

试验个数	钾素利用率（%）（X±SD）	资　料　来　源
9	33.43±31.51	青浦、南汇、嘉定、奉贤 2006 年单季晚稻"3414"试验总结

引自：朱恩等，《上海耕地地力与环境质量》，2011。

（四）复混（合）肥料

1. 复混（合）肥料种类　化学肥料中，含有 2 种或 2 种以上主要营养元素的肥料品种称为复合肥料，也称之为综合肥料或多养分肥料。按其营养成分复合或综合的工艺与二次加工方式，可分成以下 3 个种类。

（1）复合肥料　氮、磷、钾 3 种养分中，至少有 2 种养分标明量的仅由化学方法制成的肥料。如磷酸二铵 $[(NH_4)_2HPO_4]$，硝酸钾（KNO_3），偏磷酸钾（KPO_3）。国家标准为 GB 15063—2009《复混肥料（复合肥料）》。

（2）复混肥料　氮、磷、钾 3 种养分中，至少有 2 种养分标明量的由化学方法和（或）掺混方法制成的肥料。

（3）掺混肥料　氮、磷、钾 3 种养分中，至少有 2 种养分标明量的由干混方法制成的颗粒状肥料，也称为 BB 肥。一般在化肥厂中经造粒制成产品，配成复肥大都属三元型，常含副成分，如尿磷钾、硝磷钾型三元复肥，上海地区众多温室无土栽培中施用的 15 - 15 - 15 复肥即属此类型。掺混肥料是由大颗粒单质或复合肥料直接混配而成，实质也是复混肥的一种，但为了提高掺混肥料的质量，国家专门出台了掺混肥料标准［GB 21633—2008 掺混肥料（BB 肥）］，复混（合）肥料按照其养分高低又分为高浓度、中浓度和低浓度复混（合）肥（表 3 - 29、表 3 - 30、表 3 - 31）。

表 3 - 29　复混（合）肥料主要指标（GB 15063—2009）

项　　目		指　　标		
		高浓度	中浓度	低浓度
总养分（$N+P_2O_5+K_2O$）含量（%）	≥	40.0	30.0	25.0
水溶性磷占有效 P_2O_5 百分率（%）	≥	60	50	40.2
水分（H_2O）（%）	≤	2.0	2.5	5.0
粒度（1.00～4.75mm 或 3.35～5.60mm）（%）	≥	90	90	80
氯离子含量（Cl^-）（%）≤	未标"含氯"产品	3.0		
	标识"含氯（低氯）"产品	15.0		
	标识"含氯（中氯）"产品	30.0		

表 3 - 30　复肥按浓度（品位）划分的基本型号

复肥类型	$N+P_2O_5+K_2O$（%）	复肥磷源	1：1：1型三元复肥（例）$N-P_2O_5-K_2O$（%）
低浓复肥	<20	普钙	6 - 6 - 6＝18 5 - 5 - 5＝15
中浓复肥	20～40	重钙，普钙或磷铵	8 - 8 - 8＝24 12 - 12 - 12＝36
高浓复肥	>40	硝酸铵，磷铵或重钙	15 - 15 - 15＝45 17 - 17 - 17＝51

引自：奚振邦，《现代化学肥料学》，2008。

2. 上海郊区常用的几种复合肥料

（1）磷酸二氢钾　磷酸二氢钾［KH_2PO_4，含 P_2O_5 52%、K_2O 34%］，是白色或灰白色细结晶，吸湿性弱，物理性质良好，易溶于水。

表 3 - 31　三元复肥的代表品种

N 4%～10%	N 11%～15%		N 16%～21%
4 - 14 - 14	11 - 11 - 14	13 - 13 - 21	16 - 7 - 12
5 - 5 - 10	11 - 45 - 19	14 - 6 - 16	16 - 16 - 16
6 - 12 - 18	12 - 5 - 15	14 - 14 - 14	17 - 24 - 28
7 - 14 - 7	12 - 12 - 12	14 - 18 - 18	17 - 17 - 17
8 - 8 - 8	12 - 24 - 12	14 - 22 - 9	18 - 6 - 1
8 - 16 - 16	12 - 12 - 17	15 - 15 - 15	19 - 19 - 19
8 - 16 - 24	12 - 12 - 18		20 - 10 - 10
9 - 4 - 7	12 - 19 - 19		20 - 11 - 11
10 - 4 - 6	13 - 6 - 16		21 - 17 - 17
10 - 10 - 20	13 - 13 - 13		

部分引自：奚振邦，《现代化学肥料学》，2008。

　　磷酸二氢钾适用于任何作物和土壤。因其价格昂贵，故常用作浸种或根外追肥。大田作物浸种时浓度为 0.2%，浸 18～20 h，晾干后即可播种。作根外追肥或单独喷施，最高浓度可用 0.5%。

　　(2) 硝酸钾　硝酸钾 [KNO_3，含 N 13%、K_2O 44%]，是含钾为主的高浓度氮钾二元复合肥料品种之一。

　　肥料级硝酸钾外观通常为浅黄色，微吸湿，一般不易结块。

　　硝酸钾所含的 NO_3^- 和 K^+ 都易被作物吸收。其中的 NO_3^- 能被吸收得更快更多，这样，少量的 K^+ 会残留于土壤，被土壤黏粒吸持或生成 K_2CO_3 等弱酸强碱盐。因此，硝酸钾是一种生理碱性肥料。

　　硝酸钾适宜用作追肥，因其含钾量高，常被当作钾肥施用。

　　硝酸钾是叶面营养液或设施栽培中灌水肥料的主要氮钾源。

　　(3) 15 - 15 - 15 型三元复混 (合) 肥料　属 1∶1∶1 型三元复肥的一种。为上海市在 20 世纪末期从国外进口的主要三元复肥品种，具有以下特点：粒型一致，外观较好；养分含量高达 45%，所有组分都能溶解于水；氮素一般由 NO_3^-—N 和 NH_4^+—N 两部分组成,各占50％左右;磷素中既有水溶性磷,也有枸溶性磷,一般水溶性磷较少,占30％～50％,枸溶性磷较高;多数产品的钾素以KCl形式掺入,即产品中含有12％的氯;产品中一般不含微量元素。这种复肥常被称为通用型复肥,即可以通用于所有的作物和土壤。

(4) 掺混肥料(BB肥) 上海地区目前施用的掺混肥料是由粒型与表观相似的几种颗粒状物料散装掺合成的肥料。用于掺混的物料,可以是单一肥料的掺合,也可以是单一肥料和复合肥料的掺合。所用各种基础物料的比例,完全取决于施用作物和土壤养分状况。最常用的掺合基础物料是尿素、磷酸一铵、磷酸二铵、氯化钾、硫酸钾,还有根据要求用到普钙、硝酸铵、重钙和硫酸铵等。

上海市郊常用的BB肥品种如表3-32所示。

表3-32 上海市郊常用的专用型BB肥品种

BB肥品种	N：P₂O₅：K₂O	养分总量
西、甜瓜专用	15-15-15	≥45％
	18-9-18-Cl	≥45％
	26-7-10-Cl	≥43％
稻、麦专用	30-8-12-Cl	≥50％
	24-8-10-Cl	≥42％
	26-6-10-Cl	≥42％
	18-18-9-Cl	≥45％
黄桃专用	20-15-15-S	≥50％
葡萄专用	10-15-20-S	≥45％
	10-13-11-S	≥34％
蔬菜专用	20-12-18-Cl	≥50％
油菜专用	25-17-10-Cl	≥52％
玉米专用	20-15-10-Cl	≥45％
	20-12-13-Cl	≥45％
大蒜专用	20-10-20-Cl	≥50％
花卉专用	5-22-25-S	≥52％

引自:薛循革,《浦东新区耕地地力与质量研究》,2006。

第三节 有机肥料商品化生产

有机肥料商品化生产是指建立专门的粪肥工厂，应用规范的生产工艺、设施设备与质量控制体系，把畜禽粪便加工生产成商品有机肥料，供应于农资肥料市场。

一、有机肥料商品化生产的意义

（一）有利于环境保护

在畜禽粪尿高负荷地区，如果产生滥排流失，对周围地面水和地下水均会造成严重污染，河道发黑发臭，溶解氧接近于零，附近井水硝态氮超标，大肠杆菌群高达 70.2 万～160 万个/L。

通过工厂化、商品化处理，可有效地控制畜禽粪任意堆放，防止污染水体和环境。一般，每制造 1 万 t 畜禽粪堆肥有机肥，需消纳新鲜畜禽粪约 3 万 t，相应降低 3 000～6 000 t 新鲜畜粪进入水体和环境。通常畜禽粪有机肥生产中还消纳约 20％的秸秆或其他农业废弃物，可以采用稻麦秸秆和菜叶、槽渣、木屑等多种废弃物，有利于消纳多种农村固体有机废弃物。

（二）有利于有机肥资源的合理开发利用

有机肥原料主要有畜禽粪、稻麦等作物秸秆、农作物残体弃物和绿肥等多种，实行工厂化生产可充分考虑原料来源和特点，生产相应的有机肥。如畜禽场较多并考虑重点处理畜禽粪为主的地区，可重点应用畜禽粪，配合应用作物秸秆或农作物残体弃物生产有机肥。粪便与秸秆搭配，可以调节堆肥的养分、碳氮比、水分、物理性能等，创造有利于微生物发酵的条件，生产出理化性状稳定、养分浓度适当、肥效较好和便于运输有机肥产品。通过工厂化的规范生产工艺控制，其产品远优于传统积制的有机肥，有效解决了因农村中有机肥积制、运输和施用中费劳力、脏烂臭、苦又累、效益低而导致的农村有肥不施、污染环境的问题。

(三) 有利于生产优质安全卫生农产品

随着人民生活水平的提高，人们对日常食品卫生与安全越发关注，农业生产也从单一追求产量型转变为产量—质量型，并向质量—营养安全型发展。据调查，上海人群中约80%的人希望购买无污染食品，选用无公害食品、绿色食品、有机食品等成为人们消费习惯。有机肥的施用对改善农产品品质、增强农产品的特有风味等起了独特的作用。

优良的有机肥必须经过完善的无害化处理，传统农家堆制的有机肥在农村广泛应用，起着良好作用，但其无害化效果与工厂化生产的有机肥相差甚远。特别是应用畜禽粪为原料的堆肥，其中存在各种病原微生物和寄生虫、杂草种子等，因此完善彻底的无害化处理对确保生产安全、卫生、优质农产品更显得特别重要。

(四) 有利于形成新型肥料产业

我国的畜禽粪资源极为丰富，据不完全统计，到2002年底，全国有规模化养殖畜禽场1.49万个。随着人民生活水平提高，农村经济发展和外贸需求，畜禽养殖事业潜力很大。国家环保总局对全国23个省、自治区和直辖市的调查表明，1999年我国畜禽粪便产生量为19亿t。若有10%用于工厂化畜禽粪堆肥生产，可形成年产量约5000万t的畜禽粪有机肥的产业。上海工厂化有机肥生产化大多数是以畜禽粪为主要原料，目前上海有50多个畜禽粪有机肥生产厂，年有机肥产量40多万t，占上海畜禽粪产出量30%以上。工厂化畜禽粪堆肥生产是一个新兴肥料产业，该行业的发展对安置农村富余劳力、促进肥料辅料加工和运输等都具有积极意义。

二、商品有机肥料在农业生产中的作用

商品有机肥是一种使用十分广泛的有机肥料，但在加工过程中

所用的原料不同，肥料性质也存在很大差别。作为一种优良的有机肥料，在农业生产中所起的作用主要有以下几方面。

（一）提供作物生长所需的养分

畜禽粪堆肥等有机肥料富含作物生长所需的各种养分，能不断地供给作物生长，有机肥料在养分供应方面有以下显著特点。

1. 养分全面　不仅含有作物生长必需的氮、磷、钾等大量元素，又含有硫、钙、镁、锌、硼、钼、铜、铁、锰等中微量元素，长期施用有机肥的土壤一般不易发生微量元素缺乏。此外，有机肥在土壤中分解产生二氧化碳，可作为作物光合作用的原料，有利于作物产量提高。提供养分是有机肥料作为肥料的最基本特性。

2. 养分释放均匀长久　有机肥料所含的养分既有缓效性有机态形式，也有速效态形式。缓效性有机态形式通过微生物分解可以转变成为植物可利用的速效态。有机肥中养分主要以有机态形式存在，可缓慢释放，长久供应作物养分，肥效平稳，不论作基肥或追肥都不易发生烧苗。如粪尿类有机肥速效氮占全氮的 $23\% \sim 48\%$，速效磷占全磷的 $24\% \sim 50\%$。比较而言化肥所含养分均为速效态。施入土壤后，肥效快，但有效供应时间短。

3. 含有多种有机养分　如氨基酸、蛋白质、糖、脂肪、胡敏酸等各种有机养分，其中有的可以为作物直接吸收利用，或经分解后为作物直接吸收利用，对改善作物品质、保持果蔬特有风味起着重要作用。

（二）改良土壤结构，提高土壤肥力

1. 增加土壤养分，补充土壤有机质贮量　有机肥料中所含的养分经施肥直接补充到土壤，增加了土壤养分。同时，施用有机肥料是提高土壤有机质含量最重要的手段。施入土壤中的新鲜有机肥料，在微生物作用下，又重新组合成新的、更为复杂的、比较稳定的腐殖质。腐殖质是土壤中稳定的有机质，对土壤肥力有着重要的影响。

2. 改善土壤理化性状　一般有机肥料的容重为 $0.5 \sim 0.8 \text{ Mg/m}^3$，

比土壤小得多，大量施用后能降低土壤的容重，改善土壤结构，增加土壤的孔隙度，使土壤疏松，显著改善土壤通气状况，使耕性变好，有机肥的比热容量较大，导热性小，颜色又深，较易吸热，保温有利于种子的萌发和根系的生长。

3. 提高土壤保肥、保水能力　有机肥料的各类组分中富含各种有机酸，在土壤溶液中离解出氢离子，具有很强的阳离子交换能力，可以通过交换吸收能力把施入土壤中的养分暂时保存起来，当化肥施用量较多时这种作用更显著。土壤矿物颗粒的吸水量最高为 $50\%\sim60\%$，而有机肥料中的腐殖质的吸水量为 $400\%\sim600\%$，施用有机肥料，可增加土壤保水性能。有机肥料这种良好的保水保肥性能，可使作物根部土壤环境不至于水分过多或过少而影响作物生长。此外，有机肥料还能增加土壤缓冲性能，降低因环境中酸性或碱性物质对土壤酸碱性的影响。

（三）提高土壤的生物活性，刺激作物生长，增强作物的抗逆性

1. 直接向土壤引入微生物和酶　有机肥料中的良好环境条件有利于土壤微生物活动，因此它含有大量细菌、真菌、放线菌和各种有机物质，其含量远高于在土壤中的含量。施用有机肥的同时也会把大量微生物和生物酶带入土壤，提高土壤的生物活性。

2. 增加作物根系活力　有机肥料中含有经微生物分解转化而产生的各种活性物质，如氨基酸、维生素、植物生长激素以及腐殖物质等，这些物质能促进农作物的生长发育，增强作物根系活力，提高根系养分吸收能力，增强光合作用，增加干物质积累，使作物生长健壮，从而提高作物产量。

3. 增强作物抗干寒、抗倒和抗病能力　有机肥料中含有各种有机成分、植物激素、维生素和抗生素等，增强了作物对不良环境的适应能力。施用有机肥料，增强了土壤蓄水保水性，减少水分蒸发，提高保温效果，从而提高了作物抗干旱和抗寒能力。足量施用有机肥料，有效地提供大量元素和微量元素，可避免农作物缺素引起的病害。有机肥中的植物激素、维生素和抗生素等促进作物健壮

生长，也增强了作物抗病能力。在工厂化畜禽粪堆肥生产中，加入经筛选对某些植病菌有抑制作用的微生物，可增强作物对某些病害的抵抗能力。

（四）提高产量和改善农产品质量

环境因素和栽培技术措施对农产品品质有很大的影响，同一品种不同的栽培技术措施下，其品质有很大差异。其中以施肥对作物品质影响最大，某种养分成分过量或不足，不但会影响作物的生长发育，而且会促进或抑制作物体内某些营养成分的形成和转化，从而影响到作物品质。有机肥中含有氮、磷、钾等营养元素和多种微量元素，能促进作物正常生长发育，不会因缺乏某种元素而影响其品质。有目的地施用有机肥可以改善和提高其品质风味，例如，将富含钾的草木灰、秸秆类有机肥施用于甜菜，可以提高其含糖量；种植薄荷时，施用人粪尿，其氨态氮可以促进植株体内的还原作用，增加挥发性油含量，有机肥含有的各种有机养分，有的可以为植物直接吸收利用，对促进作物的代谢和优化品质有着重要作用。

（五）促进作物对化肥养分有利用效果

化肥具有养分浓度高、肥效快、供肥强度大的优点。其缺点是不能为土壤直接提供有机物质，无法改善土壤结构，相反由于其养分浓度高，施用不当容易造成肥害，长期大量施用化肥还会降低其肥效、养分容易流失，增高成本、降低养分利用率。1965年，我国耕地有机养分投入量为798.4万t，1990年为1 536.8万t，增加了约92%；而1965年化肥养分投入量为176.0万t，1990年为1 472万t，增加了13倍多。合理施用化肥可以以"无机"换"有机"，如豆科植物上增施磷肥，提高了豆科植物产量，也即提高了有机养分。当前，适度控制化肥的用量，充分开辟有机肥源，用好有机肥，把两种肥料配合施用，就能优势互补，扬长避短。有机肥的"容量因子"和化肥的"强度因子"相结合，充分发挥有机肥养分完全、肥效稳定持久的优点和化肥养分浓度高、肥效快的优势，在重施有机肥的基础上，根据土壤、气候、作物品种及田间生长情况，按照缺什么补什么的原则施用化肥，既满足了作物高产稳产的养分需求，又保证了土壤肥力的继续提高。

（六）具有解毒效果，净化土壤环境

有机肥料可以增加土壤中具还原作用的有机质含量，土壤有机质可使重金属以硫化物形式沉淀；可使毒性较大的 Cr^{6+} 转化成 Cr^{3+} 以降低毒性。有机肥料的对土壤中重金属解毒原因在于有机肥料能提高土壤阳离子代换量，增加对某些重金属的吸附，可以降低土壤中某些可溶性重金属的有效性。同时，施入土壤的有机质能与土壤溶液中的重金属离子发生络合作用形成稳定性络合物，降低了活性，从而减少植物对重金属的吸收而解毒。有毒的可溶性络合物还可随水下渗或排出农田，提高了土壤自净能力。据试验，当盆栽土壤中 Cd 水平在 1 mg/kg 时，施蚯蚓粪可使土壤中有机质增加 2～3 倍，到达 5% 时，3 周龄小青菜中 Cd 含量从 1.34 mg/kg 下降到 0.49 mg/kg，差异极显著（表 3 - 33）。

表 3 - 33　土壤有机质含量对降低小青菜对 Cd 吸收影响

项　　目	对照，土壤有机质含量约 2%		土壤有机质含量 5%	
	苗龄 3 周	苗龄 5 周	苗龄 3 周	苗龄 5 周
平均值（mg/kg）	1.340	1.541	0.488**	0.483**
标准差（mg/kg）	0.182	0.152	0.057	0.090
变异系数（%）	13.6	9.8	11.6	20.6

引自：上海市农业委员会，《基层农技人员培训教材"种植篇"》。

有机肥料能够改善土壤结构状况，增大了土壤对重金属离子的吸附能力。据研究，有机肥料能减少铅的含量、增加砷的固定，还能有效去除堆肥中的六六六和滴滴涕，堆肥中含有大量不同分解特性的微生物区系，种类多、数量大，经过 45 d 堆制，腐熟期的六六六和滴滴涕去除率一般在 80% 以上。据试验，大量施用有机肥的土壤，不管是否种植作物，若受到氟乐灵、异丙甲草胺、二甲戊

灵等农药污染的土壤,其农药含量均有明显下降。

三、商品有机肥的主要原料及其特性

商品有机肥的营养成分及水分相对稳定,卫生质量可靠,运输与施用比较方便,其主要原料除畜禽粪外,还可以添加秸秆、有机垃圾、作物残体、糟渣、木屑、木粉等,几乎一切无毒的有机成分皆可作为生产原料。

(一)畜禽粪

1. 各种畜禽粪特性

(1)猪粪的性质 猪粪的质地比较细,其组成主要是纤维素、半纤维素,木质素较少,含有蛋白质及其分解产物、脂肪类、有机酸、酶和各种无机盐类,含有较多的氨化微生物,经堆腐后,形成的活性有机质含量高,后劲较长。

(2)牛粪的性质 牛是反刍动物,饲料经反复咀嚼,消化较好,使牛粪质地细密,粪中含水量较高,通透性较差,养分比其他家畜略低有机质难分解,腐熟慢,发酵温度低,属冷性肥料。

(3)马粪的性质 马咀嚼饲料粗糙,不易消化,因此马粪疏松多孔,以纤维素、半纤维素含量较多。此外,含有木质素、蛋白质、脂肪类、有机酸、无机盐类以及大量高温性纤维素分解细菌。它能促进纤维素的分解,在堆腐过程中产生高温,是高温堆肥发热的优良材料。

(4)家禽粪的性质 家禽的饲料组成比家畜的营养成分高,因此肥效较高。各种家禽的养分含量和性质与家禽种类和饲养方式也有不同。禽粪中的氮主要是尿酸态氮,容易被分解成铵态氮。禽粪是一种易腐熟的有机肥料,在分解过程中产生热量较高,属热性肥料。各种禽畜粪的有机物组成如表 3-34 和表 3-35 所示。

表3-34 **禽畜粪干物质组分**（占干物质的百分数）（%）

禽畜粪	粗蛋白	粗脂肪	粗纤维	粗灰分	无氮浸出物
猪粪	19(11.3～31.4)	5(1.8～9.4)	18(6.7～22.9)	17(9.7～28.1)	
牛粪	11.3～22.4	1.9～7.3	12.1～32.1	11.6～23.1	35.2～54.4
奶牛粪	12.7	2.5	37.5	16.1	29.4
鸡粪	28.8	2.44	13.5	23.3	31.9
蛋鸡粪	28.0±0.32	2±0.5	12.7±0.17	28±0.15	28.7±0.28
肉鸡粪	31.3±2.9	3.3±1.3	16.8±1.9	15.0±3.2	29.5±1.6

引自：上海市农业委员会，《基层农技人员培训教材"种植篇"》。

表3-35 **各种家畜粪肥有机物组成**

类 别	脂肪（%）	总腐殖质（%）	富里酸（%）	胡敏酸（%）	半纤维素（%）	碳氮比
猪	11.42	25.98	15.78	10.22	5.32	7.14：1
羊	11.35	24.79	17.25	7.54	3.85	12.30：1
牛	6.05	23.80	14.74	9.05	9.94	13.40：1
马	8.00	23.60	9.88	13.95	6.42	21.50：1

引自：上海市农业委员会，《基层农技人员培训教材"种植篇"》。

在各种畜禽粪中，粗蛋白质以禽粪最高，约占30%，猪、牛粪较低，10%～20%，而粗纤维类以牛粪较高。当然这是一般情况，上述各种畜禽粪的组分与喂养饲料密切相关。

2. 畜禽粪的养分含量及矿物质含量 商品化生产的有机肥的养分及有机质含量具有较好的稳定性。但经大量分析发现，畜禽粪中的各种植物营养元素含量有较大的变动，也造成了商品有机肥中营养元素含量的波动。畜禽粪中植物营养元素含量还与畜禽饲料种类直接有关，饲料中营养元素含量高，也会使畜禽粪中氮、磷、钾含量增加。不同新鲜家畜粪中养分含量不同，一般禽粪要高于猪粪，猪粪高于牛粪、马粪（表3-36）。

表3-36　新鲜家畜粪的养分含量（%）

种类	水分	有机质	氮（N）	磷（P_2O_5）	钾（K_2O）	氮、磷、钾总和
猪粪	81.5	15.0	0.60	0.40	0.44	1.44
马粪	75.8	20	0.55	0.30	0.24	1.09
牛粪	83.3	15	0.32	0.25	0.15	0.72
羊粪	65.5	31.4	0.65	0.47	0.23	1.35
鸡粪	50.5	25.5	1.63	1.54	0.85	4.02
鸭粪	56.6	26.2	1.10	1.40	0.62	3.12
鹅粪	77.1	23.4	0.55	1.50	0.95	3.00
鸽粪	51.0	30.8	1.76	1.78	1.00	4.54

引自：上海市农业委员会，《基层农技人员培训教材"种植篇"》。

目前，大多数地区的大中型饲养场中，猪、牛的饲养大都按其生长营养需要，应用相应的饲料，因而其粪中营养成分也普遍较以往为高。但不同饲养场选用的饲料种类不同，或配比不同也会影响畜粪中营养成分。可见在一定程度上畜粪中营养成分的变动是正常的（表3-37）。

表3-37　不同饲料喂猪后粪中养分含量（%）

养分	精料加豆饼		粗料		粗料加豆饼	
	饲料	粪	饲料	粪	饲料	粪
氮（N）	2.88	2.50	0.95	0.77	2.94	1.15
磷（P_2O_5）	1.38	4.43	0.56	0.80	0.83	1.22
钾（K_2O）	1.43	1.45	1.34	0.55	1.65	0.77

引自：上海市农业委员会，《基层农技人员培训教材"种植篇"》。

此外，畜禽粪中还含有钙、镁、铁、锰、铜、锌等，它们可作为矿质营养元素而加入饲料中。由于饲料成分配比不同，畜禽消化状况差异，在一定程度上影响畜禽粪中各种元素含量。所以，畜禽粪中矿质元素含量在一定程度上的变化是正常的（表3-38）。

表3-38 畜禽粪中若干矿质元素含量（干物重）

矿物质	蛋鸡笼养粪	肉鸡垫料粪	牛粪	猪粪
总量（%）	28.5±1.5	15.0±3.2	11.50	17(9.7~28.1)
钙（%）	8.8±1.1	2.4±0.9	0.87	3.5(1.5~8.5)
磷（%）	2.5±0.6	1.8±0.4	1.60	2.6(1.4~4.6)
镁（%）	0.67±0.16	0.44	0.40	0.7(0.3~1.3)
铁（mg/kg）	2 000	451	1 340	2 169(971~6 407)
铜（mg/kg）	150±45	98.0	31	280(27~822)
锰（mg/kg）	406±9	225	147	
锌（mg/kg）	463±93	235	242	600(225~1 059)

引自：上海市农业委员会，《基层农技人员培训教材"种植篇"》。

3. 畜禽粪的水分状况 一般家畜排出的新鲜畜粪水分含量在65%~80%，随家畜种类、养殖状况及生理状况的不同而有所不同。一般牛粪水分含量较高，约78%；猪粪中等，约70%；羊粪较低，约65%。不过，畜禽粪经冲栏水清扫管理，水分含量明显提高，75%~90%。

4. 畜禽粪的微生物状况 畜禽粪的正常微生物群来自动物消化道，不同种类畜禽其微生物种类和数量不同。一旦粪排出后还受到周围环境中微生物的影响。

畜禽粪中正常微生物群有大肠杆菌、乳酸杆菌、芽孢杆菌、葡萄球菌、双歧杆菌、消化球菌、链球菌、螺旋体等。

畜禽粪中病原微生物，最常见的有青霉菌、黄曲霉菌、黑曲霉菌。有的畜禽粪中还含有破伤风梭菌、沙门氏菌属、志贺氏菌属、埃希氏菌属和各种曲霉属的致病菌。畜禽粪中寄生虫寄生于消化道，或与消化道相连的肝、胰等脏器，包括寄生虫、虫卵、幼虫或虫体片断。主要的寄生虫有蛔虫、线虫、钩虫、旋毛虫、球虫、血吸虫等。畜禽粪腐熟过程中，通过高温发酵杀死有害微生物。

5. 畜禽粪的 pH　在动物大肠内糖类发酵过程占优势时，粪的酸度增加（pH 降低）；蛋白质腐败占优势时，粪的碱度增加（pH 升高）。一般牛粪 pH 7.8～8.4，猪粪 pH 7.2～8.3，鸡粪 pH 6.0～7.0。

6. 畜禽粪中的杂草　畜禽粪中杂草通常在牛粪中存在，牛为反刍动物，饲料中含有干草，放牧的养牛中更食用大量自然生长的草类。成熟期的杂草种子也同时通过食用进入牛的胃中，由于不少杂种子中具有不易消化的外壳，杂草种子随粪便排出，若在无害化处理杀灭杂草种子之前就用作肥料施于农田，就可能使农田杂草滋生。

（二）作物秸秆和木屑

作物秸秆是有机肥的重要辅助原料，在农业生产中数量极大，是一种很好的畜禽粪堆肥原料。木屑占木材加工量的 10% 左右，数量很大，木屑质地疏松，含氮甚低，碳氮比远高于一般秸秆。每吨畜禽粪堆肥原料中投加 0.15～0.2 t 秸秆碎片、秸秆粉或木屑。农作物秸秆种类繁多，其中以水稻秸秆、小麦秸秆、玉米秸秆和豆秸秆为主要原料。秸秆粉中含有一定的养分，含碳高，水分低。畜禽粪中加入秸秆粉、木屑等疏松高碳有机物有降低水分、改善通气和调节碳氮比的作用，有利于腐熟发酵（表3-39）。

表 3-39　秸秆中的养分含量和碳氮比（干物重）

秸秆种类	N(%)	P(%)	K(%)	Ca(%)	碳氮比
稻草	0.91	0.13	1.81	0.61	57
麦秸	0.65	0.08	1.05	0.52	66
玉米秸	0.92	0.15	1.18	0.54	50
大豆秸	1.81	0.20	1.17	1.71	29

引自：上海市农业委员会，《基层农技人员培训教材"种植篇"》。

（三）糟渣和作物残体

糟渣是农产品加工中产生的各种残渣，含有大量有机成分和营养元素。糟渣种类繁多、数量巨大，有的用作饲料，有的用作有机肥料。糟渣含有脂肪、蜡质等，是一种迟效性肥料，必需发酵后用作肥料。畜禽粪有机肥厂，也常应用部分糟渣作为物料。食用菌渣是用牛粪、稻草、麦秆、棉籽饼、木屑和玉米芯等及氮、磷化学肥料配制成，经培养食用菌后剩下的残渣。食用菌渣的原料与畜禽粪堆肥较接近，很多用来制作有机肥。表 3-40 和表 3-41 列出若干糟渣和作物残体的养分含量，供制造畜禽粪有机肥参考。

表 3-40　若干糟渣的养分水平

糟渣类型	有机物和主要养分（烘干重）(%)					微量营养元素 （mg/kg）				
	有机碳	粗有机物	全氮	全磷	全钾	铜	锌	铁	锰	硼
食用菌渣	30.3	58.2	1.01	0.223	0.876	21.4	48.6	1 813	131	
酒糟	31.8	79.8	3.08	0.399	0.42	23.8	76.1	3 718	129	7.67
醋糟	49.8		1.98	0.251	0.46	16.6	70.6	660	152	
豆腐渣	88.8		4.02	0.350	0.97	3.20	58.1	602	40.8	42.0
药渣	46.9	89.4	1.55	0.26	0.36	19.1	65.4	7 123	196	30.6
蘑菇渣	41.9	91.5	0.538	0.060	0.283					

引自：上海市农业委员会，《基层农技人员培训教材"种植篇"》。

表 3-41　屠宰和蔬菜废弃物等的养分水平

废弃物种类	pH	粗有机物（%）	全氮（N）(%)	全磷（P）(%)	全钾（K）(%)
屠宰废弃物	7.51	79.43	1.937	0.293	0.828
蔬菜废弃物		72.9	2.92	0.37	3.89
水葫芦		78.8	2.60	0.429	4.28
水浮莲		75.2	2.77	0.458	4.20

引自：上海市农业委员会，《基层农技人员培训教材"种植篇"》。

四、有机肥工厂化生产原理与基本工艺

(一)生产原理

一般采用好氧发酵堆制的方式(高温堆肥法),即将畜禽粪肥在通气条件下借助好氧微生物活动使有机物得到充分降解,通过发酵时产生的高温杀灭病虫草,并使之脱水干燥,制成粉状或压制成粒,成为优质的有机肥料。该方法堆肥的温度一般在 50~60 ℃,最高时可达到 70~80 ℃。由于堆制温度决定了畜禽粪肥发酵的完全程度及脱水程度,即决定着所生产商品有机肥的质量,所以,一般将堆肥的温度变化作为堆肥过程的评价指标。

采用高温发酵的方式生产商品有机肥具有以下几点优点:一是充分利用发酵过程中自身产生的热能使畜禽粪脱水干燥,节省了大量的能耗;二是利用产生的高温,杀灭粪肥中的病原菌、虫卵、草籽等有害生物;三是处理方式灵活,适用于大、中型集约化规模养殖场。

(二)工艺流程

传统的自然堆制发酵,占用场地面积较大,发酵周期长,而且养分损失多。由于没有专业的氧气供应条件,发酵速度缓慢,堆腐过程中释放的热量难以杀灭病原微生物、寄生虫卵和杂草种子,产品质量亦不稳定。

工厂化有机肥发酵工艺采用完善的设施设备,发酵进程快、养分损失少,主要有 4 个技术要点:一是调节堆肥的原料组成;二是接种微生物菌剂;三是通气增氧;四是控制起始温度和湿度。

好氧堆肥发酵由以下几个环节组成。

前处理→一次发酵(主处理或主发酵)→二次发酵(后熟发酵)→后加工。

(1)前处理 去除杂质(铁丝、石块、塑料等),通过添加秸秆等辅料来调节水分含量、通气性及碳氮比。

（2）一次发酵（主处理或主发酵）　在堆肥过程中通过搅拌（翻堆）和强制通风向肥料堆中通入氧气，促进好气微生物的活动，堆肥中原有的或者添加的发酵细菌很快使堆制的原料进入发酵阶段。微生物先摄取容易分解的有机物进行营养和繁殖，产生 CO_2 和水，同时产生热量使堆肥迅速升温；发酵初期主要依靠中温微生物（30～40 ℃）的活动；随着温度的提高，高温型微生物（45～60 ℃）取代中温型微生物开始工作，在此温度下，病原菌、虫卵、杂草种子均可被杀死，这一过程是发酵温度由低向高并逐渐回落的阶段，即无害化处理阶段，为了确保无害化效果，此阶段至少应保持 10 d 以上。

（3）二次发酵（后熟发酵）　经过一次发酵后的堆肥送到二次发酵场继续堆腐，在一次发酵过程中没有分解彻底的有机物继续分解，并逐渐转转化成比较稳定的腐熟堆肥。这一过程的技术要求没有一次发酵那么严格，可以增大堆制的体积，但不能露天堆放。翻堆时间的间隔也可以拉长，每周翻堆一次，当堆肥内部温度稳定在 40 ℃以下时，二次发酵阶段结束。

（4）后加工　即将发酵结束的堆肥进行粉碎、筛分、造粒和计量包装（表 3-42、图 3-1）。

表 3-42　堆肥发酵基本技术指标

（朱恩和陈汉民等，2003）

参数	指标
原料碳氮比	
原料颗粒大小	10～50 mm
起始水分含量	55%～65%
起始温度	40 ℃以上
氧气浓度	10%～18%
翻堆时间	根据温度适当调整翻堆次数
堆肥体积	自然通风时，高度 1.5～2.0 m，宽度 1.5～3.0 m，长度任意
pH	5.5～8.0

引自：上海市农业委员会，《基层农技人员培训教材"种植篇"》。

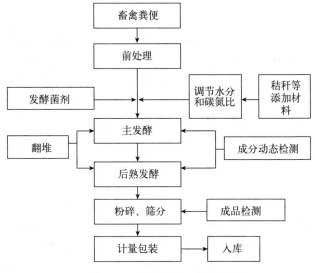

图 3-1 堆肥发酵工艺流程

（三）堆肥发酵的条件与控制

1. 禽畜粪便与辅料的成分 从养分角度分析，禽畜粪便的种类决定了商品有机肥的品质。而稻草和麦秸秆等辅料则均是高碳物料，碳氮比与鸡粪、牛粪、猪粪等禽畜粪便相反，它们被用来调节堆肥的水分和碳氮比（表3-43）。

表 3-43 禽畜粪便与秸秆的营养成分的比较

物 料	水分（%）	N(%)	P(%)	K(%)	C(%)	碳氮比
牛粪	80	2.0～2.5	2.0～2.5	1.5～2.0	40～45	15～20
猪粪	70	3.0～4.0	5.0～6.0	1.5～2.0	40～50	10～15
鸡粪	65	5.0～6.0	6.0～7.0	3.0～4.0	35～40	6～10
稻草	10	0.5～1.0	0.2～0.5	2.0～2.5	35～40	50～60
麦秸秆	10	0.5～1.0	0.1～0.3	2.0～2.5	40～45	60～70

引自：朱恩等，《上海耕地地力与环境质量》，2011。

2. 禽畜粪便中干物质的分解率　所谓干物质的分解率，即在堆制发酵过程中被分解掉的物料的数量与干物质总量之比。堆制条件的不同，禽畜粪便中干物质的分解率差异较大，一般在 20%～40%。新鲜禽畜粪便在圈栏中的干物质分解速度要高于堆肥过程中的分解速度，因此，可以利用新鲜禽畜粪便与风干禽畜粪便混合进行堆制发酵，以加快禽畜粪便干物质的分解速度。

3. 堆制物料的碳氮比　微生物体的碳氮比一般为 25 左右，当堆制发酵的物料的碳氮比≥25 时，微生物因需要从环境中摄取氮素而维持身体碳氮比的平衡。禽畜粪便的碳氮比较小，因此，在堆制之前需要添加碳氮比较大的秸秆以调节物料的碳氮比，使之控制在 25 左右，以加快微生物的活动，促进有机质的分解。

4. 堆制过程中的水分控制　堆制时的水分含量一般控制在 52%（鸡粪）、55%（猪粪）和 68%（牛粪），此时堆肥的空隙率为 30%左右，这是作为堆肥通气性好坏的判断指标。

木屑、秸秆等材料具有良好的吸水性和保水性，是很好的水分调节材料（表 3-44）。

表 3-44　调节水分物料的优缺点

物　料	优　点	缺　点
稻、麦秸秆	通气性调节效果好，比较容易分解，材料易于得到	受季节限制，收集费工，需要粉碎
木屑	通气性调节效果好，有一定的吸水性	较难分解
风干堆肥	通气性调节效果好，材料易于得到	影响有机肥产量，易导致堆肥中盐分浓度增加

引自：朱恩等，《上海耕地地力与环境质量》，2011。

堆肥材料的容重是物料发酵速度快慢的重要因素，一般控制在 0.4～0.8 Mg/m³，堆肥的含水量与容重的关系如表 3-45 所示；

而腐熟时堆肥的容重与含水量的关系则如表3-46所示。

表3-45 堆肥水分与容重的关系

堆肥含水量（％）	容重（Mg/m³）
40	0.432 8～0.586 1
45	0.470 6～0.639 7
50	0.525 3～0.710 0
55	0.573 0～0.745 4
60	0.708 8～0.955 4
65	0.938 4～1.153 6
70	1.037 8～1.285 8

引自：朱恩等，《上海耕地地力与环境质量》，2011。

表3-46 腐熟堆肥容重与水分的关系（朱恩与王寓群等，2005）

堆肥种类	含水量（％）		容重（Mg/m³）	
	平均值	范围	平均值	范围
鸡粪＋辅料（$n=2$）	21.80	20.54～23.05	0.431 4	0.386 6～0.476 2
猪粪＋辅料（$n=2$）	19.75	9.35～36.96	0.252 2	0.140 4～0.503 7
牛粪＋辅料（$n=2$）	27.84	13.36～46.87	0.247 8	0.170 4～0.608 0

引自：朱恩等，《上海耕地地力与环境质量》，2011。

5. 堆制发酵过程中的供氧 好气性发酵堆肥中的好氧微生物的活动和繁殖离不开充足的氧气供应，好氧微生物通过分解有机物质产生热量促进堆肥的腐熟并带走水分，氧气不足时，虽然厌氧微生物亦能分解有机物，但分解速度慢，温度难以上升，并且产生H_2S等恶臭气体。

常用的供氧方式有3种：一种是利用空气自然扩散，即由堆肥的表面将氧气自然扩散至堆肥内部，该方式的效果不佳；第二种是翻堆和搅拌，通过间隙式翻堆和搅拌，将氧气扩散到固体颗粒间的空隙及表面，提供堆肥供氧，此方式效果较好且经济实用；第三种是强制通风，通过在堆肥底部铺设的管道间隙地强制通风，达到供氧的目的，此方式的供氧效果最好。

堆肥通气量是指堆肥时由通风提供的氧气置换堆肥固体颗粒空隙中的气体，通氧量与堆肥的空隙率密切相关。从理论上进行计算堆肥的耗氧时间为：假定主发酵时，堆温为 60 ℃时堆肥的空隙率为 60%，则单位体积中的氧气量 QO_2 为 $2.30\times10^{-6}\,mol/cm^3$，一般此时的堆肥耗氧量 RO_2 为 $5.0\times10^{-6}\,mol/(cm^3\cdot h)$，则耗氧时间 T（T＝ QO_2/RO_2）为 0.46 h。以上计算表明在主发酵的高温阶段，只要近 30 min 时间就能将堆肥空隙中的氧气耗尽，也就是说，从理论上讲，每 30 分钟就需翻堆一次，但在实际生产中，由于操作上的困难，翻堆的间隙时间要拉长许多，通气量控制在 $50\sim300\,L/(m^3\cdot min)$。堆肥高度达到 1 m 高时，通气量要达到 $100\,L/(m^3\cdot min)$ 以上。

6. 堆肥的温度变化　一个完整的堆肥过程由 4 个阶段组成：低温阶段、中温阶段、高温阶段和降温阶段。在每一个阶段中都有着不同的细菌、放线菌、真菌和原生动物的优势种群。这些微生物以有机物作为食物和能量的来源，将其降解为稳定的腐殖质。

微生物活动受温度影响很大。低温型微生物活动、繁殖的最适温度为 $12\sim18$ ℃；中温型微生物活动、繁殖的最适温度为 $30\sim37$ ℃；高温型微生物活动、繁殖的最适温度为 $55\sim60$ ℃。

猪粪的堆制发酵过程中，为了获得 60 ℃以上的高温，堆料的水分含量要控制在 $45\%\sim65\%$ 范围，通气量为 $50\sim300\,L/(m^3\cdot min)$。

堆肥中微生物发酵分解物料中有机物产生的热量，提高堆肥温度，每千克堆肥平均产生热量 18.8 MJ。

堆肥升温可降低水分含量。根据理论计算，堆肥过程中蒸发 1 kg 水至少需要 3.77 MJ 的热量，但实际生产过程中要远远高于此值。

堆肥过程中，只要保持 60 ℃以上的高温数日，基本上即可杀灭病原菌、杂草种子和虫卵（表 3-47）。

（四）有机肥的生产周期

有机肥的生产周期是指从物料的堆制开始，至形成充分腐熟、性质稳定的商品有机肥料产品所需要的时间。由于商品有机肥生产所采用的主料（禽畜粪便的种类）、添加的辅料（不同作物的秸秆或木屑等）、接种的微生物制剂、堆制方式以及生产季节等各不相同，因此其生产周期长短不一。物料的分解速度是生产周期的主要因素，通常禽畜粪便的分解速度比较快，而秸秆类辅料的分解速度比较慢，混合堆制主要应该考虑主料的分解速度。

表 3-47　堆肥处理杀灭病原菌、杂草种子和虫卵的温度

杀灭对象	死亡温度（℃）	死亡时间	杀灭对象	死亡温度（℃）	死亡时间
大肠杆菌	55～60	30 min	蛔虫卵	60	30 min
痢疾病菌	55	60 min	钩虫卵	50	3 d
葡萄球菌	50	10 min	杂草种子	45	2 d

引自：朱恩等，《上海耕地地力与环境质量》，2011。

（五）有机肥腐熟度的评价

商品有机肥的腐熟度是指有机物料在堆制过程中经过充分矿质化、腐殖化的过程、性质最后趋于稳定的程度。其腐熟度评价指标主要有物理、化学和生物三类指标。

1. 物理指标　堆制后期温度自然降低；不再吸引蚊蝇；不再散发令人厌恶的臭味；由于真菌的生长，堆肥出现白色或灰白色菌丝；产品呈疏松的团粒结构；高品质的商品有机肥还应该是深褐色的，且色泽比较均匀。

亦可以将堆积密度作为评价腐熟度的指标（朱恩和王寓群等，2005），这是因为在堆制初期，由于物料的含水量较高、空隙率低，所以其堆积密度较大，而充分腐熟的肥料，其有机物的分解基本停止，水分的含量比较稳定，堆积密度亦趋小，因此可以将堆积密度作为腐熟度的指标。该方法的优点是生产者易于掌握，但缺点是物料与辅料变化时，堆积密度亦随之变化，变异较大。

2. 化学指标

（1）pH　是评价堆肥腐熟程度的重要指标（Schwab 等，

1994），堆肥发酵初期由弱酸性转为中性，pH 一般在 6.5～7.5，而充分腐熟的堆肥一般呈弱碱性，pH 在 8.0 左右（表 3‑48）。

表 3‑48　猪粪堆肥堆制期间 pH 的变化（朱恩和王寓群等，2005）

堆制方式	堆制时间	起始值	7 d 后	14 d 后	21 d 后	28 d 后	35 d 后
条垛	2004 年 12 月 23 日	6.69	7.01	8.32	8.78	8.52	8.46
槽式	2004 年 12 月 23 日	6.69	8.78	8.69	8.53	8.27	
条垛	2005 年 3 月 3 日	6.68	8.36	7.24	7.42	7.23	7.15
槽式	2005 年 3 月 3 日	6.68	8.45	7.07	6.94		

引自：朱恩等，《上海耕地地力与环境质量》，2011。

（2）碳氮比（C/N）　是评价堆肥腐熟度的经典参数（Zucconi 等，1987），C/N 可从堆制初期的 25～30 下降到腐熟时的 15～18（表 3‑49）。

表 3‑49　猪粪堆肥堆制期间碳氮比的变化（朱恩和毕经伟等，2005）

堆制方式	堆制时间	起始值	7 d 后	14 d 后	21 d 后	28 d 后	35 d 后
条垛	2004 年 12 月 23 日	22.7	20.5	22.6	16.7	20.0	20.5
槽式	2004 年 12 月 23 日	22.7	21.5	20.9	19.8	16.6	
条垛	2005 年 3 月 3 日	25.8	19.5	25.4	20.2	18.1	18.4
槽式	2005 年 3 月 3 日	25.8	23.7	22.6	19.1		

引自：朱恩等，《上海耕地地力与环境质量》，2011。

（3）阳离子交换量（CEC）　是评价堆肥腐熟度的重要指标（Harada 等，1980），CEC 与 C/N 之间有着很高的负相关（|r| = 0.903），两者之间可以通过方程进行互换：$\ln(CEC) = 7.02 - 1.02 \ln(C/N)$。在堆肥的发酵初期（7 d），物料的 CEC 上升，然后出现短暂的下降（2 d 左右），以后再缓缓上升，直至堆制结束，此时的 CEC 大于 60 cmol/kg。

（4）CO_2 释放量　有机物料分解时释放出 CO_2，可分解的有机物料越多，其释放量亦越多；随着堆制过程的进展 CO_2 的释放量越来越少，直至稳定或消失。但该项指标在观测上有一定的困难。

在化学指标中还有水溶性有机酸、水溶性糖（SC）、生物需氧量（BOD）、有机质腐殖化程度、生物可降解指数、铵的含量等。

3. 生物指标 植物毒性法即用生物方法测定堆肥毒性，是检验堆肥腐熟度的最为准确和有效的方法（Zucconi 等，1981）。这种方法的依据是堆肥在堆制过程中所产生的对植物生长有抑制作用的物质会随着堆肥的腐熟程度的加深而减少。植物毒性法可以利用发芽指数（GI）来表达，其公式如下：

$$GI = \frac{\text{堆肥处理的种子发芽率} \times \text{种子根长}}{\text{对照的种子发芽率} \times \text{种子根长}} \times 100\%$$

虽然从理论上分析，当 GI ≤ 100% 时，堆肥对植物仍具毒性，但在实际实验中，可以认为，50% ≤ GI ≤ 100% 时，即可判断该堆肥已经腐熟。

（六）商品有机肥堆制发酵过程中物料的养分变化

1. 碳素及有机质的变化 堆制过程中碳素物质主要用于微生物活动的能源和碳源，分解途径如图 3-2 所示，随堆肥逐步腐熟，碳和有机质含量下降（表 3-50）。

图 3-2 碳素化合物的分解示意

表 3-50 堆肥发酵过程中物料的碳素与有机质含量的变化（%）

堆制方式与时间	初期		中期		末期	
	碳素	有机质	碳素	有机质	碳素	有机质
条垛式（冬季、猪粪）	49.3	85.0	38.6	66.5	23.8	41.0
条垛式（春季、猪粪）	47.7	82.2	42.4	73.1	36.9	63.6

引自：朱恩等，《上海耕地地力与环境质量》，2011。

随着堆制发酵进程的发展，碳素物质的腐殖化作用明显，表现为腐殖酸总量占总碳的百分比增加，胡敏酸（HA）与富里酸（FA）的比例亦增加（表 3-51），说明高温堆肥促进了胡敏酸

（HA）的形成，而代表腐殖质活性组分的胡敏酸（HA）含量越高，说明堆肥的腐殖质的品位亦越高，施入土壤后可以促进土壤团粒结构的形成，从而改善土壤的理化性状。

表 3 - 51　不同物料在高温发酵过程中腐殖质的变化（朱恩和毕经伟，2005）

测定项目	时间	物料（鸡粪）	物料（牛粪）
碳素（%）	初期	35.3	35.9
	末期	13.4	29.2
腐殖酸总量占总碳的百分数（%）	初期	20.5	18.6
	末期	37.1	32.6
HA/FA	初期	1.17	0.96
	末期	5.32	2.04

引自：朱恩等，《上海耕地地力与环境质量》，2011。

2. 氮素的变化　堆肥在发酵期间全氮会有一定的损失，并且不同的物料损失量亦有所不同（表 3 - 52）。有试验表明，鸡粪在堆制过程中全氮损失了 25%，而牛粪仅损失 9%，而沤肥在沤制期间的损失量达 43%～69%，相比之下，堆制的损失量要小得多。

表 3 - 52　不同物料高温堆制期间全氮含量的变化（%）

物料种类	初期	升温期	高温期	降温期	腐熟期
鸡粪	1.63	1.83	1.21	1.58	1.22
牛粪	0.835	0.655	0.859	0.637	0.778

引自：朱恩等，《上海耕地地力与环境质量》，2011。

堆肥中氮素的主要形态以铵态氮、硝态氮和有机态氮的形态存在。不同的物料，各种形态的比例并不相同，如鸡粪中铵态氮要占 73%，有机态氮占 23%；而牛粪中铵态氮只占 9%，有机态氮要占到 82%，鸡粪与牛粪中的硝酸态氮的含量均不高（表 3 - 53）。

表 3-53　不同物料高温堆制初期氮素的形态与含量（％）

物料种类	全氮	铵态氮		硝态氮		有机态氮	
		含量	占全氮	含量	占全氮	含量	占全氮
鸡粪	1.63	1.19	73.0	0.059	4.0	0.381	23.0
牛粪	0.855	0.079	9.0	0.013	2.0	0.763	89.0

引自：朱恩等，《上海耕地地力与环境质量》，2011。

3. 磷、钾的变化　从总体上看，堆肥在堆制期间磷、钾的变化要远低于氮素的变化，因此，磷、钾的变化对商品有机肥品质的影响也较小（表 3-54）。

表 3-54　猪粪在条垛式堆制发酵过程中磷、钾含量的变化（2005）（％）

测定日期（月/日）	3/3	3/10	3/17	3/24	3/31	4/7	变异系数
全磷	4.02	2.77	3.38	3.40	3.60	3.45	11.8
全钾	1.43	1.66	1.57	1.63	1.68	1.68	6.0

引自：朱恩等，《上海耕地地力与环境质量》，2011。

第四章
主要施肥技术模式

第一节　氮化肥深施

氮、磷、钾化肥均适宜深施，氮肥深施可以防止氨的挥发，在水田里深施，能防止反硝化作用导致的氨气逸失，并减少雨水淋溶和地表径流的影响；磷、钾肥深施有助于作物根系吸收。但在三要素肥料中，氮素最易在农田中流失，因此氮肥深施尤为重要。化肥深施的方法很多，如耕前作基肥、播种、移栽或生长期中进行开沟条施、穴施等。施肥深度一般在 6～10 cm，避免肥料暴露于地表。

一、化肥深施的作用

化肥深施效果较好，其主要作用如下。

1. 减少养分损失　大部分氮肥有一定的挥发性，或经过转化后具有挥发性（如尿素和含尿素的复合肥）。深施覆土，用较厚的土层把氮肥与大气隔开，既能防止挥发，又能增强土壤对氨的吸附，减少流失。氮肥深施后，使铵态氮处于与空气隔绝的状态下，可减少硝化和反硝化作用造成的氮素损失，因而能提高肥效。深施比表施能提高肥效 30% 以上。表施 1 kg 碳铵只增产 1.7 kg 粮食，浅施 5 cm 的增产 2.2 kg，深施 10 cm 增产 2.5 kg 粮食。

2. 有利于作物吸收养分　一般作物的根系主要分布在 5～15 cm 深度的土层中，所以氮肥深施 10 cm 左右，可和植株根系广泛接触，增加被吸收的机会；肥料在缺水的情况下，常呈固体状态，很难被作物吸收利用；深层土壤中水分含量高于表土，因而能提高肥效。

3. 肥效持久　氮肥深施比表层撒施的肥效延长 2～3 倍。氮肥表施肥效仅有 10～20 d，深施的肥效长达 30～60 d，而且供肥情况稳定，后劲足。因而可克服表施肥效期短与作物需肥期长的矛盾，避免后期脱肥早衰。耕层薄的土壤，经过深施肥后，可逐步把植株根系引向深层，长时间深施氮肥，可使土壤耕层加厚。

二、氮肥深施的方法

氮肥深施的方法因肥料品种、耕作方法、作物种类等条件的不同而有差别。目前有些企业也开发出了化肥深施的设备，但由于使用还不是很方便，未能普遍应用。氮肥常用的深施肥方法有以下几种。

1. 基肥深施　尿素和碳酸氢铵，在水田和旱田都可以作基肥深施，结合翻地起垄或耙地将肥料均匀地混合在耕层或埋在垄心里。此法保肥力强，肥效高，并简单易行。

2. 液体氮肥深施　把液体氮肥或尿素、硫酸铵等肥料的水溶液，用液体深层施肥器施到作物旁侧 10 cm 深处。

3. 追肥沟施或穴施　在生育中期深追氮肥有两种方法：一是结合中耕培土，追肥覆土，省工且效果好；二是刨根深追，随追肥随覆土。

第二节　水肥一体化

水肥一体化技术是将灌溉与施肥融为一体的农业新技术。水肥一体化是借助压力系统（或地形自然落差），将可溶性固体或液体肥料，按土壤养分含量和作物种类的需肥规律和特点，配兑成肥液，与灌溉水一起，通过可控管道系统供水、供肥，使水肥相融后，通过管道和滴头形成滴灌，均匀、定时、定量地浸润作物根系发育生长区域，使主要根系土壤始终保持疏松和适宜的含水量，同时根据不同的蔬菜的需肥特点、土壤环境和养分含量状况以及蔬菜不同生长期需水、需肥规律情况进行不同生育期的需求设计，将水分和养分定时、定量、按比例直接提供给作物。

一、主要特点

该项技术适宜于有固定水源，且水质好、符合微灌要求，并已建设或有条件建设微灌设施的区域推广应用。主要适用于设施农业栽培、果园栽培和棉花等大田经济作物栽培，以及经济效益较好的其他作物。

水肥一体化技术的优点是节水节肥、省时高效、肥效快、养分利用率高。可以避免肥料施在较干的表土层易引起的挥发损失、溶解慢、最终肥效发挥慢的问题；尤其避免了铵态和尿素态氮肥施在地表挥发损失的问题，既节约氮肥又有利于环境保护。所以水肥一体化技术使肥料的利用率大幅度提高。据华南农业大学张承林教授研究，灌溉施肥体系比常规施肥节省肥料 50%～70%；同时，大大降低了设施蔬菜和果园中因过量施肥而造成的水体污染问题。由于水肥一体化技术通过人为定量调控，满足作物在关键生育期养分需要，杜绝缺素症状，因而在生产上可达到作物的产量和品质均良好的目标。总之，水肥一体化技术是一项先进的节本增效的施肥技术，在有条件的农区只要前期的投资解决，又有技术力量支持，推广应用起来将成为助农增收的一项有效措施。

二、主要内容与技术要点

水肥一体化是一项综合技术，涉及农田灌溉、作物栽培和土壤耕作等多方面，其主要内容与技术要点为以下 4 方面。

（一）滴灌、喷灌或渗灌等微灌系统

在设计方面，要根据地形、田块、单元、土壤质地、作物种植

方式、水源特点等基本情况，设计管道系统的埋设（架设）深度（高度）、长度、灌区面积等。水肥一体化的灌水方式可采用管道灌溉、喷灌、膜下喷灌、微喷灌、泵加压滴灌、重力滴灌、渗灌、小管出流等。特别忌用大水漫灌，这容易造成氮素损失，同时也降低水分利用率。

（二）施肥系统

在田间要设计定量施肥，包括蓄水池和混肥池的位置、容量、出口、施肥管道、分配器阀门、水泵肥泵等，为避免灌溉系统堵塞，通常在进水口和肥水入口设置过渡系统。

目前最为简易的是采用文丘里管作为肥水混合器，利用灌溉管道流水的负压，通过文丘里管产生虹吸作用，把肥料罐（或缸、筒等容器）内的肥料吸入灌溉管道，与灌溉水混合成浓度合适的肥水，灌施作物。还有农户根据实际情况，在灌溉的潜水泵吸水口焊接一个肥料入口管子，在灌溉时，利用灌溉泵的吸力，同时把灌溉水和肥料吸入灌溉管道，这种方式更为简易，但缺点是肥料浓度较难控制，要有实际操作经验，使得肥水达到合适浓度，既不会过高烧苗，又不会太低而降低肥效。

还有较专业的肥水混合设备如泵注式施肥器、旁通施肥器、重力自压式施肥罐、比例施肥泵、精准施肥机等。

（三）肥料种类

可选液态或固态肥料，如氨水、尿素、硫铵、硝铵、磷酸一铵、磷酸二铵、氯化钾、硫酸钾、硝酸钾、硝酸钙、硫酸镁等肥料；固态以粉状或小块状为首选，要求水溶性强、含杂质少，一般不用颗粒状复合肥；如果用沼液或腐殖酸液肥，必须过滤，以免堵塞管道。一般水不溶物小于 0.1％可用于较精细的滴渗灌系统，水不溶物小于 0.5％可用于喷灌系统，水不溶物小于 5％的可用于冲施、淋施、浇施或膜下喷灌等管道与出水较粗的灌溉系统。

（四）灌溉施肥的操作

1. 肥料溶解与混匀　施用液态肥料时不需要搅动或混合，一般固态肥料需要与水混合搅拌成液肥，必要时分离，避免出现沉淀等问题。

2. 施肥量控制　施肥时要掌握剂量，注入肥液的适宜浓度大约为灌溉流量的 0.1％。例如，每 667 m^2 灌溉流量为 50 m^3，注入肥液大约为 50 L；过量施用可能会使作物致死以及环境污染。

3. 灌溉施肥的程序　分 3 个阶段：第一阶段，灌溉不含肥的水湿润较干的土壤；第二阶段，施用肥料溶液灌溉；第三阶段，用不含肥的水清洗灌溉系统。

三、使用效果

使用水肥一体化可以省肥节水、省工省力、降低湿度、减轻病害、增产高效。

1. 水、肥均衡　传统的浇水和追肥方式，容易造成养分和水分过量或不足，不能均匀地进行水分和养分吸收。而采用滴灌，可以根据作物需水需肥规律随时供给，保证作物养分及时供应。

2. 省工省时　传统的沟灌、施肥费工费时，非常麻烦。而使用滴灌，只需打开阀门，合上电闸，省工省时。

3. 节水省肥　滴灌水肥一体化，直接把作物所需要的肥料随水均匀的输送到植株的根部，大幅度地提高了肥料的利用率，可减少 50％的肥料用量，水量也只有沟灌的 30％～40％。

4. 减轻病害　大棚内作物很多病害是土传病害，随流水传播。如辣椒疫病、番茄枯萎病等，采用滴灌可以直接有效地控制土传病害的发生。滴灌能降低棚内的湿度，减轻病害的发生。

5. 控温调湿　冬季使用滴灌能控制浇水量，降低湿度，提高地温。传统沟灌会造成土壤板结、通透性差，作物根系处于缺氧状态，造成沤根现象，而使用滴灌则避免了因浇水过大而引起的作物沤根、黄叶等问题。

6. 增加产量，改善品质，提高经济效益　每 667 m^2 滴灌的工程投资（包括管路、施肥池、动力设备等）约为 1 000 元，可以使用 5 年左右，每年节省的肥料和农药至少为 700 元，增产幅度可达 30% 以上。

第三节　叶面施肥

一、水溶性肥料特点

植物主要通过根系吸收养分，但也可通过叶片吸收少量养分，一般不超过植物吸收养分总量的 5%。叶片吸收的肥料应是完全水溶性的。喷施浓度也要受到一定的限制。肥料的喷施浓度一般不得超过 0.5%。但硝酸钾肥料的喷施浓度可以达到 1%，因为硝酸钾中氮钾比为 1∶3，这恰好是植物吸收这两种元素的最佳比例。

因为根部比叶部有更大更完善的吸收系统，对量大的营养元素如氮、磷、钾等，据测定要 10 次以上叶面施肥才能达到根部吸收养分的总量。因此叶面施肥不能完全替代作物的根部施肥，可作为根部施肥的辅助方法。叶面喷施肥料比根部施肥到达植物体内速度快、养分利用更直接，可以在其他施肥方式不允许的情况下和一些特定的情况下及时为植物补充所需的养分，如在作物生长时根部受伤吸收能力差、作物受伤害影响急需补充养分、作物后期为提高品质补充见效快的养分等条件下使用。

二、叶面施肥品种

叶面喷施肥料品种包括大量元素氮、磷、钾、中量元素钙、镁、硫和微量元素铁、锌、锰、硼、铜、钼。氮应以硝态氮为主，以铵态氮和尿素态氮为辅。铁、锌、锰和铜宜使用螯合态的，就可以与磷一起施用，同时也避免相互之间发生拮抗作用。钙、镁不要和磷一起喷施，以免出现不溶性沉淀。每次喷肥最好喷施最接近所需量的肥料品种，这样既能全面补充营养，又能节省工时。

三、叶面施肥方法

叶面喷施肥料应当在清晨或傍晚进行，可以避免烧叶、烧苗。养分可以与农药一起喷施，尤其是硝酸钾，与大多数农药混合喷用可以提高农药的药效。但在初次混用还没有经验时，应先在小容器中按比例混配，然后喷施在少数几株作物上，待 1～2 d 不出现药害时，才能大面积施用。

为提高叶面施肥效果，要把握好"五最佳"技术要点。

1. 最佳浓度　喷施水溶性肥料把握最佳浓度，可达到事半功倍的效果。浓度过高，易发生肥害或毒素症；浓度过低，达不到施肥的目的。常用肥料最佳浓度为：尿素 0.5%～1%，磷酸二铵 0.2%～1%，氯化钙 0.3%～0.5%，硫酸锌 0.2%～0.5%。

2. 最佳时期　一般蔬菜苗期、始花期或中后期等需肥关键期是叶面喷施的最佳时期。选择阴天或晴天的早晨或傍晚喷施，效果较好，应避免在烈日高照时喷施，雨后应及时补喷。

3. 最佳用量　每 667 m^2 喷施 50～60 kg 肥液，施用时应尽量提高喷雾器的雾化程度，全株喷施，新生叶片及叶面的背后不能漏喷。一般蔬菜在整个生长期喷施 2～4 次为宜。

4. 最佳部位　叶面追肥效果的好坏与喷施元素在植株体内移动的速度有关，移动性较强的元素有氮、磷、钾、钠等，全部能移动但移动性不强的元素有磷、硫等，部分移动的元素有铁、铜、锰、钼等。不能移动或移动性小的元素肥料溶液喷在新叶上效果较好。

5. 最佳混喷　各种水溶性肥料之间混合喷施或肥料和农药混喷，能起到一喷多效的作用，但混喷时应先弄清肥料的性质和农药的性质。如性质相反，决不可混合喷施。配制混合溶液时，一定要搅拌均匀，现配现用，一般先把一种肥料配制成水溶液，再把其他肥料按用量直接加入配制好的肥料溶液中，溶液摇匀后再喷施。

第四节　缓释肥料

一、缓释肥特点

缓释肥（Slow Release Fertilizers，SRFs），又称为长效肥料，主要指施入土壤后转变为植物有效养分的速度比普通肥料缓慢的肥料。缓释肥释放速率、方式和持续时间受施肥方式和环境条件的影响较大，但是相对于速效肥，有以下一些优点：在水中的溶解度小，营养元素在土壤中释放缓慢，减少了营养元素的损失；肥效长期、稳定，能源源不断地供给植物在整个生产期对养分的需求；由于肥料释放缓慢，一次大量施用不会导致土壤盐分过高而"烧苗"；减少了施肥的数量和次数，节约成本。

二、缓释肥应用概况

缓释肥料始创于20世纪60年代中期的美国，随后加拿大、英国、日本、以色列等国家缓释肥产品相继问世，尽管缓释肥应用面还不是很广，但其产量呈上升趋势。从世界生产缓释肥料的现状看，已实现工业化生产的缓释肥料有脲甲醛、聚合物包膜尿素和硫包膜尿素。我国虽然是施肥大国，但缓释肥料的研究却相对较晚。2000年以来，我国缓释肥研究取得了突破性进展，通过高分子包膜、脲酶抑制剂、异粒变速控释肥等技术，缓释肥开始进入推广应用阶段。

据联合国粮农组织（FAO）有关统计资料，近10多年来化肥对农作物总产量增长的贡献率在30％以上。据全国化肥网试验结果，我国化肥对粮食生产的贡献率在40％左右。我国以占世界7％的耕地养育了占世界22％的人口，其中化肥起到了举足轻重的作用。但是高量施肥造成常规化学肥料的利用率低，尤其是常规肥料流失易对环境带来的污染问题日益引起公众的关注。目前，我国氮、磷、钾化肥利用率比发达国家低 10％～15％。因此，提高化肥利用率、减少因施肥而造成的污染、发展可持续高效农业已成为社会共同关注的问题。当前建设环境友好型和资源节约型社会是我国的基本国策，节能减排是重要途径，农业生产更是如此。环境友好和资源高效更是上海都市型现代农业生产的首要目标。

三、缓释肥的作用

通过科学施肥或改造肥料等手段，降低施肥强度、省肥省工、提高肥料利用率和减少肥料损失是新型肥料发展的方向之一。缓释肥料能提高肥料的利用率、减少肥料流失，是解决这一系列问题的重要方法。缓释肥料能够控制或延缓肥料的释放时间和释放量，是与作物的需求相协调的新型肥料。通过不同作物缓释肥料的相应施用技术，提高其生产作用。

1. 减少施肥次数，降低施肥强度和用工　缓释肥养分释放缓慢，延长了供肥时间，有利于一次施肥、长期供肥，减少施肥次数，有利于节本增效。

2. 提高肥料利用率，减少环境污染，促进农业清洁生产和可持续发展　新型肥料研制的着眼点是实现对肥料养分释放的调控，通过改变肥料的种类、剂型，将复杂的施肥过程，部分或全部完成在肥料工厂里，缓释肥即实现了这一过程。缓释肥可根据作物、气候、土壤情况调整肥料养分释放形态和速度，使肥料养分释放速度与作物养分吸收相吻合，有利于作物生长、减少肥料浪费，提高肥料利用率，并且可一次性施肥，实现环境友好、资源高效和增产增收的多重目标。

3. 节能减排、低碳生产、保护生态环境　我国耕地面积占世界的 7％，却用了世界近 30％的化肥，平均单位面积施用化肥量是世界平均值的 3 倍多。肥料制造又是高能耗产业，据统计，生产 1 t 合成氨，平均工艺综合能耗为 1.8 t 标准煤。施用缓释肥料，肥料利用率普遍可提高 3%以上，总施肥量可减少 10%，大大降低肥料制造业的总能耗。

4. 符合现代农业和新农村发展的要求　随着社会经济的发展，农村劳动力出现不足，老龄化日趋严重，农业生产迫切要求减轻劳动力投入且易于机械化的简化、高产、高效的种植模式，利用缓释肥可以实现一次施肥的目的，省工省力，节约劳动力和成本，促进农民增收。

5. 根据作物需肥规律将养分释放与之吻合，可以满足作物全程对养分的需求　以往的"一炮轰"追肥方式已经满足不了高产的需要，过去的传统施肥方式需要改变。在作物生长过程中，一般苗期需肥量少，生长中期为需肥高峰期，而缓释肥则可以解决需肥高峰期的问题，促进作物养分合理吸收。

四、缓释肥的简单判别方法

缓释肥需满足以下条件：在 25 ℃下，肥料中的养分在 24h 内的释放率（即肥料的化学物质形态转变为植物可利用的有效形态）不超过 15%；在 28d 之内的养分释放率不超过 75%；在规定时间内，养分释放率不低于 75%；专用控释肥的养分释放曲线与相应作物的养分吸收曲线相吻合。

第五节　测土配方施肥

一、测土配方施肥技术的概念、内容与作用

（一）概念

测土配方施肥来源于"测土施肥"和"配方施肥"。测土施肥是根据土壤中不同的养分含量和作物吸收量来确定施肥量的一种方法。配方施肥是在土壤养分测定的基础上，根据大量的田间试验，获得肥料效应函数等配方方法。所以，配方施肥和测土施肥都是一

个目的，只是侧重面有所差异，人们将其概括称为测土配方施肥。

测土配方施肥（soil testing and formulated fertilization）是以土壤测试和肥料田间试验为基础，根据作物需肥规律、土壤供肥性能和肥料效应，在合理施用有机肥料的基础上，提出氮、磷、钾及中、微量元素等肥料的施用品种、数量、施肥时期和施用方法。

（二）内容

测土配方施肥主要内容包括"测、配、产、供、施"5个技术环节。

（1）测　即按特定要求采集土壤样品，测定土壤养分含量。

（2）配　通过对土壤的养分诊断，按照作物需要的营养，根据田间肥效试验及专家意见"开出配方，按方配肥"。

（3）产　按特定的作物配方，生产出不同种类的配方肥料。配方肥料以土壤测试、肥料田间试验为基础，根据作物需肥规律、土壤供肥性能和肥料效应，用各种单质肥料和（或）复混肥料为原料，配制成的适合于特定区域、特定作物品种的肥料。

（4）供　通过示范应用，供应广大农户使用配方肥料。

（5）施　合理施肥，是在农业科技人员指导下科学施用配方肥。

通过测土配方施肥可以达到以地定产、以产定肥的目标。以地定产是根据土壤肥力采用公式法确定目标产量；以产定氮是根据目标产量确定施氮量。计算公式为：

$$施氮量 = \frac{作物单位含氮量 \times （目标产量 - 空白田产量）}{氮肥利用率}$$

以氮配磷，不同作物、不同土壤条件下，氮、磷之间存在最佳施用比例；补钾配微，根据不同作物喜肥规律补施钾肥和微肥。

（三）测土配方施肥的作用

测土配方施肥不仅直接表现在农作物增产效应上，而且可提高土壤肥力，消除土壤养分障碍因子等。在实施过程中，强调以有机肥为基础，做到用地与养地相结合，长期稳定和提高土壤肥力，保持土壤基础地力。主要作用有：减轻农作物病害，提高产量；减少浪费、节约成本；减少环境污染，保护生态环境；改善农产品品质；培肥土壤，改善土壤肥力；缓解化肥供求矛盾，减轻资源与能源压力。

二、测土配方施肥的方法

理论上分为 4 类 8 法，在实践中是根据各类方法综合考虑，结合生产实际，经专家评判后得出最后的养分配比。

（一）地力分区（级）配方法

利用土壤普查、耕地地力调查和当地田间试验资料，把土壤肥力按高低分成若干等级，或划出一个肥力均等的田片，作为一个配方区，再应用资料和田间试验成果，结合当地的实践经验，估算出这一配方区内比较合适的肥料种类和施用量。地力分区（级）配方法特点：针对性强，提出的用量和措施接近当地经验，易于接受，推广阻力小。地区局限性大，经验型比重大，适用于生产水平小、基础较差的区域。

（二）目标产量法

1. 养分平衡法　斯坦福（Stanford）公式为：

应供养分量＝作物吸收养分量－土壤提供养分量

能反映土壤供肥、作物需肥与施肥之间的逻辑关系，在最初的施肥实践中应用较多，但考虑不全面，以后经过改进形成地力差减法。

2. 地力差减法　利用校正的斯坦福公式为：

$$\frac{作物单位}{产量供肥量}=\frac{作物单位产量养分吸收量×（目标田产量－空白田产量）}{肥料养分含量×肥料当季利用率}$$

作物所需养分，一方面来自土壤，另一方面来自肥料，因此根据实现作物目标产量所需养分量与土壤供应养分量之差作为施肥补充养分的依据。主要施肥参数包括目标产量、单位产量的养分吸收量、土壤供应养分量（供肥量）等。

以地定产是根据土壤肥力水平确定目标产量。基于作物产量的形成主要依靠土壤养分，即使在施肥与栽培管理处于最佳状态下，作物吸收的全部养分中有55%～75%来自土壤，肥料养分的贡献仅占25%～45%。土壤肥力水平越高，土壤养分效应越大，肥料养分效应越小。因此，把作物从土壤中获取养分的程度作为依存率（相对产量），计算公式为：

$$依存率 = \frac{无肥区产量}{全肥区产量} \times 100\%$$

根据作物对养分吸收的规律，测定作物中养分的含量，按照作物目标产量乘以作物的养分含量。土壤供肥量是指作物能从土壤中获得的养分数量。确定土壤供肥量的方法有以下两种。

（1）田间试验法 在代表性土壤上，设置5个肥料处理的田间试验，分别测定土壤供氮量、供磷量和供钾量。例如，要测定土壤供氮量，由于磷或钾因子的限制，土壤中的氮素不能得到充分利用，会导致土壤供氮量结果偏低；所以必须消除可能存在的最小因子磷或钾的影响，故应以施足磷、钾的小区与PK区（即缺氮区）的产量差来计算土壤供氮量；同样，以NP区（即缺钾区）产量计算供钾量，以NK区（即缺磷区）产量计算供磷量。

（2）测土法 是利用土壤有效养分测定值计算土壤养分供应量。按照一定的化学方法测定的土壤养分指标，由于不同种类作物和同类作物的不同品种养分吸收能力有一定差异，因此用化学方法测定的土壤养分含量指标与作物实际吸收量有一定差距，需要采用校正系数（即土壤养分利用系数）对土壤有效养分测定值进行校正。同时结合肥料利用率计算肥料用量。肥料利用率为当季作物从所施肥料中吸收的养分量占施入养分总量的百分数。影响肥料利用率因素包括肥料品种、作物种类、土壤状况、栽培管理以及气候条件、施肥数量、施肥方法及施肥时期等。肥料利用率变化较大，一般氮、钾肥利用率较高，在 30%～60%，磷肥当季利用率较低在 10%～20%，但有较高的残效，累计利用率也可达到 30%～60%。

（三）田间试验法

1. 肥料效应函数法 单因素、二因素和多因素试验，得出肥料效应函数方程，计算出最佳施肥量。优点是实践性较强，可以根据土壤与栽培实际，直接得出合适的施肥量；但缺点是针对性太强，对其他不同肥力土壤的应用效果难以直接评判。

2. 养分丰缺指标法 利用土壤缺素区的相对产量进行土壤养分划分，得出土壤各个养分的丰缺指标。具体步骤如下。

（1）选定本地区主要土壤类型的田块，采集基础土壤样品，并进行多点试验。

（2）设置全肥、缺肥（无氮、无磷、无钾）4 个处理的小区试验，成熟期准确计产。

（3）对基础土壤进行有效养分的测定，得到各田块的土壤养分测定值。

（4）各计算缺素区产量占全肥区产量的比例为相对产量，公式为：

$$相对产量 = \frac{无氮（无磷、无钾）产量}{全肥区产量} \times 100\%$$

（5）以相对产量为纵坐标，有效养分测定值为横坐标绘制散点图，并进行回归分析，得到土壤测定值 X 与相对产量 Y 的回归曲线—校验曲线。

（6）根据土壤养分丰缺指标的分级水平，划分土壤肥力指标。可采用三级或五级分类制。

① 三级制。相对产量≥95%对应的土壤测定值的肥力指标为"高"，相对产量在 75%～95%对应的土壤测定值的肥力指标为"中"，相对产量在 50%～75%对应的土壤测定值的肥力指标为"低"。

② 五级制。相对产量≥95%对应的土壤测定值为的肥力指标

"极高"，相对产量在 90%～95% 对应的土壤测定值的肥力指标为"高"，相对产量在 70%～90% 对应的土壤测定值的肥力指标为"中"，相对产量在 50%～70% 对应的土壤测定值的肥力指标为"低"，相对产量<50% 对应的土壤测定值的肥力指标为"极低"。

上述五级肥力指标相对应的作物对肥料的反应为："极高"——施肥几乎不增产，增产幅度在 5% 以下；"高"——施肥增产不显著，施肥增产幅度在 5%～10%；"中"——不施肥可能减产，施肥增产幅度 10%～30%；"低"——不施肥减产，减产幅度大于 30%～50%；"极低"——不施肥减产幅度大于 50%。

由于土壤有效养分丰缺与作物需求有关，不同作物对养分的需求不同，有效养分的分级也不同。因此，一套土壤有效养分分级指标只针对一种指定作物。

（四）氮、磷钾比例法

利用作物不同产量下各养分间的比例，根据某一养分的施用量，再按比例确定其他养分施用量。

（五）其他方法

实际应用中，使用较多的测土配方施肥主要有测土施肥法、肥效效应函数法和作物营养诊断法 3 种。

1. 测土施肥法　测土施肥法是在土壤肥力化学基础上发展起来的配方施肥技术。是以测定土壤有效养分含量为依据，在播前确定施用肥料的种类和与产量相适应的经济合理施肥量的方法。通过土壤有效养分的测定，判定具体田块的土壤养分的丰缺状况，按高低分成若干等级，估算出该田块比较适宜的肥料种类和施用量。

2. 肥料效应函数法　肥料效应函数法是建立在肥料田间试验和生物统计基础上的方法。

将农作物产量视为肥料的生产函数。通过简单的对比，或应用正交、回归等试验设计，进行多点田间试验，从而选出最优的处理或直接计算出施肥量。如设置一元、二元或多元肥料效应的田间试验，配置产量与施肥量的回归方程，然后计算最高产量施肥量、最佳产量施肥量、最大利润施肥量等配方参数。同时还可开发出肥料间的交互效应和肥料边际代替率等重要信息。

3. 作物营养诊断法　植物营养诊断法是建立在植物营养化学基础上的施肥技术。判断土壤养分的丰缺状况最准确的指标是作物本身的反应。以植株组织的速测和全量养分临界值诊断技术指标作为施肥的依据。我国在此方法上已经积累了丰富的经验，尤其是南方应用比较普遍。

以上方法在实际应用中肥料效应函数法、目标产量法、土壤丰缺指标法应用最多，但通常是几种方法综合考虑，提出一个最佳施肥方案。

第五章
主要作物施肥技术

第一节 单季晚稻施肥技术

一、单季晚稻的营养特性

（一）单季晚稻必需的营养元素

单季晚稻正常生长发育所必需的营养元素除了与其他植物相同的碳、氢、氧、氮、磷、钾、钙、镁、硫、铁、锌、锰、铜、硼、钼、氯之外，还有硅。碳、氢、氧在植物体组成中占绝大多数，是水稻淀粉、脂肪、有机酸、纤维素的主要成分。这 3 个元素虽然需要量大，但它们来自水和空气中的二氧化碳，在大田水稻生长中一般不会缺乏，单季晚稻生产中虽然也要调节土壤的水气状况，但并不是把它当肥料技术应用。除了这 3 个元素以外的其他营养元素都需由土壤来供给，如果某些元素土壤缺乏或供应不足，就要以施肥来补充。

单季晚稻对氮素营养十分敏感，是决定产量最重要的因素，在一生中体内具有较高的氮素浓度，这是单季晚稻高产所需要的营养生理特性。在上海地区，即使是肥沃的土壤，要获得单季晚稻较高的产量都得施用氮素肥料。单季晚稻对磷的吸收量远比氮素低，平均不及氮量的一半，但也是高产稻田需要施用的肥料养分。钾在单季晚稻植株体内的含量比氮要高一半以上，收获物带走的土壤钾素量很大，上海土壤的供钾能力已难能满足单季晚稻高产钾素需要量，钾肥的使用已越来越受到重视。

（二）硅元素在单季晚稻生长中的作用

单季晚稻植株体内的硅含量很高，尽管硅是否为植物必需营养元素的说法历来有所争论，但近代研究证实硅是水稻必需的营养元素。硅对水稻生长及高产有重要作用。

（1）硅是水稻植物体组成的重要营养元素，单季晚稻是典型的需硅农作物，生产 100 kg 稻谷约需 7 kg 硅（Si）元素，比需要氮、磷、钾元素的总和还多。

（2）硅素养分有利于提高叶绿素含量，增强光合作用，促进单季晚稻有机物质的积累。

（3）单季晚稻根部所吸收的硅随蒸腾上移，水分从叶面蒸发，而大部分硅却积累于表皮细胞的角质内，可在体内形成硅化细胞，使茎叶表层细胞壁加厚，角质层增加，形成一个坚固的保护层，使昆虫不易咬动、病菌难以入侵。所以，硅素养分可以提高单季晚稻对病虫害的抵抗力，减少各种病虫害的发生。

（4）硅素养分形成的硅质化细胞，能有效调节叶片气孔开闭和抑制水分蒸腾，增强作物的抗旱、抗干热风、抗寒及抗低温等抗逆能力。

（5）硅素养分能增加单季晚稻茎秆的机械强度，令茎秆挺直，这样不但田间通风透光性好，提高水稻叶面的光合作用，而且植株抗倒能力提高。

（6）硅素养分能使作物体内通气性增强，提高根系的氧化能力，能使可溶性的二价铁或锰在根表面氧化沉积，不至于因过量吸收而中毒，所以可预防根系腐烂和早衰，对减少烂根病和防止水稻根倒都有一定作用。

（7）硅素养分硅肥能减少磷肥在土壤中的固定，活化土壤中的磷并促进根系对磷的吸收，提高磷肥的利用率。

（8）硅素养分对单季晚稻提早成熟也有一定作用。

（三）单季晚稻某些营养元素缺乏症状

上海单季晚稻施用的化肥养分以氮为主，大部分配施磷、钾化肥，极少施用其他养分化肥。其他养分长期得不到补充，随着农作物产出量的提高，土壤中的这些养分越来越少。在有机肥料使用不足的情况下，某些营养元素就有可能不能满足水稻生长所需，在生长过程中出现某种养分元素缺乏的特有症状。从土壤养分调查的结果分析，目前郊区已有一部分土壤的有效硅、有效锌、有效镁含量较低，存在缺乏的风险，需要重点关注的营养元素有以下几个。

1. 硅缺乏症状　养分不足时，水稻生长受阻，根与地上部分都较短矮，植株发育不良，分蘖少。叶片下披，茎秆柔软不挺拔，植株容易倒伏。茎叶多发褐斑病、胡麻叶斑病、稻瘟病。抽穗迟、穗子小、瘪粒多、粒重轻，谷壳有褐色斑点。

2. 锌缺乏症状　水稻对锌营养比较敏感，一旦锌素供应不足就会影响生长素的合成，生长变得缓慢，植株矮小，叶片少；幼叶叶片的脉间失绿，失绿部位最早是浅绿色，而后发展为黄色，甚至白色，在沿江、沿海地区偏沙性土壤可能存在部分缺锌的现象。

3. 镁缺乏症状　镁元素在植株体内较易移动，容易从老器官向新组织转移。水稻缺镁症状首先发生在下部老叶上，叶片的基部有叶绿素积累，其余部分黄化，呈串株状失绿或条纹状褪色，叶尖出现坏死斑点。水稻开花明显受到抑制，穗小谷粒少，严重减产。

二、单季晚稻不同生育阶段对养分的吸收

单季晚稻从播种出苗逐渐成长直到成熟，整个生育周期可分为生育前期、生育中期和生育后期，各时期的营养供求关系和对养分的需求都是不一样的，因此，要在各生育期为它创造良好生育环境，满足它对养分的需求，最终达到高产、优质并取得更高的经济效益。

（一）单季晚稻生育前期需肥特性

从播种出苗直到分蘖终止这一段时期为生育前期。这个时期是水稻形成根、茎、叶的时期，也称为营养生长期。其中，从种子萌发至

长出第三张叶片时，可以依靠种子自身胚和胚乳中的营养物质发芽、生根、长叶而长成幼苗。从 3 叶期开始，植株就要从自养进入异养，必须利用根系从土壤中吸取营养，供给幼苗继续生长进入分蘖期。

水稻分蘖期对养分供应的要求是速度快、数量多。因为这时不但主茎自身生长需要养分，还要有更多的养分才可能向分蘖转运。养分供应不足就影响分蘖，养分供应不及时，分蘖延迟或消亡。有研究测定表明，叶片含氮量达 3.5% 时，分蘖旺盛；当叶片含氮量降低到 2.5% 时，分蘖不再增加；在叶片含氮量减少到 1.6% 时，分蘖不仅停止，而且还要逐渐消亡。

分蘖能否继续进行直至成穗，这与养分供给密切相关。分蘖从出生至长出 3 张叶片时，其根系能独立从土壤中吸收养分，自己有相当大的叶面积，能进行光合作用，制造同化物质供给自身生长和发育，才能最后形成有效分蘖。按照叶片与分蘖的同伸关系，分蘖必须在主茎拔节前 15 d 左右分生出来，才能在主茎拔节前长出 3 张叶片，在养分充足供给的情况下形成有效穗。对分蘖供应养分，以主茎拔节时间为界限，在此之前，分蘖出生越早，在主茎拔节前长出的叶片越多，其根系越发达，独立吸收营养的能力越强，成穗率越高，穗子也越大。所以，积极促进早生快发、争取更多的低位分蘖成穗是提高有效分蘖率、保证单位面积达到足够有效穗数的关键。

在营养生长期，单季晚稻的叶、蘖、茎等营养器官迅速生长，是水稻一生中氮素营养要求最多、氮代谢最旺盛时期，氮的吸收量约占全生育期总量的一半。可见供给足够的氮素营养是非常重要的。氮代谢的旺盛，必然要有较多的磷、钾配合，唯此才能增强光合作用和物质运转，充分发挥氮的作用，对促进有效分蘖有良好的效果。所以，这一时期对各种养分的需求都是很多的，应该在施足基肥的基础上追施分蘖所需的速效性肥料。

（二）单季晚稻生育中期需肥特性

生产中将水稻分蘖停止到幼穗形成期划分为生育中期。这一时期既有无效分蘖的营养生长，同时也开始了生殖生长形成幼穗，是水稻生育全过程中承前启后的关键时期。

水稻幼穗的形成和发育需要相当多的糖及淀粉等用于建成稻穗骨架、穗轴、枝梗和颖花，同时，还需要相当多的蛋白质、核酸用于建成花器官。充足的氮素供应可以增加叶片叶绿素和蛋白质的含量，以增强光合作用，产生更多的糖类物质以建构稻穗。充足的磷素供应可以增加水稻幼穗（尤其是花器官）中核酸的含量，以利于花粉母细胞形成和花粉母细胞减数分裂的正常进行。这一时期水稻器官生长迅速、生命活动旺盛，大量营养物质合成和繁忙的物质运输都要求有足量的钾素营养来保障。

水稻幼穗发育过程中，枝梗和颖花分化、花粉母细胞的减数分裂多要依靠穗获得足够营养物质才能完成。幼穗形成期，如养分供应不足，穗部营养物质积累不多，则此时只有先发育的枝梗和颖花具有生理优势，可获得较多的营养物质继续生长发育生成稻谷；而迟发育的颖花处于弱势，往往因为得不到足够的营养物质、花粉发育不良，发生颖花退化以至成为空瘪粒。

稻穗的形成和发育需要相当数量的有机营养物质和矿质营养元素，产量越高需要量越多。在水稻幼穗形成过程中缺乏矿质元素会阻碍碳水化合物、蛋白质、核酸及其他有机营养物质的形成，就会影响稻穗形成和发育。

在单季晚稻生育中期施肥，保障矿质营养元素供应是必须的。但要注意，这一时期营养生长与生殖生长重叠，施肥量一定要适当。如果施肥数量不足，不但会影响幼穗的生长发育以至穗小粒少；还可能会影响早生分蘖进一步生长发育成穗，以至不能保证单位面积上有足够的有效穗数。生育中期缺肥，还要影响茎秆长粗和节间形成，细弱的茎秆会直接影响养分输送，对后期营养物质的库、源流畅产生阻碍。如果肥料尤其是氮肥施得过多，会有以下弊端：水稻营养生长过旺，封行过早，田间早期郁闭；水稻群体结构失调，植株徒长，叶片和基部节间拉长，为中后期发生倒伏埋下隐患；水稻植株生长柔嫩软弱，植株体内游离态氮积累过多，不能充分转化成淀粉贮藏起来，容易遭到病虫侵袭。生育中期施肥过量，容易使水稻营养生长期延长，从而推迟由营养生长向生殖生长转换的时间，这就必然会造成水稻贪青晚熟，不仅影响产量，而且还会直接使稻米品质下降。

（三）单季晚稻生育后期需肥特性

生产中将单季晚稻进入幼穗形成期后划为生育后期。这一时期的水稻生长以生殖生长为中心，包括孕穗、抽穗、扬花、结实灌浆至成熟。

水稻孕穗期是农民称为"做肚"的时期，对养分敏感，供应量必须要满足要求，一旦缺肥，就会发生颖花退化穗粒数减少。但施肥过量，也会引起穗颈稻瘟病的发生。

水稻抽穗扬花期也需要有充足的养分才有籽粒饱满的稻谷，但由于此时水稻已经形成了较为庞大的植株群体，地下根系更加发达，具有更强的从土壤中吸收养分的能力，在土壤养分浓度不是很低的情况下，不用施肥也可以满足水稻抽穗扬花期对养分的需要。

水稻抽穗扬花后就进入结实灌浆期，灌浆物质主要来源于上部的 2 张叶片，也有一部分是由茎秆同化产物运转而来。上部第三张叶片的同化产物基本上不流出，以维持自身的生命活动所需。延长水稻冠层上部 3 张叶片的寿命，以提高它们的光合能力，增加同化产物供应稻穗和充实籽粒灌浆，其关键在于成熟期间维持水稻植株体内较高的营养水平。所以在水稻抽穗后如有脱肥现象，还是需要施肥。齐穗期施氮肥对碳水化合物、蛋白质含量的提高有促进作用。而氮、磷、钾三者配合施用，对籽粒中总氮、蛋白质、水溶性糖、淀粉和总碳水化合物的增加更为有益。

三、单季晚稻施肥量的确定

确定施肥数量是制订施肥方案的首要工作。科学合理的施肥量，既要满足农作物生长的营养需求，最大限度地减少养分浪费，取得最大的增产效果和经济效益；既使农产品品质得到改善又不造成土壤肥力退化，并避免对环境产生污染。

（一）氮肥施用量的确定

氮是各种营养元素中的主导元素，氮肥是单季晚稻生产施用最多、增产效果最好的肥料。近年来的田间试验中，氮化肥的增产率大多可达 40％以上；在氮、磷、钾化肥的增产中，氮化肥的增产份额要占到 85％。氮肥的用量对产量的影响又比较敏感，施少了增产效果差，施多了也不行，过量的氮肥往往导致水稻减产。怎样确定合理的氮肥用量，合乎逻辑的分析是，将单季晚稻达到目标产量时所吸收的氮量，扣除来自土壤（包括水等）的部分，剩余的就都需要由施氮肥来供给。这种基于养分平衡原理建立起来的计算公式为：

$$\frac{每\,667\,m^2}{施肥量(kg)} = \frac{每\,667\,m^2\,目标产量所需养分总量(kg) - 每\,667\,m^2\,土壤供肥量(kg)}{肥料中养分含量(\%) \times 肥料当季利用率\,(\%)}$$

这是计算农作物施肥量最经典的公式，以此公式计算施肥量的方法称为养分平衡法，亦称目标产量法。公式的 4 个参数中，目标产量可根据当地以往几年中，正常年景的平均单产再加一定的年递增率来确定；肥料中养分含量一般可参照其商品标明量；其余参数需要通过田间试验和植株分析资料来计算。从 20 世纪 80 年代第二次土壤普查时，上海郊区就开始了较多的单季晚稻田间试验和植株分析，但按照此公式计算的氮肥用量，很难在生产实践中取得满意的效果，那时推广单季晚稻配方施肥也并未"以产定氮"。近几年田间试验技术进步，测试设备及能力提高，积累的单季晚稻田间试验和植株分析资料更丰富精细。现以 2006—2009 年分布各区县的 158 个以"3414"设计的田间试验资料为依据，来测算公式中的参数。

土壤供氮量以无氮区，亦即"3414"的 2 处理（$N_0P_2K_2$）中单季晚稻每 667 m^2 所吸收的氮量，作为土壤供氮量，其计算公式为：

每 667 m^2 土壤供 N 量（kg）＝每 667 m^2 稻谷产量（kg）×稻

谷含 N 率（％）＋每 667 m² 茎叶产量（kg）×茎叶含 N 率（％）

无氮区单季晚稻吸收氮量的计算资料如表 5－1 所示。

表 5－1　每 667 m² 单季晚稻吸氮量的计算（$n=158$）

项　　目	籽粒		茎叶		氮吸收量	
	每 667 m² 产量	含 N	每 667 m² 产量	含 N	每 667 m² 吸收	产 100 kg 籽粒
平均值	399.0 kg	1.03 ％	426.5 kg	0.54 ％	6.41 kg	1.60 kg
最小值	210.5 kg	0.56 ％	220.6 kg	0.17 ％	2.63 kg	0.97 kg
最大值	598.4 kg	1.40 ％	597.3 kg	1.02 ％	11.06 kg	2.39 kg
标准偏差	73.1	0.15	77.6	0.15	1.63	0.28
变异系数（％）	18.3	14.5	18.2	28.3	25.5	17.3

从表 5－1 中可看出不同试验点间无氮区单季晚稻的生物产量、含氮率、单位面积吸收氮量的差异都很大，土壤每 667 m² 供氮量大多在 4～8 kg，供氮最少与最多的点可相差 8 kg 以上。在不同年份之间土壤供氮量差异也不小，统计 2006—2007 年的 54 个试验点，每 667 m² 供氮的平均值为（6.20±1.24）kg；而 2008—2009 年的 104 个试验点，每 667 m² 供氮平均值为（6.53±1.80）kg。

公式中目标产量所需养分量，以全肥区每生产 100 kg 经济产量所需养分量作参数。上海单季晚稻每生产 100 kg 稻谷所需的氮量随施氮量而变化。在配施磷、钾相同（都为中量）的情况下，低氮区（$N_1P_2K_2$）测得 60 个试点的平均值为（1.71±0.26）kg，中氮区（$N_2P_2K_2$）的 158 个试点的平均值为（2.06±0.28）kg，高氮区（$N_3P_2K_2$）60 个试点的平均值为（2.12±0.27）kg。在配施磷、钾数量不同的情况下，中氮区除（$N_2P_2K_2$）外的 7 个处理，每生产 100 kg 稻谷平均所需的氮量，变动在 1.93～2.06 kg 范围，平均值为 1.99 kg（$n=420$）。

公式中的肥料利用率计算，先以差减法，即用施肥区单季晚稻吸氮总量减去无氮区的吸氮总量，求得肥料氮被吸收利用的部分，再计算其与施入的氮养分总量的比值，此即为氮肥的利用率。氮肥的利用率，在不同地区间有所差异，还与氮肥用量及配施的肥料有关（表5-2）。在配施磷、钾相同（都为中量）的处理中，氮肥平均利用率，在西部地区以低氮处理最高，而东部地区以中氮处理最高。全市平均，低氮处理为32.9%，中氮处理为31.9%，高氮处理为23.6%。

表5-2　上海市单季晚稻氮肥利用率

	$N_1P_2K_2$			$N_2P_2K_2$			$N_3P_2K_2$		
	全市	东部	西部	全市	东部	西部	全市	东部	西部
样本数	60	32	28	158	83	75	60	32	28
平均值（%）	32.9	27.4	39.2	31.9	31.6	32.2	23.6	21.9	25.7
最小值（%）	12.5	12.5	20.9	12.1	12.9	12.1	12.1	12.1	13.4
最大值（%）	56.3	47.0	56.3	56.1	56.1	49.4	41.1	41.1	36.6
标准差	10.7	8.6	9.3	8.0	7.9	8.1	6.2	6.0	5.9
变异系数（%）	32.6	31.5	23.7	25.1	25.0	25.0	26.2	27.2	22.8

注：上海西部包括松江、青浦、金山及奉贤的庄行、南桥，其余为东部。

　　氮肥的利用率在不同年份有所不同，如2006—2007年上海市试验的利用率就比较高，28个试点低氮区的平均利用率为38.3%，54个试点中氮区的平均利用率为34.8%，28个试点高氮区的平均利用率为25.7%；而2008—2009年全市低、中、高施氮区的氮肥的利用率分别为28.2%、30.4%和21.8%。

　　经全市多年多点的试验测定，以大样本资料为依据，统计计算所得的平均值具有较高的精准度，用作养分平衡法计算单季晚稻氮肥用量参数，所得结果具有全市代表性，对于制订氮肥计划、指导全市的氮肥使用是可行的。但从上述各项参数计算过程及表5-1、表5-2所列的平均值变化的范围都是很大的，在生产应用中，它们与具体田块的实际数值必然有一定的差异。如果应用土壤及生产条件相同的当地资料作为养分平衡法参数，可能较接近实地情况。但也要充分考虑到水稻肥料田间试验的复杂性，没有多次重复或足够多的样本数来消除偶然误差的影响，结果的可靠性就比较差；再则，试验点年度间气候条件和田间管理等自然因素和人为因素的差异还是存在的，即使是采用以往从该田块得出的各参数的数值，也不一定能完全符合该田块当年的实际情况。

怎么确定单季晚稻氮肥用量，20 世纪 90 年代初受邀来沪讲课的朱兆良先生建议试用区域平均适宜施用量方法。设氮肥用量单因子多水平试验，施肥量与产量的关系以一元二次方程式模拟，方程求导得施氮量上限（最高产量时的施肥量），以增收产值等于增肥成本时的施肥量，作为适宜施用量。在一定区域范围内设多点试验获得一个氮肥适宜施用量平均值，以这个平均值作为整个区域的氮用量。当然，这个适宜施用量的平均值与施用当地或具体田块会有一定差异，预期的产量会有上下浮动，减产（或增产）的可能也是有的。但受肥料报酬递减规律支配，增产量随增肥上升幅度渐小，产量曲线在适宜施用量附近已趋平缓，产量或增或减的数量都很小，在整个应用区域内总体上是增产的。在相当长一段时期内，许多区县的土肥技术人员在推广单季晚稻科学施肥中，多用此方法确定氮肥用量。后来平均氮肥适宜施用量方法的应用逐渐减少，农民施用的氮肥数量大多超过平均氮肥适宜施用量。究其原因，一是可能与水稻品种改良有关，耐肥性好，需肥量大，抗倒伏能力强，高产品种的产量与施肥量难呈抛物线关系，农民不容易发现多氮弊端。二是可能与栽培方式的改变、三元复混肥的推广使用、磷钾肥料用量增加而使氮肥效应发生变化有关。不过 2006 年又见报道朱院士在江苏常熟的研究结果，区域平均适宜施氮量法不仅能够获得高产，而且也有利于农民增收和环境保护。

（二）磷肥施用量的确定

1. 单季晚稻上磷肥施用量缓慢上升　上海地区早在 20 世纪 60 年代就大力推广旱地农作物使用磷肥，但长期以来在单季晚稻上的使用进展不快。80 年代初上海化工研究院与土肥农业技术部门合作，在西部地区进行了 3 年共 36 块田的单季晚稻氮、磷、钾肥效试验，那时未见施磷有确切的增产效果。90年代初磷肥施用不多，如1991—1995年宝山区的调查，单季晚稻每667 m² 施磷（P_2O_5）量仅0.94 kg。2006—2009年的农民习惯施肥调查，173个农户中施磷肥的有101户（占58%），按调查的125 hm² 总面积（包括未施磷面积）平均，单季晚稻每667 m² 施磷量为1.3 kg。近年来大力推广测土配方施肥，含氮、磷、钾的复混肥、BB肥、水稻专用肥的使用受到政府财政的扶持，单季晚稻施用化学磷肥面积扩展很快。

2. 单季晚稻施磷增产效果 上海土壤的供磷水平比较高，即使有效磷含量相对较低（与园艺土壤相比）的粮田，平均含量也有25 mg/kg。根据158个"3414"试验的产量结果，以试验中的无磷处理（$N_2P_0K_2$）产量比施磷最高产量处理（$N_2P_2K_2$），作为土壤供磷对形成产量的贡献，亦即产量对土壤磷的依存率可达93%；在其他不同氮、磷、钾处理中，土壤供磷对产量的贡献率多在95%以上。施用磷肥的增产效果远低于氮肥，在氮、钾相同的情况下，施磷中水平（$N_2P_2K_2$）处理的增产率最高，比无磷处理（$N_2P_0K_2$）增产7.18%；其次，是高磷处理（$N_2P_3K_2$），增产率为5.48%；低磷处理（$N_2P_1K_2$）的增产率只2.84%。

3. 单季晚稻磷肥用量的确定 单季晚稻磷肥用量的确定，可以养分平衡法为基础，同时也要根据农田耕种利用方式、土壤供磷水平和前茬农作物的施磷情况等作适当调整。根据"3414"试验的资料统计，上海土壤每667 m² 可平均为单季晚稻供应5 kg磷（P_2O_5）养分；在每667 m² 施磷肥（中量）4.7 kg的各（除无氮）处理中，每生产100 kg稻谷需磷量比较接近，平均为1.06 kg；磷肥的利用率因不同试验及处理而有很大变化。将近年来进行的单季晚稻测土配方施肥（测配）示范试验区与当地农民习惯施肥区及无肥空白区比较（简称三区试验）的资料，以及单季晚稻肥料"3414"试验资料中的磷肥利用率列于表5-3中。

磷肥的利用率因施磷量而变化，低量、高量的利用率都较低。即使在中量施磷的条件下，也只有最佳的氮、钾量配施才能取得最高的磷肥利用率，这在大面积生产应用中是难能达到的。磷肥的利用率建议用"3414"试验中，中量施磷与氮、钾不同量搭配的各处理间的平均值17%较为适宜。

表 5-3　单季晚稻磷肥利用率

资料来源		每 667 m² 施磷 (P₂O₅) 量（kg）	磷肥平均利用率（%）	标准偏差	变异系数（%）	样本数
"3414"试验	N₂P₁K₂	2.4	17.9	9.3	51.3	60
	N₂P₂K₂	4.7	23.0	9.8	42.5	158
	N₂P₃K₂	7.1	14.2	6.4	45.1	60
三区试验	测配区	4.4	27.0	14.7	54.5	173
	习惯区	2.8	13.2	38.4	291.6	83

　　根据上述 3 项参数的分析，可以确定磷肥用量。如预期单季晚稻每 667 m² 产量 550 kg，吸收的磷为（1.06×5.5）5.83 kg，扣除土壤供应的 5 kg 以后，需要施肥提供 0.83 kg，按利用率17%折算需磷养分 4.88 kg。

　　施磷量的调整包括以下 3 种情况。一是园艺土壤的有效磷含量已很高（平均含量在 69.3 mg/kg），为土壤改良或其他原因需轮种水稻的，可以不施磷肥。二是前茬为施磷较多的绿肥、蔬菜、瓜类等经济作物的，接茬的单季晚稻可以减少施磷量。因为前茬施的磷大部分还残留或被固定在土壤中，淹水后磷的活性增强，土壤磷素供应能力提高，少施磷肥不会影响水稻的磷素营养。三是对于粮田中有效磷含量低于 10 mg/kg 的土壤（约占1/4），施磷量应该大于单季晚稻的吸收量，如预期每 667 m² 产550 kg稻谷，施磷养分量应该在 5.83 kg 以上，以提高土壤磷的肥沃度。

（三）钾肥施用量的确定

　　过去种水稻也许是因为有机质肥料施用较多，基本不施化学钾肥。20世纪80～90年代单季晚稻施钾始有增产效果，但不稳定，进入21世纪初才逐渐推广，至今钾肥已在单季晚稻上大面积使用。钾肥的增产效果远低于氮肥，甚至比磷肥还略低。在"3414"试验中，增加氮肥的平均每667 m^{2}增产量167.9 kg，增加磷肥的平均每667 m^{2}增产量38.3 kg，增加钾肥的平均每667 m^{2}增产量仅34.5 kg。钾肥的增产受制于主导营养元素氮，在氮肥使用不当的情况下，施钾没有效果。在试验中每667 m^{2}施钾（K$_2$O）4.8 kg的中钾处理（N$_2$P$_2$K$_2$），比无钾处理（N$_2$P$_2$K$_0$）增产6.48%，高钾处理增产4.40%，低钾处理只增产2.33%。按"3414"试验资料计算的土壤供钾（K$_2$O）量为每667 m^{2}13.8 kg，对单季晚稻产量的贡献率为94%；生产100 kg稻谷需钾（K$_2$O）量2.8 kg；钾肥利用率为40.5%。

　　根据这些参数，试以确定每667 m^{2}产量550 kg单季晚稻的钾肥用量：收获稻谷共吸收的钾养分为15.4 kg，扣除土壤供应的13.8 kg以后，需要施肥提供钾养分1.6 kg，按利用率40.5%折算约需钾肥养分为4 kg。这样数量的钾肥施入土壤与其产出量相差甚大，种一熟单季晚稻土壤要每667 m^{2}亏损钾养分为11.4（15.4－4）kg。如果稻秸秆能全部还田，则每667 m^{2}约有12 kg多的钾（茎叶含K$_2$O量2.19%）归还量，这样大致能保持土壤钾素消耗与积累的平衡。如果稻秸秆不是全部还田，就需要增加钾肥用量来弥补亏缺。上海土壤的钾贮量尚不低，但长期以来的入不敷出，全钾含量在20世纪80年代后的20多年中下降了10%以上，粮田土壤速效钾下降的势头也只是在近几年得以遏制。水稻施钾量一定要保障土壤钾素不亏损，尤其是30%左右供钾水平低（80 mg/kg以下）的粮田，包括施肥和自然归还的钾素养分投入量一定要高于产出量，以提高土壤钾的肥沃度。较多的钾肥施入土壤，不会像氮肥那样容易损失，当季水稻没有吸收完的钾素，基本上都能被土壤胶体吸附（上海土壤阳离子代换量较高），而吸附在土壤胶体上的钾能很好地供下茬农作物利用。残留在土壤中的钾即使有极少量流出农田，对环境一般也不会有什么损害。

四、单季晚稻施肥技术要点

（一）把握施肥的关键时期

单季晚稻不同生育阶段对营养元素的种类、数量和比例等有不同的要求，施肥要适应其各阶段生长的要求。在苗期，生物量很小，养分需求不多，吸收的氮、磷、钾一般不会超过其全生育期吸收总量的5%。但如前述幼苗转入异养生长时，这是单季晚稻营养的临界期，虽然对养分需要的绝对数量很少，但若当时缺乏，即使以后补救，也难于纠正或者弥补损失。这种情况在土地联产量承包时，同一块稻田分户种植，不施基肥，苗黄不发的现象也是有的。处于临界期的还有如水稻分蘖始期的磷、钾营养，幼穗分化期的氮营养，幼穗形成期的钾营养等。据报道，若水稻分蘖期茎秆中 K_2O 含量在1.0%以下，则分蘖停止；若幼穗形成期 K_2O 含量在1.0%以下，则每穗粒数显著减少。所以，水稻施肥一是要考虑临界期不能缺肥，二是要满足吸肥高峰期的大量需要。单季晚稻的分蘖期和幼穗分化期先后出现两个吸肥高峰。在吸肥高峰期施的肥料，其利用率一般较高，增产效果较好。现在生产中肥料分为基肥、分蘖肥和穗肥施用是符合单季晚稻需肥规律的。

（二）氮磷钾肥料运筹

1. 磷肥可以全部基施 虽然水稻各生育期均需磷素，但以幼苗期和分蘖期吸收最多，分蘖盛期为吸收高峰。这一时期在水稻体内的积累量约占全生育期总磷量的一半以上，此时若磷素营养不足，对水稻分蘖数及地上与地下部分干物质的积累均有影响。水稻苗期吸入的磷，在生育过程可反复多次从衰老器官向新生器官转移，至稻谷黄熟时，60%~80%磷素转移集中于籽粒中，而出穗后吸收的磷多数残留于根部，磷肥全部基施可以提高利用率，充分发挥其增产作用。

2. 钾肥基、追各半为好 单季晚稻的需钾量很多，但在水稻抽穗开花前其对钾的吸收已基本完成。水稻苗期生物量少,对钾素的吸收量不高,植株体内钾素含量的范围比较宽泛,只要不是严重缺钾,茎叶的钾含量稍低些,一般不会影响正常分蘖。再者,植稻时大多有前茬作物的秸秆还田,麦秸秆中的钾,在灌水浸泡 $2 \sim 3\ d$ 后大部分都会释放出来增加钾营养源。留出一半的钾肥在以后追施,不会影响水稻前期生长的钾素营养。当然,基、追各半也不是绝对平分,没有前茬作物秸秆还田的或是土壤供钾水平不高的稻田,前期的施钾量可提高到六七成。不赞成钾肥全部基施的另一个理由,是单季晚稻对钾的吸收高峰是在分蘖盛期到拔节期,此时的茎、叶须保持较高的含钾量,才能有利于稻穗生长发育。如果孕穗期茎、叶含钾量不充足,颖花数会显著减少。在拔节孕穗期施钾,以保障水稻吸钾高峰期有充足的钾养分供应。松江区曾有用氮钾二元复混肥作单季晚稻拔节孕穗肥的成功经验,如有合适肥源,不妨再行示范推广。

3. 氮肥用量后移 过去种双季晚稻因季节紧,还要赶"安全齐穗期",肥料施用重前轻后。基肥、面肥还要早施分蘖肥,把绝大部分肥料施在前期的"一轰头"施肥法,也影响了后来的单季晚稻施肥。将 $70\% \sim 80\%$ 的肥料用于基、蘖肥,在过去以施氮肥为主,而且氮用量(与现在相比)较少的情况下也许是合理的。但现在农民施用的氮肥数量比以前要高得多,"三区试验"中173个农户习惯施氮量的众数为每 $667\ m^2\ 20\ kg$。在施氮量这样高的情况下,氮肥用量应该后移,减少前期的基、蘖肥,提高穗肥用量的比例。

单季晚稻穗分化发育是其生长发育的重要转折期,水稻开花后的光合物质生产量与产量密切相关。增施穗肥,对提高开花后的物质生产量、促进大穗形成、提高分蘖成穗数都具有重要作用;增加拔节孕穗期的氮素供应,还可促进水稻生育后期的籽粒灌浆和充实,有利于提高稻谷的千粒重、增加产量。从一些高产地区的肥料运筹经验看,单季晚稻穗肥比例可以提高到总施氮量 40% 甚至更多。

在穗肥中留出一小部分作粒肥施用,是产量更高一些的有效措施。水稻后期施用粒肥可以提高籽粒成熟度,增加千粒重。在齐穗期至灌浆期，如有可能将 1%～2% 浓度的尿素与农药混合喷施，是施用粒肥的很好方法。根外追施的尿素氮，很快就可以被茎、叶吸收利用，增加叶片中叶绿素含量，加强上部叶片的光合功能，增加碳水化合物的形成与积累，促进早熟，增加千粒重，达到增产的目的。

（三）关注最小养分

除氮、磷、钾外，单季晚稻对其他元素需要量有多有少，一般土壤中的含量基本能满足需要，但随着高产品种的种植，氮、磷、钾施用量增加，水稻所需的其他营养元素有可能供应不足，出现某些元素缺乏的特有症状。

农作物产量受土壤中相对含量最小的那种养分所支配，当这种养分缺乏或不足时，其他养分供应虽多，作物也不能良好生长，只有补充了这种养分，才有增产的可能。根据上海土壤的养分调查，对于水稻生产来说，需要关注硅、锌、镁 3 种养分。首先是要查阅测试资料或养分分布图件，了解本地区这 3 种养分偏低的农田分布。根据文献资料和上海的试验研究，土壤有效硅含量低于100 mg/kg、有效锌含量低于 1.0 mg/kg 的土壤就有缺素风险。上海土壤有效镁的含量是不低的，但在一些农作物上还是曾有缺镁反应，这是因为镁的有效性还受其他代换性阳离子制约。各区县都有土壤阳离子代换量和有效性钙的测定资料，如果有效性镁与阳离子代换量的比值（视作镁饱和度）小于 10%，有效钙与有效镁的比值大于 6.5，则就有缺镁风险。对可能缺素的农田了然于胸，侦察单季晚稻缺素症状的范围就可大为缩小，提高缺素农田的诊断效果。而且还可针对目标田块，在稻田用"塞秧兜"的办法，来主动测试确定最小养分。例如，要测试是否缺锌，可将硫酸锌（其量掌握在每 667 m² 1～2 kg）混在泥土或其他辅料中做成小泥丸，用"塞秧兜"的方法，塞入稻田一隅（数平方米），作为另类的对照，进行施锌试验。这样，在观察单季晚稻生长期间是否有缺素症状时，也好有个比对，在成熟收获时可以测产比较。这种试验虽然粗放但因锌在土壤中的流动性小，施锌肥效延伸范围不会很大，再则，在测产时可以将处理与对照割方的距离拉得稍远些，就可减少肥效延伸的影响了。做硅肥"塞秧兜"试验时，肥料不要用炼钢厂的废钢渣或粉煤灰为主要原料的枸溶性硅肥，在大面积生产中由于它市场售价较低，选其作水稻基肥是很合适的。但这种硅肥的成分复杂，除了含硅外，还含有钙、镁、铁、锰、硼、钼等，会干扰试验效果。用化学合成的水溶性硅肥（如硅酸钠，俗称水玻璃、脱水的水玻璃）做"塞秧兜"试验，可避免外因素的干扰，而且水溶性硅肥可以被水稻直接吸收，硅肥效果容易显现，有利于提高试验结果的可靠性。缺镁诊断"塞秧兜"试验可选用硫酸镁（泻盐），用量掌握在每 667 m^2 15 kg 左右。

（四）提高氮肥利用率、减少氮素损失

如前所述氮肥利用率与其施用量有关，所以要提高氮肥利用率，掌握适宜氮用量是必须的。氮肥利用率与施肥时期也有关系，氮同位素示踪法和差减法测得的结果，都是以水稻幼穗分化期追施氮肥的吸收利用率最高，作分蘖肥、基肥的氮利用率较低。适当降低施用基肥和分蘖肥的氮量，确保施用穗肥时，水稻群体高峰苗开始下降，群体叶色明显褪淡显"黄"，这样就能多施穗肥。反之，如果前期施氮多，中期群体大，叶色不落"黄"，穗肥也不能多施。氮肥利用率还与磷、钾肥的配施有关。在"3414"试验中，同样中氮用量，无磷、无钾、少磷、少钾配施的处理，氮肥利用率都比氮、磷、钾都为中量处理的低。所以，提高氮肥利用率还要平衡施用氮、磷、钾肥料。

上述措施可提高氮肥利用率，同时也会减少氮肥的损失。此外，改变施肥方式对于减少氮肥的损失至关重要。稻田面施的氮肥容易反硝化而损失，因为稻田土壤由于长期淹水，土层分化为 2 层，其性质很不相同，表面的一薄层为氧化层，厚度仅有数毫米，一般不超过 10 mm，其下部为还原层。常用铵态氮肥和尿素，如施于表面的氧化层会受硝化细菌的作用转化为硝态氮，而硝酸离子不能为土壤胶粒所吸附，不但会随排水或稻田溢水而流失，还由于硝

态氮随水下渗至还原层，逐渐在反硝化细菌作用下还原成水稻难以吸收利用的气体氮逸失于大气中。尽管这种表层氧化层和其下还原层分异，是否为主要的硝化—反硝化机制尚待进一步探究，但将氮肥施到氧化层以下的土层，可大大减少氮素损失是毋庸置疑的事实。上海农业科学院对肥料深施多有研究，不同施肥深度对提高氮肥利用率和增加产量都有很好的效果，早在 20 世纪 70 年代就在双季水稻上总结出了全耕层施肥法。利用当时水稻移栽前大田须带水旋耕整地的条件，于铧犁耕翻后放入薄水至湿润土壤为度，将包括氮肥在内的所有肥料撒施于翻过的土面，然后用旋耕犁交叉旋耕，深 10 cm 左右，使所施肥料带水与松碎的土壤混合，均匀分布于全部耕层。全耕层施肥法不但能稳定增加产量、提高稻米品质，还可将氮肥利用率提高 15％～20％。现在种单季晚稻多直播、小苗栽种，根系发育好、扎根深，氮肥用量又比早前多得多，可将大部分要基施的氮肥在铧犁耕翻前撒施于土面，其余撒施于翻过的土面，然后用旋耕混肥。在土壤肥力高的稻田，为施肥方便，也可将全部基施氮肥都在铧犁耕翻前撒施。

　　干湿交替的管水方式可以促进水稻根系生长，适时搁田还能控制无效分蘖，促进根系深扎。发达的根系可以增强吸收肥料的能力，这对提高氮肥的利用率无疑是有益的。结合干湿交替的管水方式，追施的氮肥在无水层时施入，尤其是在田面搁干时施入，然后灌水"以水带氮"使更多的肥料渗到较深的土层，达到深施的目的。综合考虑水肥管理，恰当应用施肥与灌溉技术，尽量防止有水层施氮。

　　氮肥损失的另一途径是氨挥发，特别是在稻田施用化学氮肥的情况下，氨挥发的氮损失严重，可占氮肥总损失的 20％～70％。前述的氮肥深施也是抑制氨挥发的主要农业措施；氮肥用量后移也有减少氨挥发的作用，因为水稻施用氮肥后的氨挥发损失，以分蘖肥时期损失量为最大，其次为基肥，穗肥的氨挥发损失最小。此外，能减少氨挥发的农业措施不多。一些工业产品，如缓释肥料、水面分子膜等使用可以减少氮肥氨挥发，但与在大面积生产中应用还有一段距离。不过从南京土壤研究所的研究结果看，稻田中的氨挥发主要决定于施肥后的天气状况（尤其是光照度）以及施用方法和时期。在弱光照下（多云或阴雨天），氨挥发小，反之则大。据此，稻田追施氮肥要减少氨挥发损失，"看天施肥"、选择下午或傍晚时段施肥也许是有益的。

（五）具体施肥方法

根据上海市水稻主要目标产量，按照直播稻和机插稻两种主要栽培方式，推荐肥料施用技术如表5-4所示。

表5-4 直播稻和机插稻施肥技术

作物	基肥	追肥一	追肥二	追肥三	说明
直播稻	每667 m² 大田施商品有机肥150～200 kg，碳铵15 kg。秸秆还田时每667 m² 大田增施碳铵10 kg。缺锌地区每667 m² 大田补施硫酸锌1～2 kg	2叶1心每667 m² 大田施分蘗肥尿素8～10 kg	间隔7～10 d每667 m² 大田施分蘗肥24-8-10BB肥25 kg	8月上中旬，每667 m² 大田施穗肥尿素6～7.5 kg	每667 m² 大田目标产量500～600 kg。崇明和沿海等偏沙性土壤，基肥每667 m² 大田增施过磷酸钙20～25 kg，7月中下旬视长势情况每667 m² 增施一次长粗肥尿素4～5 kg
机插稻	每667 m² 大田施商品有机肥150～200 kg、尿素5 kg。秸秆还田时每667 m² 大田增施碳铵10 kg或尿素3 kg。缺锌地区每667 m² 大田补施硫酸锌1～2 kg	移栽后7 d，每667 m² 大田施分蘗肥尿素6～7.5 kg	间隔7～10 d，每667 m² 大田施分蘗肥24-8-10BB肥25 kg	8月上中旬，每667 m² 大田施穗肥尿素6～7.5 kg。寒优湘晴提倡不施或少施穗肥	每667 m² 大田目标产量500～600 kg。崇明和沿海等偏沙性土壤，每667 m² 基肥增施过磷酸钙20～25 kg，7月中下旬视长势情况每667 m² 增施一次长粗肥尿素4～5 kg

第二节 小麦的施肥技术

小麦是上海市主要的粮食作物之一，依靠科技，不断完善提高小麦栽培技术水平，不仅能促进农户增产增收，而且对粮食生产也有着举足轻重的作用。

一、小麦的营养特性与需肥特征

小麦生长发育必需的营养元素有 16 种，其中 9 种为大量元素，即碳、氢、氧、氮、磷、钾、钙、镁和硫；7 种微量元素，即铁、锰、铜、锌、硼、钼和氯。其中碳、氢、氧 3 元素占小麦干物质的 95％左右，主要来自于空气中的二氧化碳和土壤中的水。其他元素则主要通过根系从土壤中吸收。小麦生长发育对氮、磷、钾需求量较大，它们一般随着小麦的收获产品被带走，通过残茬或根的形成归还给土壤的数量却很少，土壤中的有效贮存量不能满足连年生产的需要，必须通过施肥给予补充。因此，氮、磷、钾被称为小麦营养三要素，也称肥料三要素。其余，如钙、镁、硫的吸收量一般占小麦干物质总积累量的千分之几，微量元素仅占 0.01％以下，小麦对中、微量元素的需求量虽小，但对小麦营养生理却起着不可替代、至关重要的作用，在小麦产量水平和质量要求大幅度提高的情况下，对其需求程度也在逐渐变化，在特定的条件下要因地施用中、微量元素肥，缺啥补啥，将对增产和改善品质有明显的效果。

二、不同产量水平小麦对养分的吸收

小麦是一种需肥较多的作物。小麦对氮、磷、钾三要素的吸收量因品种、气候、生产条件、产量水平、土壤和栽培措施不同而有差异。产量要求越高，吸收养分的总量也随之增多。

要达到小麦高产，不仅要求某一营养元素的绝对含量高，也要求营养元素之间有一个合适的比例，特别在营养需求的关键时期更为重要。根据《粮经作物测土配方施肥技术理论与实践》资料显示，每形成 100 kg 冬小麦籽粒需吸收的氮（N）3.00 kg、磷（P_2O_5）1.25 kg、钾（K_2O）2.5 kg；根据上海市田间试验和历年高产典型调查，在中等产量水平下，上海市每生产 100 kg 小麦籽粒，需从土壤中吸取氮 4.5 kg、磷 1~1.5 kg、钾 3~4 kg，相对略高于全国平均水平。

但实践中发现，随着小麦产量的提高，对氮、磷、钾的吸收比例也相应提高。而且在不同地力条件下，小麦对氮、磷、钾的吸收也会有所差异。因此，在实际生产上确定施肥量时，既要考虑目标产量下小麦本身生长所需养分的吸收量，同时还应考虑麦田本身的基础供肥能力和肥料利用率等。小麦的施肥原理将在下文具体阐述。

三、不同生育时期小麦对养分的吸收

小麦一般在 10 月中上旬播种，生育期较长，从播种到成熟一般需要 210~220 d。小麦在不同生育期，对养分的吸收数量和比例是不同的。小麦各生长阶段对氮、磷、钾养分的吸收量随着品种特性、栽培技术、土壤、气候等会有所差异，但总体上随着植株营养体的生长和根系的建成，从苗期、分蘖期至拔节期逐渐增多，于孕穗期达到高峰。其中，小麦对氮的吸收有两个高峰：一是在出苗到拔节阶段，吸收氮占总氮量的 40% 左右；二是在拔节到孕穗开花阶段，吸收氮占总氮量的 30%~40%，在开花以后仍有少量吸收。小麦对磷、钾的吸收，在分蘖期吸收量占总吸收量的 30% 左右，拔节以后吸收率急剧增长。磷的吸收以孕穗到成熟期吸收最多，占总吸收量的 40% 左右。钾的吸收以拔节到孕穗、开花期为最多，占总吸收量的 60% 左右，到开花时对钾的吸收最大。

因此，在小麦苗期，应有适量的氮素营养和一定的磷、钾肥，促使幼苗早分蘖、早发根，培育壮苗。拔节到开花是小麦一生吸收养分最多的时期，需要较多的氮、钾营养，以巩固分蘖成穗，促进壮秆、增粒。抽穗、扬花以后应保持足够的氮、磷营养，以防脱肥早衰，促进光合产物的转化和运输，促进小麦籽粒灌浆饱满，增加粒重。在土壤肥力低、产量基础差的麦田，氮肥用量要适当增加，增施磷肥，有显著的增产效果；施用钾肥，可促进植株健壮、穗多、籽粒饱满、减轻倒伏、增强抗病能力。此外，小麦施用微量元素肥料有明显的增产效果，主要是硼、锌、锰 3 种微量元素。

四、小麦施肥的基本原理

目前，确定施肥量的主要方法有养分平衡法、养分丰缺指标法及肥料效应函数法等。不管是哪种方法，都有优缺点，但只要通过田间试验和生产实践，证明是合理和可行的，就都是好方法。

1. 养分丰缺指标法　土壤养分丰缺指标法是通过土壤养分测试结果和田间肥效试验结果，建立不同作物、不同区域养分丰缺指标，提供肥料配方。通过计算产量，确定出适用于某一区域、某种作物的土壤养分丰缺指标及对应的施肥数量。

其原理是通过田间试验和土壤测试，按相对产量将土壤肥力划分成不同等级。例如，将相对产量低于 50%、50%～75%、75%～95%、高于 95% 的某土壤养分肥力水平，分别定为极低、低、中、高等不同等级，再根据各级别土壤的该养分测试值与施肥量的对应关系估算施肥量。如某冬小麦施肥前取土测得土壤有效磷含量为 20 mg/kg，查阅"上海市小麦养分丰缺指标"得知，该养分水平属于中等肥力，对每 667 m^2 产 400 kg 以上产量，对应的施磷（P_2O_5）量约为 5 kg。将该养分施用量除以肥料养分含量，就可以算得肥料施用量。由此得到 5 kg 磷养分相当于每 667 m^2 施 30～35 kg 过磷酸钙，或 11 kg 磷酸二铵。该方法的优点是简便、直观，缺点是半定量、精度不高。

2. 养分平衡法　养分平衡法，又称为目标产量法，是根据作物目标产量需肥量与土壤供肥量之差估算目标产量的施肥量，即根据作物在生产中的养分收支平衡关系，将一季作物达到目标产量所吸收的养分量减去土壤供应的养分量，就得到了要施用的养分量，再通过施肥补足土壤供应不足的那部分养分。在计算公式中，除了养分测定值外，还包含目标产量、肥料利用率、土壤养分供应量等参数。其中，目标产量以当地前 3 年平均产量再提高 $10\%\sim15\%$ 来估算，但其他参数则需要通过田间试验等方法求得。相比较而言目标产量法较实用，是以土壤养分测试为基础来确定施肥量。其计算公式为：

$$每 667 \text{ m}^2 施肥量 = \frac{每 667 \text{ m}^2 作物产量养分吸收量 \times 每 667 \text{ m}^2 目标产量 - 土壤测定值 \times 0.16}{肥料养分含量 \times 肥料利用率}$$

其中 0.16 为换算系数，表示土壤速效养分换算成每 667 m^2 田地耕作层所能提供的养分系数；氮素肥料的利用率为 $20\%\sim40\%$，磷素肥料的利用率为 $10\%\sim25\%$，钾素的肥料的利用率为 $30\%\sim50\%$。

例如：某小麦品种每生产 100 kg 籽粒需要吸收纯氮（N）2.7 kg、磷（P_2O_5）0.9 kg、钾（K_2O）2.7 kg，而实测该地块速效氮含量为 64 mg/kg、有效磷 14 mg/kg、有效钾 60 mg/kg，要达到 667 m^2 产 500 kg 的产量，则需：

氮（N）＝2.7×500/100－64×0.16＝3.26 kg；

磷（P_2O_5）＝0.9×500/100－14×0.16＝2.26 kg；

钾（K_2O）＝2.7×500/100－60×0.16＝3.9 kg。

如果肥料的利用率氮按 30% 计算，磷按 20% 计算，钾按 40% 计算，则需要施用纯氮 10.8 kg、磷 11.3 kg、钾 9.7 kg。若施用三元素复合肥，施肥量应按足够满足需求的养分来确定，然后再额外补充另外 2 种养分的不足。如施用 45% 的通用型复合肥（15-15-15），则该地块需施用这种复合肥 9.7÷15%＝64.7 kg，再补充氮肥（尿素）（10.8－64.7×15%）÷46%＝2.4 kg，磷肥（过磷酸钙）（11.3－64.7×15%）÷14%＝11.4 kg。

3. 肥料效应函数法　就是在田间肥料试验的基础上，通过回归分析，建立肥料效应方程，用以表示施肥量与产量的关系并计算施肥量。该方法的优点是可以推求最高产量和最大经济效益的施肥量即最佳施肥量；但田间试验条件下，很难获得可以计算合理施用肥料的理性试验结果。

五、小麦的施肥技术要点

近年来，随着上海市高产迟熟水稻品种的推广，水稻成熟期较往年推迟，收获期如遇阴雨天气，作物收种季节矛盾突出。为缓解这一矛盾，上海市秋播作物在调优作物布局和茬口模式基础上，进一步优化品种结构。经多年来试验示范，目前上海市小麦种植在品种选择上，重点推广熟期早、抗白粉病的扬麦 11 号、扬麦 16 号等品种，搭配种植增产潜力大、但熟期偏迟的嘉麦 1 号、罗麦 10 号等品种，示范种植华麦 5 号等高产品种。不同小麦品种的需肥特点略有差异且不同肥力状况下施肥量也会有所差异。

扬麦系列小麦品种在每 667 m² 产 400～500 kg 目标产量下一般一生需每 667 m² 施总氮量 18 kg 左右，氮、磷、钾配比为 1∶0.3∶0.3，丰产方可适当增加肥料用量。按照小麦分蘖期和拔节孕穗期两个吸肥高峰的需肥规律，麦苗长势长相，科学运筹肥料是获得小麦高产的关键。所以，生产上施肥基本围绕"前期促壮苗，中期保稳长，后期攻大穗大粒"的目标进行肥料科学运筹调控，适当减少中期用肥量，增加后期穗肥量，控制前期基蘖肥、中期接力肥、后期拔节孕穗肥基本上分别保持在 60%、10%、30%左右。其中，氮肥是小麦高产群体质量调节的最活跃因素，氮肥施用应重点掌握"重两头、控中间"的施肥原则。下面以中等肥力条件下种植扬麦系列小麦品种为例，简述小麦施肥的一般模式。

1. 重施基肥　根据小麦生育规律和需肥特征，基肥是培育壮苗、增加有效分蘖的基础，所以几乎全量 2/3 左右的氮、磷、钾肥都应在这个时期一次性施入。一般浅耕小麦耕前每 667 m² 施商品有机肥 150～200 kg，加 42％专用 BB 肥 35～40 kg 或 25％复合肥 50～60 kg，确保小麦分蘖期的养分供应，降低基部 1～3 位蘖的缺位率，在促早发的前提下，达到扩库增源效果。

2. 因苗早施分蘖肥 施肥时间宜早，多在冬前进行。习惯上都以追施氮肥为主，一般于小麦 3 叶 1 心期每 667 m² 施尿素 7.5～10 kg，促分蘖早发。但当基肥未施磷、钾肥的，且土壤供应磷、钾又处于不足，应适当加施磷肥和钾肥。尤其对于供钾不足的麦田，可在冬前每亩撒施 150 kg 左右的草木灰。对于苗体瘦弱地块，适当重施苗肥，促苗情转化。对于供肥充足、苗体健壮的麦田，可减少施肥量，切忌过量追施氮肥或追施时间偏晚。

3. 控制中期用肥量 对生长不平衡的田块，可每 667 m² 施尿素 3～4 kg，促平衡生长和苗情转化。

4. 巧施穗肥 冬后小麦拔节孕穗期是吸肥的又一个高峰期，此时期追施复肥能有效提高小麦的穗粒质量。一般在叶色褪淡的基础上分两次施用：第一次在小麦倒 2 叶露尖时，每 667 m² 施 42％专用 BB 肥 10～15 kg，可增加可孕小花数；7～10 d 后施第二次肥料，每 667 m² 施尿素 5～7.5 kg，可减少小花退化，增粒增重。

第三节 油菜的施肥技术

油菜属十字花科油料作物，是世界上四大油料作物之一，也是上海地区主要的夏熟作物之一，其播种面积仅次于小麦。油菜在复种轮作中具有重要地位，是粮食和经济作物的良好前茬。因为油菜根系发达，一方面能较强吸收土壤矿物养分，对肥料利用率较高，并通过其秸秆返回土壤，起到改善土壤性状的作用；另一方面又能分泌大量有机酸，溶解和活化土壤中的难溶性磷，提高土壤养分的有效性，真正能做到用地养地相结合。随着油菜育种的发展，特别是双低油菜品种的选育成功，更是为油菜的生产发展和菜籽的利用提供了广阔前景。

一、油菜的营养特性与需肥特征

油菜是一种需肥多、耐肥性强的作物，相对于禾本科作物，因其本身植株高大，所以对氮、磷、钾需要量较大，且对硼、钙等中、微量元素的吸收也大大超过其他作物，尤其对硼反应较为敏感，杂交油菜这种作用表现更明显。氮肥充足，不仅能保证油菜的正常发育，同时能使有效花芽分化期相应增长，为增加结荚数、粒数和粒重打下基础；及时供应磷肥，能增强油菜的抗逆性，促进早熟高产，提高含油量；增施钾肥能减少油菜菌核病的发生，促进形成大量的茎秆和分枝，增强植株的抗逆能力；硼肥能够促进开花结实、荚大粒多、籽粒饱满。据研究，常规油菜品种，每形成 100 kg 油菜籽需吸收氮（N）5.8 kg、磷（P_2O_5）2.5 kg、钾（K_2O）4.3 kg，N、P_2O_5、K_2O 的比例为 1：0.43：0.74；杂交油菜每生产 100 kg 油菜籽需要氮（N）4.03 kg、磷（P_2O_5）1.67 kg、钾（K_2O）6.16 kg，N、P_2O_5、K_2O 的比例为 1：0.41：1.53（《粮经作物测土配方施肥技术理论与实践》）。根据上海市油菜试验与调查，每生产 100 kg 菜籽，需吸收氮 8.8～11.3 kg，磷 3～3.9 kg，钾 8.5～10.1 kg，氮、磷、钾配比 1：0.34：0.96。

二、不同生育时期油菜对养分的吸收

油菜全生育期可分苗期、薹期、花期、结荚期和成熟期 5 个生长发育阶段。油菜不同生长发育阶段对不同养分的需求差异较大。苗期是以叶片生长为主的营养生长，历时近 150 d，有资料显示，苗期吸氮占一生吸氮的 22%，薹花期为吸氮高峰期，吸收量占 55%，成熟期占 23%；也有资料显示，苗期氮素的吸收量占总吸收量的 45%，蕾薹期的营养生长和生殖生长均很旺盛，是油菜需氮最多的时期。油菜在整个生长发育过程中都不可缺磷，苗期对磷的反应最为敏感，吸收利用率也相对最高，所以，油菜的磷肥应全部作基肥用。薹花期是对磷吸收利用的高峰期，此阶段对磷的吸收最多，约占总吸收量的 50％以上，成熟后，60％～70％的磷分布在籽粒中。油菜对钾的需求量也很大。苗期和薹花期对钾吸收比例较高，约占吸收总量的 70％。因此，钾肥最迟必须在抽薹前施用，而且施用愈早，效果愈好。油菜吸收氮、磷、钾的数量与生长发育速度相关，生长发育加快，吸收数量相应增多，生长发育减慢，吸收量相应减少。因此，在油菜生产过程中，及时充足地供应氮肥，平衡施用磷、钾肥，适当补施硼肥，对油菜的优质高产有着重要的作用。

此外，硼对油菜的根系发育以及开花、授粉、结实等影响极大。苗期、薹期、花期是油菜需硼的关键时期。在此阶段适当施用硼肥都会对油菜起到增产效果。另外，由于油菜的蛋白质含量高，需要的硫比禾谷类、块根类作物多，所以选用硫酸铵、硫酸钾等含硫肥料对油菜生长具双重作用。补充钙、镁、锌等对油菜生长有良好效果。

三、油菜施肥技术要点

近年来上海市秋播在调优作物布局和茬口模式基础上，应进一步优化秋播作物品种结构，大力推广高产、优质、早熟的麦油作物品种，在提高良种覆盖率的同时，缓解与水稻茬口收种季节矛盾。目前，上海市油菜全面推广沪油 17、沪油 21、沪油杂 1 号等高产优质双低油菜品种。在栽培方式上以免耕直播油菜和移栽两种方式为主。不同油菜品种、栽培方式在用肥上也有所差异，主要表现在总用肥量差异和前期的用肥水平。

生产上，油菜施肥应根据目标产量，结合土壤肥力、品种，确定肥料数量。在肥料运筹上应根据油菜春发势强等特点，严格掌握"施足底肥（随根肥），早施活棵肥，补施冬腊肥，普施重施蕾薹肥"的施肥原则，通过科学合理施肥，协调营养生长和生殖生长的关系，调节株型，促使油菜冬春双发稳健生长，增枝增角增粒。对于人工移栽油菜，应重视移栽底肥施用，增加随根肥的施用比例；油菜活棵后视苗情补施苗肥；薹肥施用时间提前至见薹期，防止双低油菜春发势过猛，导致营养生长失衡和出现后期早衰。同时应注重硼肥的施用，提高油菜的开花结实率。对于免耕直播油菜，由于油菜播种时比较仓促，往往基肥施肥不足。加上上海市秋末一般雨水相对较少，耕作表层硬化，不利于前期吸收肥水，而不少农户套用翻耕移栽油菜的施肥习惯，只施点苗肥，不少地块连苗肥都不施。这样部分地块因缺肥表现苗体瘦弱，养分不足，分枝少，分枝节位高，植株生长繁茂性差。所以，对于免耕直播油菜，在早施苗肥的基础上，要开点"小灶"补肥，以强身壮体，打好丰产架子。

在正常年景下，以上海市中等肥力条件下双低油菜种植为例，移栽油菜全生育期每 667 m^2 施肥折纯氮 18 kg 左右，直播油菜 15～16 kg，氮、磷、钾配比 1∶0.34∶0.96，年前、年后氮化肥用量比例为（7～6.5）∶（3～3.5）。一般施肥技术如下。

1. 施足基肥　基肥应以有机肥与化肥相结合，为油菜一生需肥打好基础。一般每 667 m^2 施商品有机肥 500～1 000 kg 加 42％专用 BB 肥 25 kg 或 25％有机—无机复混肥（12 - 7 - 6）50 kg，过磷酸钙 20～25 kg，缺硼地区每 667 m^2 增施硼砂等硼肥 0.5～1 kg。施用方法：结合耕翻整地将有机肥、复合肥与硼肥深施，或随移栽施基肥。切忌施肥过浅，以免造成肥料浪费。

2. 适施苗肥　对于免耕直播油菜，未施基肥或基肥施用不足的地块，每 667 m^2 应用尿素 7～8 kg，加硼肥 250～300 g 对水成稀薄肥液，结合抗旱补施。

3. 重施腊肥　腊肥最好以缓效性肥料为主。一般冬腊肥每 667 m^2 施尿素 8～10 kg 或 42％专用 BB 肥 15～20 kg 或 25％复混肥 20～30 kg，于冻前施入。施肥前先中耕除草，施肥后覆盖秸秆，再铲沟土壅根，并用干稻草 300～400 kg 覆盖，以增温保暖提高抗寒性。

4. 早施薹肥　薹肥是免耕直播油菜一生中施肥效益较高的一次性肥料，通常占总施肥量的 30％左右。施时要做到：一要看苗施肥。对苗体大、脱肥落黄早、土壤肥力后劲不足的田块重施早施。二要氮素、钾素肥配用。对于秋发冬壮苗田块，于 2 月初施，一般每 667 m^2 施尿素 8～10 kg、氯化钾 5～7 kg。三是对严重缺肥田块，如崇明和东部沿海等偏沙性土壤适当增加肥料用量，一般每 667 m^2 施尿素 10～15 kg、钾肥 7～8 kg，分两次施下，与一次性薹肥施用期相比，应提前 7～10 d 施用，两次间隔 10～15 d。

5. 巧施花肥　花肥具有弥补免耕直播油菜中后期肥力不足和防脱肥、花期短的作用，能延长花序、提高角果数。对于春后稳长和肥力不足的田块，一般每 667 m^2 施尿素 3～5 kg，或硫铵 6～10 kg，保证青秆活熟，也可在初花期药剂防病的同时喷施有机水溶肥料等叶面肥，但长势好、后劲足的田块则不宜追肥。

第四节　蔬菜的施肥技术

一、蔬菜吸收养分的特点

蔬菜是一种高度集约栽培的作物，尽管蔬菜种类和品种繁多，生长发育特性和产品器官各有差别，但与粮食作物相比，无论需肥量，还是对不同养分的需求状况都存在相当大的差异，但其共性有以下几个方面。

（一）对养分需要量大

多数蔬菜由于生育期较短，一般每年复种茬数多，因此，每公顷年产商品菜的数量相当可观。由于蔬菜的生物学产量很高，随产品从土壤中带走的养分相当多，所以蔬菜的每公顷需肥量要比粮食作物多。将各种蔬菜吸收养分的平均值与小麦吸收养分量进行比较，蔬菜平均吸氮量比小麦高 4.4 倍，吸磷量高 0.2 倍，吸钾量高 1.9 倍，吸钙量高 4.3 倍，吸镁量高 0.5 倍。蔬菜吸收养分能力强与其根系阳离子交换量大是分不开的。据研究，黄瓜、茼蒿、莴苣和芥菜类蔬菜的根系阳离子交换量都在 400～600 mmol/kg，而小麦根系阳离子交换量只有 142 mmol/kg，水稻只有 37 mmol/kg。由此可见，一般蔬菜生产的需肥量比粮食作物要多，这是蔬菜丰产的物质保证。茄果类蔬菜与禾本科作物养分含量的比较如表 5 - 5 所示。

表 5 - 5　茄果类蔬菜与禾本科作物养分含量的比较（单位：g/kg）

作物		籽粒或果实（干重）			茎叶（干重）		
		氮（N）	磷（P$_2$O$_5$）	钾（K$_2$O）	氮（N）	磷（P$_2$O$_5$）	钾（K$_2$O）
禾谷类	水稻	12.0	6.0	4.0	5.2	0.9	19.1
	小麦	17.7	8.3	4.2	3.6	0.6	19.4
	玉米	13.4	6.1	4.8	8.8	1.7	15.8
	平均	14.4	6.8	4.3	5.9	1.1	18.1
茄果类	番茄	33.5	11.4	51.2	25.9	7.0	19.3
	辣椒	34.6	12.7	40.8	31.0	7.0	24.0
	茄子	25.8	10.6	31.4	21.6	5.1	9.1
	平均	31.3	11.6	41.1	26.2	6.4	17.5

（二）产品携走的养分多

蔬菜除留种者外，均在未完成种子发育时即行收获，以其鲜嫩的营养器官或生殖器官作为商品供人们食用。因此，蔬菜收获期植株中所含的氮、磷、钾均显著高于大田作物，因为蔬菜属收获期养分非转移型作物，所以茎叶和可食器官之间养分含量差异小，尤其是磷，几乎相同。相反，禾本科粮食作物属部分转移型作物，在籽粒完熟期，茎叶中的大部分养分则迅速向籽实（贮藏器官）转移。因此，禾本科粮食作物籽实的氮、磷养分含量显著高于茎叶（表 5 - 6）。

表 5 - 7 表明，蔬菜茎叶中的氮、磷、钾含量分别是稻麦的 6.52 倍、7.08 倍、2.32 倍；籽实或可食器官的氮、磷、钾含量分别是稻麦的 2.04 倍、1.49 倍和 6.91 倍。由此可见，大田蔬菜生长期间植株养分含量一直处于较高水平，使其能适应菜地的高肥沃

度。同时，蔬菜为保持其收获期各器官都有较高的养分水平，需要较高的施肥水平，以满足其在较短时间内吸收较多的养分。

表 5 - 6　收获期蔬菜与稻麦植株中养分含量的比较（干重，%）

作物	样本数	茎（秆）叶			籽实或可食器官		
		N	P	K	N	P	K
大麦	22	0.435	0.055	1.36	1.56	0.238	0.530
小麦	8	0.313	0.034	0.90	1.75	0.371	0.365
水稻	8	0.521	0.037	1.53	1.20	0.202	0.332
平均		0.423	0.042	1.263	1.503	0.270	0.409
蔬菜（10种平均）	38	2.69	0.418	2.07	3.06	0.406	2.83
相对（%）稻麦（平均）		100	100	100	100	100	100
蔬菜（平均）		652	708	232	204	149	691

注：10种蔬菜包括萝卜、莴苣、芹菜、大白菜、甘蓝、花椰菜、番茄、马铃薯、甜椒和黄瓜。

引自：奚振邦，2008。

（三）蔬菜是喜硝态氮作物

多数农作物能同时利用铵态氮和硝态氮，但蔬菜对硝态氮特别偏爱，铵态氮过多会产生严重的生育障碍。岩田等研究了不同氮肥形成对番茄、菜豆、菠菜、芜菁、甘蓝、洋葱等蔬菜生育的影响，硝态氮为100%的处理，蔬菜生育指数为100；随着铵态氮比例的增加，生育指数往往呈下降趋势；全部铵态氮（NH_4^+）的处理，生育指数下降到15左右。葛晓光（1981）认为，番茄栽培介质中的铵态氮比例不宜超过30%，尤其在低温时施用铵态氮肥更易出现氨害。

蔬菜作物在完全以铵态氮为氮源时生长不良的原因有二：一是由于蔬菜不能忍受介质 pH 下降以及由此引起的对 Ca^{2+} 吸收量的下降；二是由于蔬菜耐氨性差。这里需要指出，上述研究是在水培条件下进行的。在土壤栽培中，施到土壤中的铵态氮肥，除土温极低或土壤渍水导致硝化作用减弱外，总是处在不断的硝化过程之中，因此决不能认为蔬菜不能使用铵态氮肥。

（四）蔬菜是嗜钙作物

与一般大田作物相比，蔬菜是需钙多的作物。据测定，萝卜、甘蓝的需钙量分别比小麦高 10 倍和 25 倍。陈佐忠等对北京地区的 22 种作物含钙量进行了测定，表明蔬菜作物平均含钙量比禾谷类作物高 12 倍。一般认为，蔬菜作物体内含钙量高的原因有二：一是与根系阳离子代换量高有关，因为阳离子代换量高的作物，其吸钙量也高；二是与蔬菜喜硝态氮有关，因为蔬菜吸收大量硝态氮后，体内形成的草酸就多，这时如果钙丰富，就能使草酸形成草酸钙而积蓄在叶内，不致引起草酸危害。当体内的钙不足以中和大量草酸时，就会引起植株或果实顶端受害，这种症状一般出现在蔬菜生长旺盛的部位，特征是会引起生长点萎缩。番茄、辣椒的脐腐病，甘蓝、大白菜的干烧心病，均是常见的缺钙生理性病害。

（五）蔬菜含硼量高

蔬菜尤其是根菜类蔬菜含硼量高，其含量为禾本科作物的几倍乃至几十倍（表5-7）。由于蔬菜作物体内难溶性硼含量高，

表5-7　同一土壤上不同作物含硼量及其对硼的需求量

作物	分类	地上部含硼量（B，mg/kg）	对硼的需求量
大麦	单子叶禾本科	2.3	
裸麦	单子叶禾本科	3.1	小（不易缺硼）
小麦	单子叶禾本科	3.3	
玉米	单子叶禾本科	5.0	
菠菜	双子叶藜科	10.4	
莴苣	双子叶菊科	13.1	中
豌豆	双子叶叶豆科	21.7	
胡萝卜	双子叶伞形科	25.0	

（续）

作物	分类	地上部含硼量（B，mg/kg）	对硼的需求量
甘蓝	双子叶十字花科	37.1	
芜菁	双子叶十字花科	49.2	
黑芥	双子叶十字花科	53.3	大（容易缺硼）
萝卜	双子叶十字花科	64.5	
甜菜	双子叶藜科	75.6	

因而再利用率低，易产生缺硼症。如甜菜心腐病、芹菜茎裂病、甘蓝褐腐病、萝卜褐心病等生理性病害。

从上述特点可知，蔬菜作物对养分的种类和形态要求严格，必须有的放矢地进行合理施肥，才能获得优质高产的商品菜。

二、施肥的基本方法

露地生产的蔬菜和设施栽培的蔬菜，通常存在氮肥施用过量、施肥养分比例失衡的问题，不仅造成化肥浪费和肥料利用率下降，而且直接关系到菜农的经济收入和环境污染问题。为此，用科学的方法确定施肥量，对蔬菜生产尤为重要。

施肥量的确定是一个复杂问题，涉及蔬菜的种类及品种、产量水平、土壤肥力状况、肥料种类、施肥时期以及气候条件等因素。下面介绍蔬菜配方施肥中确定施肥量最常用的一种方法，即目标产量法，供大家参考。

（一）目标产量法

目标产量法是目前国内外确定施肥量最常用的方法。

1. 基本原理 该法是以实现作物目标产量所需养分量与土壤供应养分量的差额作为确定施肥量的依据，以达到养分收支平衡，因此，目标产量法又称为养分平衡法。其计算式如下：

$$F = \frac{(Y \times C) - S}{N \times E}$$

式中，F 为施肥量（kg/hm²）；Y 为目标产量（kg/hm²）；C 为单位产量的养分吸收量（kg）；S 为土壤供应养分量（kg/hm²）[等于土壤养分测定值×2.25（换算系数）×土壤养分利用系数]；N 为所施肥料中的养分含量（%）；E 为肥料当季利用率（%）。

2. 参数的确定　实践证明，参数确定得是否合理是该应用成败的关键。

（1）目标产量　以当地前 3 年平均产量为基础，再加 10%~15% 的增产量为蔬菜的目标产量。

（2）单位产量　养分吸收量是指蔬菜形成每一单位（如每 1 000 kg）经济产量从土壤中吸收的养分量（表 5-8）。

表 5-8　形成 1 000 kg 商品菜所需养分量

蔬菜种类	收获物	养分需要量（kg）		
		氮（N）	磷（P₂O₅）	钾（K₂O）
大白菜	叶球	1.8~2.2	0.4~0.9	2.8~3.7
油菜	全株	2.8	0.3	2.1
结球甘蓝	叶球	3.1~4.8	0.5~1.2	3.5~5.4
花椰菜	花球	10.8~13.4	2.1~3.9	9.2~12.0
菠菜	全株	2.1~3.5	0.6~1.8	3.0~5.3
芹菜	全株	1.8~2.6	0.9~1.4	3.7~4.0
茴香	全株	3.8	1.1	2.3
莴苣	全株	2.1	0.7	3.2
番茄	果实	2.8~4.5	0.5~1.0	3.9~5.0
茄子	果实	3.0~4.3	0.7~1.0	3.1~0.6
甜椒	果实	3.5~5.4	0.8~1.3	5.5~7.2
黄瓜	果实	2.7~4.1	0.8~1.1	3.5~5.5
冬瓜	果实	1.3~2.8	0.5~1.2	1.5~3.0
南瓜	果实	3.7~4.8	1.6~2.2	5.8~7.3
架芸豆	豆荚	3.4~8.1	1.0~2.3	6.0~6.8
豇豆	豆荚	4.1~5.0	2.5~2.7	3.8~6.9

（续）

蔬菜种类	收获物	养分需要量（kg）		
		氮（N）	磷（P_2O_5）	钾（K_2O）
胡萝卜	肉质根	2.4～4.3	0.7～1.7	5.7～11.7
水萝卜	肉质根	2.1～3.1	0.8～1.9	3.8～5.1
小萝卜	肉质根	2.2	0.3	3.0
大蒜	鳞茎	4.5～5.1	1.1～1.3	1.8-4.7
韭菜	全株	3.7～6.0	0.8～2.4	3.1～7.8
大葱	全株	1.8～3.0	0.6～1.2	1.1～4.0
葱头	鳞茎	2.0～2.7	0.5～1.2	2.3～4.1
生姜	块茎	4.5～5.5	0.9～1.3	5.0～6.2
马铃薯	块茎	4.7	1.2	6.7

引自：《中国肥料》蔬菜施肥部分；《蔬菜配方施肥》，p75；《肥料手册》，p7；张振贤，于贤昌，《蔬菜施肥原理与技术》，1996；《菜园土壤肥料与蔬菜合理施肥》，p10。

（3）土壤养分测定值　有关菜园土壤有效养分的测定方法及其丰缺状况分级的一般性参考指标如表 5-9 所示。

表 5-9　菜园土壤有效养分丰缺状况的分级指标（参考）

水解氮（N）		有效磷（P）		速效钾（K）	
mg/kg	丰缺状况	mg/kg	丰缺状况	mg/kg	丰缺状况
＜100	严重缺乏	＜30	严重缺乏	＜80	严重缺乏
100～200	缺乏	30～66	缺乏	80～160	缺乏
200～300	适宜	60～90	适宜	160～240	适宜
＞300	偏高	＞90	偏高	＞240	偏高

交换性钙		交换性镁		有效硫		氯	
mg/kg	丰缺状况	mg/kg	丰缺状况	mg/kg	丰缺状况	mg/kg	丰缺状况
＜400	严重缺乏	＜60	严重缺乏	＜40	严重缺乏	＜100	一般无抑制作用
400～800	缺乏	60～120	缺乏	40～80	缺乏	100～200	有抑制作用
800～1 200	适宜	120～180	适宜	80～120	适宜	＞200	呈现过量症状
＞1 200	偏高	＞180	可能偏高	＞120	偏高		

注：水解氮 1.0 mol/L NaOH 碱解扩散法；有效磷 0.5 mol/L $NaHCO_3$ 浸提-钼锑抗比色法；速效钾 1.0 mol/L NH_4OAc 浸提-火焰光度计法；交换性钙和镁 1.0 mol/L NH_4OAc 浸提-原子吸收光谱仪；有效硫 1∶5 土水比浸提-比浊法；氯 1∶5 土水比浸提-硝酸银滴定法。

引自：章永松等，1996。

（4）2.25 是毫克/千克换算成千克/公顷的因数。由于每公顷 20 cm 耕层土壤质量约为 225 万 kg，将土壤养分测定值（mg/kg）换算成 kg/hm^2 计算出来的系数。

（5）土壤养分利用系数 为了使土壤测定值（相对量）更具有实用价值（kg/hm^2），应乘以土壤养分利用系数进行调整（表 5-10）。一般土壤肥力水平较低的田块，土壤养分测定值很低，土壤养分利用系数应取>1 的数值，否则计算出的施肥量过大，脱离实际；反之，肥沃土壤的养分测定值很高，土壤养分利用系数应取<1 的数值，否则计算出的施肥量为负值，难以应用。

（6）肥料中养分含量 一般化学氮肥和钾肥成分稳定，不必另行测定。而磷肥，尤其是县级磷肥厂生产的磷肥往往成分变化较大，必须进行测定，否则计算出的磷肥用量不准确。

表 5-10　不同肥力菜地的土壤养分利用系数

蔬菜种类	土壤养分	不同肥力土壤的养分利用系数		
		低肥力	中肥力	高肥力
早熟甘蓝	碱解氮	0.72	0.58	0.45
	有效磷	0.50	0.22	0.16
	速效钾	0.72	0.54	0.38
中熟甘蓝	碱解氮	0.85	0.72	0.64
	有效磷	0.75	0.34	0.23
	速效钾	0.93	0.84	0.52
大白菜	碱解氮	0.81	0.64	0.44
	有效磷	0.67	0.44	0.27
	速效钾	0.77	0.45	0.21
番茄	碱解氮	0.77	0.74	0.36
	有效磷	0.52	0.51	0.26
	速效钾	0.86	0.55	0.47
黄瓜	碱解氮	0.44	0.35	0.30
	有效磷	0.68	0.23	0.18
	速效钾	0.41	0.3	0.14
萝卜	碱解氮	0.69	0.58	—
	有效磷	0.63	0.37	0.20
	速效钾	0.68	0.45	0.33

引自：谢建昌 等，《菜园土壤肥力与蔬菜合理施肥》，1997。

（7）肥料当季利用率 肥料利用率一般变幅较大，主要受作物种类、土壤肥力水平、施肥量、养分配比、气候条件以及栽培管理水平等影响。目前，化学肥料的平均利用率：氮肥按 35% 计算，磷肥按 10%～25% 计算，钾肥按 40%～50% 计算。

3. 评价 该法的优点是概念清楚，计算方便，便于推广。但是应该指出，问题的关键是要结合蔬菜生产的特点、菜地土壤肥力特征、作物需肥规律以及蔬菜商品价格特点，确定必要的参数和土壤养分利用系数，才能取得满意的结果。此外，施用大量有机肥料时，应从计算出的施肥量中适当扣除一部分养分量，否则容易造成过量施肥带来不良后果。

（二）目标产量法计算施肥量的示例

设某块菜地为中等肥力土壤，于早春测得土壤速效养分含量为：碱解氮 75 mg/kg，有效磷 35 mg/kg，速效钾 100 mg/kg。计划种植春茬黄瓜，预计目标产量为 60 000 kg/hm²。现按下列步骤计算施肥量。

1. 计算公顷产 60 000 kg 黄瓜需要养分量 经查有关资料（表 5-9）得知，每形成 1 000 kg 黄瓜商品菜的养分吸收量为：氮（N）3 kg、磷（P_2O_5）1.05 kg 和钾（K_2O）4 kg。因此，每公顷产 60 000 kg 黄瓜的养分需要量为：

需氮（N）量：$3 \times 60 = 180$ kg/hm²；

需磷（P_2O_5）量：$1.05 \times 60 = 63$ kg/hm²；

需钾（K_2O）量：$4 \times 60 = 240$ kg/hm²。

2. 计算土壤供应养分量 为了便于计算施肥量，应先将土壤养分测定值乘以换算系数使 P 转变为 P_2O_5，K 转变为 K_2O。

土壤碱解氮（N）：数值不变；

土壤有效磷（P）：$35 \times 2.29 = 80$ mg/kg（P_2O_5）；

土壤速效钾（K）：$100 \times 1.2 = 120$ mg/kg（K_2O）。

根据土壤养分测定值判断土壤养分的丰缺状况（表 5-9），选择相应的土壤养分利用系数（表 5-10）计算土壤供应养分量，计算公式为：

土壤供应养分量＝土壤养分测定值×2.25（换算系数）×
土壤养分利用系数

土壤供氮（N）量：土壤碱解氮 75 mg/kg×2.25×0.35＝
59.1 kg/hm²；

土壤供磷（P_2O_5）量：土壤有效磷 80 mg/kg×2.25×0.23＝
41.4 kg/hm²；

土壤供钾（K_2O）量：土壤速效钾 120 mg/kg×2.25×0.32＝
86.4 kg/hm²。

3. 计算应施养分量　以需要养分量减去土壤养分供应量即得应施养分量。

应施氮（N）量：180－59.1＝120.9 kg/hm²；

应施磷（P_2O_5）量：63－41.4＝21.6 kg/hm²；

应施钾（K_2O）量：240－86.4＝153.6 kg/hm²。

4. 计算化肥用量　按尿素 N 46%，当季利用率为 35%计算，则

应施尿素量：$\dfrac{120.9}{0.46×0.35}＝750.93$ kg/hm²。

按普通过磷酸钙含 P_2O_5 14%，当季利用率 20%计算，则

应施过磷酸钙量：$\dfrac{21.6}{0.14×0.2}＝771.43$ kg/hm²。

按硫酸钾含 K_2O 50%，当季利用率 45%计算，则

应施硫酸钾量：$\dfrac{153.6}{0.5×0.45}＝682.67$ kg/hm²。

以上是化肥施用量，基本上符合黄瓜的养分推荐量，但在实施中必须坚持化肥与有机肥料配合施用，因此，施肥量应作适当的调整。

（三）施肥时期

施肥时期的确定应以提高肥料增产效应和减少肥料损失、防止环境污染为基本原则。因此，施肥时期应与蔬菜生育期及其对各种养分的吸收量相吻合。日本的山崎（1980）把不同蔬菜对养分的吸

收划分为两种类型，A 型蔬菜从始收期到盛收期对养分吸收量逐渐增加，以后即大体保持稳定，如黄瓜、茄子、四季豆、番茄等；B 型蔬菜随着叶片的生长，吸收的养分也逐渐减少，此类型以萝卜、胡萝卜为代表，还有大白菜和结球甘蓝等。蔬菜施肥可大体分为两大时期：一是于播种或定植前施基肥，供全生长期需要；二是生长期间根据上述不同类型进行追肥，如茄果类、瓜类等蔬菜由于生长和发育并进，定植后对养分的吸收不断增加，应多次分期追肥，而萝卜的追肥重点应在叶片充分长大和产品器官膨大之前。

（四）施肥方法

按施肥时期可分为基肥、种肥、追肥、根外追肥等。

1. 基肥 在播种或定植前施入，其目的在于为蔬菜生长发育创造良好的土壤条件，满足蔬菜整个生长期对养分的需求。基肥以堆肥、厩肥、粪干、饼肥等迟效性有机肥料为主，化学肥料中的氮、磷、钾、镁以及微量元素硼、锌等也可作基肥施用。

2. 种肥 指播种或定植时施于种子附近或用于浸种、拌种的肥料。其目的是为幼苗生长创造良好的环境条件，一方面供给幼苗养分，满足幼苗营养临界期对养分的需要，另一方面用腐熟有机肥料作种肥还有改善种子苗床物理性状的作用。在土壤瘠薄、施肥水平较低的条件下，种肥效果更好。用作种肥的肥料应该是易被幼苗吸收的速效性肥料，而且肥料对种子发芽无毒害作用。种肥宜选用高度腐熟有机肥料或速效性化肥，而且用量不宜过大。每 667 m^2 施用硫酸铵 2.5～5 kg、过磷酸钙 7～10 kg 为宜。微量元素拌种，一般是每千克种子用 0.5～1.5 g。如将化肥与腐熟有机肥混合施用则效果更好。为了防止蔬菜幼根遭受肥害，在种子与施入的肥料之间应间隔一定的距离，对氮、钾肥尤为重要。

3. 追肥 指蔬菜生长期间所用的肥料。其目的是满足作物生育期间对养分的需求。一般为速效性化肥，腐熟良好的有机肥料也可作追肥。追肥的施用应根据蔬菜不同生长发育时期对养分的需求和土壤的供肥特性来确定。通常蔬菜需肥的关键时期是营养临界期和营养最大效能期。如茄果类蔬菜苗期是磷的营养期，缺磷将会影响花芽分化；而在蔬菜营养最大效能期如大白菜、甘蓝的结球期和薯芋类蔬菜的根、茎膨大期施用肥料均能得到最大效果。在土壤瘠薄、基肥不足和生长瘦弱的情况下，追肥时期应适当提前；反之，追肥时期应适当推进。

4. 根外追肥 是用喷洒肥料溶液的方法，使蔬菜通过茎、叶获得营养的措施。该法用肥少、收效高，尤其在蔬菜生长后期，根系吸收养分能力减弱，或在蔬菜根系受到环境胁迫（盐害、渍害、干旱等），或蔬菜某一时期有特殊营养要求时进行喷施，均有明显的增产效果。一般来说，氮素根外追肥最好在生长前半期进行，而磷、钾及微量元素宜在缺素敏感期或生长后半期施用。根外追肥的肥料浓度如表5-11所示。

表5-11 根外追肥溶液浓度

肥料种类	溶液浓度（%）	肥料种类	溶液浓度（%）
尿素	0.5~1	硫酸锌	0.1~0.3
过磷酸钙	1~3	硫酸锰	0.05~0.2
硫酸钾	0.5~2	钼酸铵	0.05~0.1
磷酸二氢钾	0.2~0.5	硫酸亚铁	0.2~0.5
硼砂	0.1~0.2		

三、主要蔬菜施肥技术要点

主要蔬菜划分为9类：

（1）茄果类与瓜类 番茄、茄子、辣椒、黄瓜、南瓜、西瓜、冬瓜、丝瓜、苦瓜、瓠瓜、节瓜、佛手瓜、蛇瓜、越瓜、笋瓜、西葫芦、菜瓜等。

（2）根菜类与薯芋类 萝卜、胡萝卜、牛蒡、菊牛蒡、辣根、美洲防风、芜菁、芜菁甘蓝、根甜菜、婆罗门参、根用芥菜、马铃薯、生姜、山药、芋、豆薯、菊芋、葛根、草石蚕等。

（3）白菜类与甘蓝类 结球白菜、不结球白菜（包括小白菜、青菜、油菜等）、菜薹（心）、薹菜、紫菜薹、红菜薹、乌塌菜、结球甘蓝、球茎甘蓝、羽衣甘蓝、抱子甘蓝、花椰菜、青花菜、芥蓝等。

（4）绿叶菜类 芹菜、莴苣、菠菜、芫荽、茼蒿、茴香、油麦菜、番杏、蕹菜、落葵、苋菜、薄荷、苦苣、紫苏、紫背天葵、叶用芥菜等。

（5）豆菜类 菜豆、豇豆、豌豆、毛豆、蚕豆、扁豆、刀豆、四棱豆、红花菜豆、豆芽菜等。

（6）葱蒜类 韭菜、大葱、蒜、洋葱、韭葱、薤、分葱、细香葱、楼葱、胡葱等。

（7）多年生蔬菜类 香椿、竹笋、石刁柏、金针菜、百合、枸杞、朝鲜蓟、款冬、霸王花等。

（8）水生蔬菜类 莲藕、茭白、荸荠、菱、莼菜、水芹、芡实、慈姑、豆瓣菜、蒲菜等。

（9）食用菌类 双孢蘑菇、香菇、木耳、平菇、草菇、银耳、茯苓、猴头菇、金针菇等。

（一）叶菜类

绿叶蔬菜是指以鲜嫩的绿叶、叶柄或嫩茎为产品的速生性蔬菜。主要有小白菜、大白菜、芹菜、菠菜、苋菜、莴苣、茼蒿、荠菜等。绿叶蔬菜需要的养分以氮、钾为主，对磷要求较低，生长中后期养分需求有突然增加的特点，而且生长快，吸肥强度大。后期供肥不足，植株生物量下降，苍老无光泽，水分少，品质低。因此，勤施肥是绿叶蔬菜栽培管理上的重要措施。这里重点介绍大白菜、芹菜、莴苣等几种绿叶蔬菜。

1. 大白菜施肥技术

（1）营养特性 大白菜属十字花科，原产于我国，按栽培季节分为春型（春季栽培，作为绿叶蔬菜）、夏秋型（夏末至中秋栽培）和秋冬型（秋季至冬初栽培，贮存供冬季及早春食用）。大白菜叶面积大，蒸腾耗水多，全生育期适宜的土壤湿度为 80%～92%，低于 70% 对生长不利，高于 95% 以上脱帮多，病害重。适宜的空气湿度为 65%～80%，湿度过大易发生病害。莲座期和结球期要求光照充足，以利叶球充实。

大白菜是半耐寒性植物，对气候要求严格。生长期间的适温在 10～23 ℃ 的范围。其耐热能力不强，当温度达 25 ℃ 以上时生长不良，达 30 ℃ 以上则不能适应。大白菜有一定的耐寒性，但在 10 ℃ 以下生产缓慢，5 ℃ 以下停止生长。温度对白菜生长的作用主要在于它对光合强度有影响。

白菜在各个生长期对温度有不同的要求，发芽期要求较高的温度。种子在 8～10 ℃ 即能缓慢发芽，但发芽势很弱，在 20～25 ℃ 发芽迅速而强健。幼苗期适宜温度为适应温度范围内的较高温度，即 22～25 ℃。它也可适应 26～30 ℃ 的高温，但生长不良，且易发生病毒病。莲座期是形成光合器官的主要时期，对温度要求较为严格。为使莲座期叶生长迅速强健，日均温以 17～22 ℃ 为最适宜。温度过高莲座叶徒长，容易发生病害；温度过低则生长缓慢而延迟结球。北方秋季栽培的白菜到莲座后期日均温达 17 ℃ 以下，夜间即有低温出现，使白菜苗端发育为花端并开始结球。结球期是产品形成的时期，对温度要求严格，在 12～22 ℃ 适宜的温度范围内生长良好。

白菜对土壤的物理性和化学性要求严格，在疏松的沙土及沙壤土中根系发展迅速，因此幼苗及莲座生长迅速，但往往因为保肥力和保水力弱，到结球期需要大量养分和水分时生长不良，结球不坚实，产量低。在黏重的土壤中根系发展缓慢，幼苗及莲座生长也较慢，但到结球期因为土壤天然肥沃及保肥保水力强，叶球往往高产；不过产品的含水量大，品质较差，而且往往软腐病严重。最适宜的土壤是天然肥沃而物理性良好的沙壤土、壤土及轻黏壤土。对土壤酸碱度的要求不严，在弱酸性至微碱性条件下均可正常生长。

白菜根系的主要特点是在浅土层（土面下 5～25 cm）有很发达的平行侧根和网状的分根，而在深土层（25 cm 以下）侧根很不发达，成熟植株主根随着植株的生长不断加深，最深可达 1 m 左右。侧根多，并且再生能力强，适合移栽。大白菜每一世代的生长过程，以器官发生过程分为营养生长时期和生殖生长时期。营养生长时期分为发芽期、幼苗期和莲座期，生殖生长时期分为抽薹期、开花期和结荚期。

白菜在营养生长时期，由开始发芽到叶球成熟，地上部鲜重生长量有递增的趋势，而生长速度则有递减的趋势。发芽期生长量最小而生长速度最大，幼苗期生长量小而生长速度大，莲座期生长量和生长速度都大，结球期生长量最大而生长速度最小。

（2）需肥特性　大白菜属叶菜，生育期较短，产量高，对营养元素吸收选择性较高。大白菜发芽期和幼苗期生长量小而生长速度大，对肥水的需要量不多，但必须保证供应。莲座期生长量和生长速度都大，增加肥水的供应是很重要的。结球期生长量大而生长速度小，肥水必须大量增加。

白菜以叶为产品，对氮的要求最为敏感。充足的氮素营养对促进形成肥大的绿叶和提高光合效率特别重要，它促进叶丛生长、增加产量并提高品质，在一定用氮量范围内，大白菜产量随用氮量增加而相应提高。增产的原因主要是增加叶面积和厚度，而不是增加叶片数。增施氮肥使叶片加厚的原因是由于细胞体积扩大，而栅栏组织细胞层数并未加多。

氮素不足，则植株矮小、叶片少、茎基部叶片易枯黄脱落、组织粗硬。但氮素过多时，组织含水量高，不利于贮存，而且易遭受病害。

磷有促进植株生长点细胞分生的作用，加速分化新叶，使外叶和球叶数量增多，从而增加叶球产量。还能加速主根分生须根，扩大与土壤的接触面，吸收更多养分和水分。磷肥充足，根尖细胞和心叶生长变快，有利于叶球形成。磷的增产率虽比氮低，但在施足氮肥的基础上再施磷肥，可增加净菜率和提高叶球坚实度。

钾能提高大白菜含糖量，促进光合产物向叶球运动，加快结球速度，尤其在叶球形成期，钾肥充足，可加速有机物质向产品器官的转运，形成硕大充实的叶球，后期磷、钾肥供应不足时，往往不易结球。

各个生长期内三要素的吸收量不同，大体上与植物干重增长量成正比。由发芽期至莲座期的吸收量约占总吸收量的 10%，而结球期约占 90%。各个时期吸收三要素的比例也不相同，由发芽期至莲座期吸收的氮（N）最多，钾（K_2O）次之，磷（P_2O_5）最少。结球期吸收的钾（K_2O）最多，氮（N）次之，磷（P_2O_5）仍最少。这是因为在结球期白菜需要较多的钾促进外叶中光合产物的制造，同时还需要大量的钾促进光合产物由外叶向叶球移动并贮藏起来。

每生产 1 000 kg 大白菜需吸收氮（N）1.3～2.5 kg、磷（P_2O_5）0.6～1.2 kg、钾（K_2O）2.2～3.7 kg，N：P_2O_5：K_2O 约为 2.5：1：3。

钙和硼对大白菜增产效果明显。缺钙易导致叶球内部嫩叶的边缘变干枯（"干烧心"）。大白菜在营养生长过程中缺硼，常导致叶柄内侧组织发生木栓化，由褐色变为黑褐色，叶片边缘枯死，结球不良。

（3）大白菜施肥技术

① 基肥大白菜生长期长、生长量大，需要大量肥效长而且能加强土壤保肥力的有机质肥料。因此，基肥应以有机肥为主，并配合适量化肥，每 667 m^2 施商品有机肥 300～500 kg 或优质腐熟猪厩肥 4 000～6 000 kg，撒入地表结合深耕翻入地下，配施氮肥（N）4～6 kg、磷肥（P_2O_5）6～8 kg、钾肥（K_2O）6～8 kg。

② 追肥。只有在不同生长时期适时、适量地追肥和浇水，大白菜才能达到丰产。

a. 发芽期。这个时期的生产量约为营养生长时期生长总量的 0.1%，此期由土壤中吸收的营养很多，即使不追肥，土壤中的天然养分及基肥开始分解的养分也足以供应。此时若在近根处直接集中追肥会造成土壤溶液浓度过高，还有"烧根"的可能。此期，大白菜吸收水分虽不多，但因根系很小，水分供应必须充足，播种前如墒情不好，需要充分浇水造墒。必要时在幼芽出土后浇小水以补充水分。

b. 幼苗期。此期植株的生长量不大，根系不发达，吸收养分和水分的能力很弱，但要求供应足够的养分和水分。为了保证幼苗得到足够的养分，需要追施速效性肥料，称为"提苗肥"。提苗肥一般每 667 m² 施氮肥 2～3 kg，主要肥料品种是尿素。

c. 莲座期。此期是大白菜根系和叶片最旺盛的时期，对养分和水分的吸收量都很大，此期生长的莲座叶是将来在结球期大量制造光合产物的器官，充分施肥浇水，保证莲座叶强盛生长是丰产的关键，但同时还要主要防止莲座叶徒长而致延迟结球。田间有少数植物开始团棵时应施用"发棵肥"，以供给莲座叶生长所需养分。莲座初期每 667 m² 追施腐熟干鸡粪 900～1 000 kg 或饼肥 400～600 kg，配合追施氮肥 2～4 kg，开沟施入，封沟浇水，施肥时应重点偏施小苗、弱苗，促其形成壮苗。我国北方栽植的大白菜莲座期正直秋雨季节，田间湿度大，既保证水肥充足，使莲座叶大而厚、浓绿有光泽，又要适当蹲苗，以防外叶徒长，影响叶球分化，并促进根群发育深扎。

d. 结球期。结球期天数最多，又是同化作用强盛、大量累积养分而形成产品的时期，因此需要肥水量最大。在包心前 5～6 d 施用"结球肥"，用大量肥效较为持久的完全肥料，特别是要增施钾肥。每 667 m² 施氮肥（N）3～4 kg，适施部分磷、钾肥。这次施肥在行间开 8～10 cm 深的沟，将肥料施在沟中，引导根系全面发展，遍布全田。中熟及晚熟品种的结球期很长，还应在抽筒时施用"补充肥"一次。这次宜用肥效较快的肥料，每 667 m² 施用粪肥 500～1 000 kg 或尿素 10～15 kg。抽筒后进入结球中期，正是叶球充实内部的时候，这次施肥有促进"灌心"的作用，因此又称为"灌心肥"。抽筒时田间白菜已经封垄，须将肥料溶解于水中顺水冲入沟中或畦中，一般每 667 m² 追施氮肥（N）3～4 kg，促心叶增长。由于此时根系已布满土壤近表层，故肥料浓度不能太高。

e. 根外施肥。为了提高大白菜的净菜率，提高商品价值，在莲座期、结球期可喷施 0.1%～0.2% 的磷酸二氢钾及 0.5%～1% 的尿素混合溶液，每隔 7～10 d 喷 1 次，共喷 3 次。大白菜是一种喜钙作物，缺钙易引起干烧心病，结球期可用 0.4%～0.7% 氯化钙或硝酸钙溶液喷施，每隔 7 d 喷 1 次，喷 2～3 次，叶面喷施肥料一般在每天 9 时前和 17 时后喷，阴天可全天喷，雨天不宜喷，以避免养分流失。

在缺乏微量元素的土壤种植要补施微肥，提高净菜率，防止一些生理病害的发生和蔓延。大白菜需硼较多，对缺硼的土壤要施用硼肥。每 667 m² 施硼砂 1～2 kg，可作基肥，与其他肥料一起拌匀施入土中，或者在莲座期至结球期以 0.1%～0.2% 的硼砂溶液喷施，每隔 6～7 d 喷施 1 次，连续喷 2 次。

（4）大白菜缺素症

① 缺氮症。生长不良，植株矮小，组织粗硬，整株叶色变淡。

② 缺磷症。与缺氮症相似，生长差，叶色仍为绿色，不宜结球。

③ 缺锰症。新叶的叶脉间变成淡绿色乃至白色。

④ 缺镁症。外叶的叶脉由淡绿色变成黄色。

⑤ 缺锌症。叶呈丛生状，到收获期不包心。

⑥ 缺铁症。叶脉间变成淡绿色。

⑦ 缺硼症。叶僵硬，表面凹凸不平，畸形。易发生心腐病，叶柄变黑褐色，叶严重萎缩，变粗糙、坚硬、老朽。结球不大，严重时完全不结球。从中间纵切观之，中心部褐色腐朽，有时成空洞状。大部分于结球开始时发生。

⑧ 缺钾症。外叶的叶脉间出现白色小斑点，斑点逐渐扩展，融合而枯干，并逐渐向内叶扩展。

⑨ 缺钙症。出现烧心病，结球期心叶的叶缘变黄，叶尖内卷、畸形，而后枯死。

⑩ 缺铜症。新叶的叶尖边缘变成淡绿色至黄色，生长不良。

2. 芹菜施肥技术

（1）营养特性　芹菜是伞形科草本植物，喜冷凉，怕炎热，生育适温为 15~20 ℃，芹菜一般从播种出苗到定植需 50~60 d，从定植到收获需 60~100 d。芹菜是浅根性作物，根系主要分布在 10~25 cm 土层，横向分布在 20~35 cm，不耐旱、不耐涝。但是，直播的芹菜主根发达，移栽的芹菜主根被切断而促进侧根的发达，适宜育苗移栽，水分、养分充足时，叶柄的薄壁细胞充满水分和养分，口味浓、质地脆；而水分、养分不充足的时候，薄壁细胞破裂，造成空洞，厚角组织细胞加厚，品质下降。

　　芹菜吸收养分的能力较弱，适宜在富含有机质、保水保肥能力强的壤土或黏壤土中栽培，沙土易缺水缺肥，使芹菜叶柄发生空心现象。芹菜根系较耐酸，土壤 pH 在 4.8 时仍可生长，土壤在 pH 5.5~7.0 时发育正常，耐碱性较弱。

　　芹菜适宜温和的气候，耐寒力不如菠菜。种子发芽最低温度为 4 ℃，适宜的发芽温度为 15~20 ℃，7~10 d 出芽，温度过高发芽困难。

　　（2）需肥特性　芹菜是吸肥能力低、耐肥力比较高的作物，只有在土壤浓度较高的状态下，才能够大量吸收肥料的养分。芹菜不同生育期吸收氮、磷、钾量不同。初期缺氮和后期缺氮的影响最大；初期缺磷比其他时期缺磷的影响大；初期缺钾影响稍小，后期缺钾影响较大。氮素是叶面生长最重要的营养元素，氮素不足时显著影响叶的分化。因此，在整个生长过程中，氮肥的使用占主要地位。适于叶片生长的氮素浓度是 180~220 mg/kg，芹菜单株产量构成与总叶数和叶重有关，氮素浓度会影响分化叶数的多少，缺氮不仅使生育受阻碍、植株长不大，其叶柄也易老化空心。磷促进叶片伸长，特别是对第一节间伸长的效果明显，缺磷阻碍叶柄的伸长，使植株矮小，幼苗期缺磷对生长的影响最大。土壤含有效磷量一般在 120~200 mg/kg 时对分化叶片有利，但磷过多则使叶柄纤维增多、维管束加粗，影响产品的品质。钾与养分的运输有关，缺钾妨碍养分的运输，使叶柄薄壁细胞中的贮藏养分减少，抑制叶柄的加粗生长。适当施用钾肥，还可以增加植株的抗性，使植株苗壮，不易倒伏。钾浓度在 120~220 mg/kg 时有利于叶的分化。芹菜生长后期最需钾肥，它不仅对养料的运输有利，还可促进叶柄薄壁细胞内贮存更多养分，使叶柄粗壮、富于光泽，提高其商品价值。

芹菜对硼的需求较强，土壤中缺硼或者由于温度过高或过低、土壤干燥等原因使硼素的吸收受抑制时，叶柄则发生"劈裂"。

（3）芹菜施肥技术

① 育苗施肥。苗床每平方米施入腐熟有机肥 2～3 kg 和氮、磷、钾复混肥（13-15-17）80～90 g，将肥料与土壤充分混合后，进行播种育苗，出苗后 10 d 左右，随浇水施一次 0.5％尿素和2.5％过磷酸钙溶液。

② 基肥。芹菜需肥量大，施足基肥是关键，一般每 667 m² 施腐熟有机肥 3 000～5 000 kg、复合肥料 100 kg、硼砂 0.5～1.0 kg，一次施入土中作为基肥。深翻 20～25 cm 使土壤和肥料充分混匀。

③ 追肥。芹菜在定植幼苗成活后开始追肥，以速效性氮肥为主，定植后 10～15 d 每 667 m² 追施尿素 10～20 kg，到叶生长肥大期，芹菜生长茂盛，是养分最大效率期，需供应较多肥水，每667 m² 追尿素和硫酸钾各 10～15 kg。采收前 15～20 d 不再追施氮肥。在叶生长肥大期，用 0.5％硝酸钙或氯化钙进行叶面喷洒，喷2～3 次。

（4）芹菜缺素症

① 缺氮症。下部叶片变成白色甚至黄色，植株矮小，生长差。

② 缺硫症。整株呈淡绿色，嫩叶出现特别的淡绿色。

③ 缺锰症。叶缘的叶脉间变为淡绿色至黄色。

④ 缺硼症。起初沿着幼叶周边生出褐斑，严重时，生长点附近产生黑褐变而枯死。再者，外叶的叶柄老朽，表面生出褐色条纹，表皮裂开，叶柄基部及根部也生出坏死的褐斑，全部组织硬化。变老朽易折断为其特征，重症时全株萎缩。

⑤ 缺钾症。下部叶片发黄，叶脉间出现褐色小斑点，逐渐往上部叶片扩展。

⑥ 缺铁症。嫩叶的叶脉间变成黄白色，接着叶色变白色。

⑦ 缺钙症。生长点发育受阻，中心幼叶枯死，生长点附近新叶叶脉间出现白色甚至褐色斑点，斑点相连，叶缘部枯死。

⑧ 缺磷症。下部叶变黄，嫩叶的叶色与缺氮症相比显得浓些。

⑨ 缺锌症。叶易向外侧卷，茎秆上可发现色素。

⑩ 缺铜症。叶色淡绿，在下部叶上易发生黄褐色的斑点。

⑪ 缺镁症。叶色整个呈淡绿色。在叶缘或叶尖出现黄斑，进而坏死。

3. 莴苣施肥技术

（1）营养特性　莴苣为菊科莴苣属草本植物，分为叶用莴苣和结球莴苣两种。叶用莴苣又称为生菜，可生吃。莴苣是直根系，根系浅，须根发达，根群主要分布在 15～30 cm 土层中。根的再生能力强，移栽后容易成活。

莴苣的根喜氧，要求有机质含量丰富的土壤，有利于根系的生长和对养分的吸收。适宜在微酸性土壤中生长，pH 为 5.2～7.0。过酸或过碱都不利于莴苣的正常生长。

（2）需肥特性　缺氮抑制莴苣叶片的分化，使叶片减少，苗期缺氮影响显著。幼苗缺磷植株矮小。结球莴苣如果氮多钾少，干物质多分配于外叶中，外叶虽重但整个叶球较轻，造成徒长。生产 1 000 kg 莴苣吸收氮（N）1.8～2.7 kg、磷（P_2O_5）0.8～1.6 kg、钾（K_2O）3.0～4.0 kg。

莴苣是喜钙蔬菜，缺钙会出现干烧心。

（3）莴苣施肥技术

① 基肥。定植前每 667 m^2 施有机肥 3 000～5 000 kg、硫酸钾复合肥（15-15-15）20 kg，撒入畦面，翻于地下。

② 追肥。莴苣生育期短，需肥量不大，在定植后 10 d 左右随灌溉水每 667 m^2 追鲜畜粪 400～600 kg，莲座叶形成期每 667 m^2 追施尿素 15～20 kg、硫酸钾 8～12 kg，定植 1 个月后，每 667 m^2 追施尿素15～20 kg。

（4）莴苣缺素症

① 缺氮症。莴苣缺氮叶片从外叶开始变黄，植株生长弱小。

②缺磷症。莴苣缺磷植株生长弱小，叶色正常。

③缺钾症。外叶的叶脉间出现不规则褐色斑点。

④缺钙症。新叶的叶脉变成褐色，生长受到阻碍。

⑤缺镁症。外叶的叶脉间开始变黄色，逐渐向上部叶片扩散。

⑥缺铁症。莴苣缺铁整个叶片变成淡绿色。

⑦缺锰症。叶脉间淡绿色，易发生不规则白色斑点。

⑧缺锌症。莴苣缺锌从外叶开始枯萎，植株生长弱小。

⑨缺硼症。茎叶变硬，叶易外卷。心叶生长受阻，同时，叶片变成黄色，侧根生长差。

（二）茄果类

茄果类蔬菜是我国主要的夏季蔬菜，对土壤的要求和养分吸收有其共同特点：一是要求土壤有良好的通气性；二是花芽分化在苗床在进行，应保证苗床有较丰富的氮、磷、钾等营养；三是对钾、钙、镁的需要量都比较大，特别是从果实采收期开始，容易产生这些元素缺乏症，如缺钙易引起番茄、甜椒果实的脐腐病等；四是茄果类蔬菜的采收期比较长，随着采收养分不断携出，需要边采收，边供给养分，才能不断满足开花结果的需要，否则植株易早衰，导致总产量下降。

1. 番茄施肥技术　番茄产量高，每 667 m² 的产量可达 5 000 kg，因此，了解番茄需肥特点，及时合理地供用肥料，是获得番茄优质高产的重要一环。

（1）营养特性　番茄果实含有相当数量的维生素及矿物质，不仅是作生食的重要果品，而且因其含有柠檬酸和苹果酸，也可作调味品。番茄果实内的营养物质，在不同部位上分布也有差别，果心含有较丰富的糖和干物质，胎座含有较多的酸，但多聚糖极少；果皮与果肉的成分相近。果胶质在果实中含量不高，仅占干物质的3.9%左右，按鲜重计不超过 0.13%～0.23%，但它决定着新鲜番茄的结构和紧密程度，与贮藏关系密切。番茄果实内丰富的营养物质的形成和积累与植株体内的养分状况有密切关系，要有充足的养料来保证。

（2）需肥特性　通常生产 1 000 kg 商品番茄需要的养分分别为：氮（N）2.1～3.5 kg，平均 2.90 kg；磷（P_2O_5）0.64～1.03 kg，平均 0.84 kg；钾（K_2O）3.73～5.28 kg，平均 4.51 kg；钙（CaO）2.52～4.19 kg，平均 3.35 kg；镁（Mg）0.26～0.54 kg，平均 0.45 kg。其吸收量的顺序是钾＞氮＞钙＞镁＞磷。

① 吸肥动态。在定植前吸收养分较少，定植后随生育期的推进吸肥量增加。从第一花序开始结实、膨大后，养分吸收量迅速增加，氮、钾、钙的吸收占总吸收量的 70％～90％。

氮和钙：从定植至采收末期，累计吸收量大体呈直线上升趋势，从第一穗果实膨大开始，吸收量迅速增加。

磷和镁：随着生育期进展，吸收量也逐渐增多，但就总的累积吸收量来说，两者都比较低。苗期磷的吸收量较小，但影响很大，供磷不足，不利于花芽分化和植株发育；镁从果实膨大期起吸收量明显增加，若供镁不足，对产量和品质有较大影响。

钾：从第一果实膨大后，吸收迅速增加，吸收量接近氮的 1 倍。郑维民等（1987）用同位素[86]Rb 示踪研究番茄吸钾动态表明，营养生长阶段吸收的钾只占全生育期的 29.3％，果实膨大期钾的吸收量急剧增多，占 70％以上；同时，还表明营养生长阶段 70％的钾集中在叶内，结果期 60％的钾分布在果实内。

② 体内养分含量。番茄植株体内的养分含量以钾最高，氮次之，磷较低。而且不同部位营养元素含量各不相同，以占干重的百分含量计算，氮在叶片中含量最高，其次是果实和茎秆；磷在三者中的含量相近；钾在果实、茎、叶中的含量均较高。钙在叶片中含量最高，果实内最少，茎秆居中。

（3）施肥技术

① 苗床施肥。番茄的苗期营养主要靠苗床土提供，床土的养分含量直接影响到幼苗生长。壮苗，花芽分化早，发育快；相反，花芽发育慢，花芽分化推迟，着生节位上升，数量减少，影响早熟丰产。因此，床土的施肥非常重要。床土要用肥沃的菜园土，一般

每立方米床土施腐熟的有机肥 5 kg 左右、氮肥（N）0.2 kg（相当于 1 kg 硫酸铵）、磷（P_2O_5）0.1~1.0 kg（相当于 0.7~7 kg 过磷酸钙）、钾（K_2O）0.1 kg（相当于 0.2 kg 硫酸钾）。各地床土情况不一，苗床施肥也不同，北京等地采用每立方米床土施 8.8 kg 混合粪肥，掺入过磷酸钙 0.1~0.15 kg、氯化钾 0.1 kg，然后充分拌匀。番茄苗的生长中后期如养分不足，一般可结合浇水，追施稀薄的粪水，可喷施（或者浇施）0.1%~0.2%尿素溶液。

苗期增施 CO_2 肥可显著促进幼苗生长，提高早期的产量，一般在番茄 2~3 片真叶展开后，用 800~900 μL/L 的 CO_2 气肥，连续施用 15~20 d，可明显促进番茄壮苗，提高早期产量。

② 本田施肥。根据番茄的需肥特点，番茄的本田施肥在培育壮苗的前提下，以基肥为主，一般结合整地每 667 m^2 施优质有机肥 5 000~6 000 kg，并配硫酸铵 15~20 kg、过磷酸钙 40~50 kg、硫酸钾 10~15 kg。基肥的 2/3 翻入土中，1/3 施在定植行内。

番茄追肥在定植后进行，一般定植后 5~6 d 追一次"催苗肥"，每 667 m^2 施氮素（N）2~3 kg（相当于 4.3~6.5 kg 尿素）；第一果穗开始膨大时追肥"催果肥"，可每 667 m^2 施氮（N）3~4 kg（相当于尿素 6.5~8.7 kg）；进入盛果期，当第一穗果发白，第二、第三穗果迅速膨大时，应追肥 2~3 次，每次每 667 m^2 可施氮肥 3~4 kg（相当于尿素 6.5~8.7 kg），前一次可分别配以过磷酸钙 10~15 kg 和硫酸钾 8~10 kg，以利于提高果实品质；进入盛果以后，根系吸肥能力下降，可结合打药进行叶面喷施 0.3%~0.5% 尿素或 0.5%~1%磷酸二氢钾，以及 0.1%硼砂等，隔 7 d 喷 1 次，连续喷 2~3 次，以利于延缓衰老，增加采收期。对于设施栽培下的番茄，要防止因施肥过多引起的盐分障碍。施肥时增加有机肥投入，化肥用量可比露地减少 20%~30%，而且宜少量多次施用，并注意及时灌水压盐，以促进番茄的生长发育。

（4）番茄缺素症　番茄营养元素不平衡时易引起生理病害。

① 缺氮症。植株矮小，叶小，尤其上部叶片更小，叶片从下部开始黄化，依次向上部叶片扩展。黄瓜从叶脉开始，逐渐扩展到

全叶，坐果少，果实过早膨大。

当氮过量时，叶又大又绿植株长势过旺；下位叶有明显的卷叶现象，叶脉有部分黄化；果实生长不正常。

② 缺磷症。苗期下部叶片暗绿色逐渐变为红紫色并逐渐向上部叶片扩展。叶小，失去光泽，成熟晚，产量低。生育初期、低温时易缺磷，使生长速度变慢，植株出现轻度硬化。

③ 缺钾症。苗期叶片由叶缘开始失绿，由叶缘向叶肉扩展。生育最盛期中部叶片的叶尖褐变，而后叶枯死。叶色变黑，叶质变硬。

番茄钾素过剩症：叶色异常的深，叶缘上卷；叶的中央脉突起，叶片高低不平；叶脉间有部分失绿；叶全部轻度硬化。

④ 缺镁症。在第一花房膨大期，中下部叶片主脉变黄失绿。叶脉间有模糊的黄化现象，慢慢地扩展到上部叶片。生育后期整片叶黄化。

⑤ 缺钼症。下部叶的叶脉间生出不鲜明的黄斑，叶向内侧成杯状弯曲，花大部分不结实而掉落。

⑥ 缺硫症。植株生长基本无异常，中上位叶片的颜色比下位叶片的颜色淡，严重时，中上位叶变成淡黄色。

⑦ 缺钙症。植株萎缩，幼芽变小、黄化，距生长点近的幼叶周围变成褐色，有部分枯死，果脐处变黑，形成脐腐。

⑧ 缺铁症。新叶除叶脉均为黄色，腋芽长出叶脉间黄化叶片。水培中的番茄中上部叶片黄化。

⑨ 缺硼症。新叶停止生长，植株呈萎缩状态；茎弯曲，茎内侧有褐色木栓状龟裂；果实表明有木栓状龟裂；叶色变成浓绿色。

2. 黄瓜施肥技术　黄瓜是喜温但不耐高温的蔓性草本植物，从播种出苗到采摘的时间较短，是最适合周年生产、均衡供应的一种瓜类。

（1）营养特点　黄瓜的营养成分比较丰富，每 100 g 可食部分含碳水化合物 1.6～4.1 g、单糖 0.11～2.09 g、蔗糖 0.48 g、蛋白质 0.4～1.2 g、纤维素 0.33～0.78 g、灰分 0.25～0.58 g、钙 12～

13 mg、磷 15～58 mg、铁 0.2～1.5 mg、维生素 C 4～25 mg。黄瓜的各种营养成分的含量因地区、品种、气候和土壤条件的不同而不尽相同，即使在同一地区采用同一品种，其营养成分也会因栽培方式的不同而有所差别。温室栽培黄瓜果实的蛋白质和碳水化合物高于露地栽培，但维生素 C 和胡萝卜素含量却低于露地栽培。黄瓜除含有一般微量元素外，还含有微量碘与氟，每千克干果含碘可达 0.94 mg，这对人体健康是有益的。

（2）需肥特点　由于黄瓜的营养生长与生殖生长并进时间长、产量高，因而需肥量大。据报道，每生产 1 000 kg 商品黄瓜需氮（N）2.7～3.2 kg、磷（P_2O_5）1.2～1.8 kg、钾（K_2O）3.3～4.4 kg、钙（CaO）2.9～3.9 kg、镁（Mg）0.6～0.8 kg。N：P_2O_5：K_2O 为 1：0.5：1.4。

黄瓜植株各器官氮、磷、钾、钙、镁等养分的吸收比例，随生育期不同而变化。另据报道，黄瓜从播种到抽蔓期末，营养物质分配以根、茎、叶为主，还有部分用于抽蔓和花芽分化与发育，这一阶段氮、磷、钾的吸收量分别占总吸收量的 2.4%、1.2% 和 1.5%。进入结果期，植株生长量显著加快，植株的干物质和三要素积累量和速度迅速增加，在结瓜盛期达最高峰，在此期的 20 多 d 内，吸氮量占总氮量的 50%，吸磷量占总磷量的 47%，吸钾量占总钾量的 48% 左右。到结瓜后期植株生长缓慢，干物质和三要素积累速率逐渐减少。

植株体中氮、磷、钾、钙、镁等营养元素含量，因生长阶段不同而异。据 Ward 测定，在生育前为：K＞N＞Ca＞P＞Mg；生育后期为：Ca＞K＞N＞Mg＞P；果实中这 5 种营养元素含量水平为：K＞N＞P＞Ca＞Mg。然而，植株体内养分含量，特别是功能叶的叶柄中养分含量与供肥水平密切相关，即叶柄中各养分元素的含量随施肥水平的提高而增加，当施肥水平超过黄瓜正常生长需要时，叶柄中的养分含量不再增加。研究表明，较高产量水平的黄瓜植株，其功能叶叶柄的三要素含量，在始瓜期要求达到：氮（N）2.6%～3.0%，磷（P_2O_5）0.9%～1.4% 和钾（K_2O）10.9%～

13.0%；盛瓜期要求达到：氮（N）2.2%～2.8%，磷（P_2O_5）0.9%～1.1%和钾（K_2O）10.0%～12.0%。

（3）施肥技术

① 苗床施肥。由于黄瓜根系分布在浅土层内，需氧量高，幼苗不耐高浓度的土壤溶液，因此对床土和营养土的疏松度和速效养分要求较高。据中国农业科学院蔬菜研究所试验，利用草炭土培育的黄瓜苗生长健壮，叶色浓绿，提早发育，且白粉病害较轻，用草炭土育苗比土育苗黄瓜单株增产 21.7%，尤其对提高早期产量效果更为明显。草炭营养土主要配方（体积百分数）有 3 种，分别为：底层草炭 60%，腐熟堆肥 20%，肥沃土 10%，鲜牛粪 5%，锯末 5%；底层草炭 60%，腐熟厩肥 20%，肥沃土 13%，鲜牛粪 7%；风干草炭 75%，腐熟厩肥 20%，牛粪 5%。

由于草炭有效养分含量不高，需加入一定量的肥沃土及适量的有机肥和化肥，以满足黄瓜幼苗对速效养分的要求。加入少量牛粪可起黏结作用。最好将草炭、厩肥（堆肥）、肥土等按上述比例混匀后进行短期堆沤，在播前按每立方米加入硫酸铵 1.5 kg、过磷酸钙 1～1.5 kg、氯化钾 0.5～0.8 kg、石灰 1 kg（用于中和草炭的酸性）。在没有草炭资源的地区可采用混合营养土育苗。混合营养土配比，一般为肥沃土壤 6 份，腐熟厩肥 4 份，混匀过筛，再在每立方营养土中加入腐熟细碎的鸡粪 15 kg、过磷酸钙 2 kg、草木灰 10 kg、50%多菌灵可湿性粉剂 80 g，充分混匀。营养土铺于床内，或制成营养钵、土块囤于床内，然后灌透水，待水下渗后按(7～8)cm×9 cm 株距或每钵（块）播种 1 粒，并按粒堆覆细土。

② 本田施肥。基肥：黄瓜适于通气良好的疏松土壤上生长。当土壤有机质含量低于 1.5%时，黄瓜产量随土壤有机质含量的增加而提高。一般露地土壤腐殖质年矿化消耗量约为每亩 20 kg，保护地栽培时土壤腐殖质年矿化消耗量高于露地。所以，黄瓜对有机肥反应良好，大量增施有机肥对提高黄瓜产品与品质效果显著，尤其是早春黄瓜露地栽培和保护地栽培，施用大量有机肥，对提高低温和较长时间维持土壤肥力具有重要作用。露地栽培一般每667 m^2

可施用沤制肥 4～5 t 作为基肥，供给土壤总氮量 15～20 kg。基肥也可以是有机肥与含氮化肥结合施用，其中，有机氮肥占 1/2～1/3、化肥氮占 1/2～1/3。将上述有机肥耕施均匀后按行开沟，每 667 m² 再沟施优质厩肥 1～2 t，或腐熟饼肥 100～200 kg，将其施于沟底并与土混合、整平，以备定植。一般保护地施肥量比露地栽培多，每 667 m² 可施用有机肥 8～10 t 作基肥。冬季低温低、阳光弱、肥料分解慢，施肥量应多些，春季栽培可减少 10%～20%。

追肥：黄瓜幼苗忍耐土壤溶液浓度（0.034%）的能力比成年植株（0.05%）要低，所以，追肥应掌握少量多次的原则，并要根据天气晴雨、土壤干湿、肥料种类和黄瓜不同生育期需肥特点等情况灵活运用。

黄瓜定植后，为了促进缓苗和根系发育，可结合缓苗水施入少量的氮肥和磷肥，或追施 20% 稀薄猪粪尿，然后蹲苗。也可在浇缓苗水前开沟施入质量较好的有机肥，然后浇水、中耕。

在定植成活到抽蔓初花期，植株吸收的养分只占全生育期总吸收量的 10% 左右，只要追施 20%～30% 的猪尿粪 2～3 次。此期如不节制施肥，反而会造成幼苗徒长，坐果不多，以至发生"化瓜"现象。

进入结果期后，黄瓜吸收的养分占总吸收量的 70%～80%，所以在根瓜坐果后要追肥，特别是在盛果期和果、叶旺盛期，需肥量应增加。据测定，在采收盛期，一株黄瓜一昼夜大约吸收氮（N）2.4 g、磷（P_2O_5）2.74 g、钾（K_2O）4.5 g，而且养分大多运至果实，茎、叶养分含量下降。在黄瓜开始膨大直到果实采摘末期，要多次追肥，以促进叶面积的增加和满足根系健壮生长、雌花形成和果实膨大的需要。一般每 667 m² 生产 5 000 kg 以上黄瓜，需要追肥 8～10 次。追肥以速效肥料为主，化肥与有机肥间隔施用，每次每 667 m² 施氮肥（N）3～4 kg。一般每采收 1～2 次追肥 1 次，除加强氮素营养外，磷、钾肥也要配合施用。

保护地栽培黄瓜时应施足基肥，基肥施氮量应占总施氮量的 1/3，追肥占 2/3。追施化肥时，高畦栽培的可撒在沟中，平畦栽培的要避开根系，均匀撒施，每次每 667 m² 不超过 4.5 kg，应掌握少量多次的原则，结合灌水进行追肥。

（4）黄瓜缺素症

① 缺氮症。黄瓜缺氮时，植株生长缓慢，发育不良，茎细叶小。从下位叶到上位叶逐渐变黄。开始时叶脉黄化，凸出可见，最后全叶变黄，继而枯死脱落。上位叶变小，雌花淡黄，短小弯曲，开放式不是下垂而是水平或向上开放。严重缺氮时，根系不发达，吸收能力差。花芽分化不良，易落花落果，畸形瓜多，产量和品质明显下降。若氮肥过量时，上部叶片变小，叶缘反卷呈伞状，叶色浓绿，植株茎叶徒长，花芽分化延迟。

② 缺磷症。表现为苗期叶色浓绿，叶片发硬。植株矮化。叶片小，稍微向上挺。定植后停止生长，果实成熟晚。

③ 缺钾症。在黄瓜生长早期，叶缘先出现轻微黄化，叶缘枯死，并逐渐卷曲。叶片稍有硬化。瓜条稍短，膨大不良，出现大肚瓜。

④ 缺钙症。缺钙植株的顶芽、侧芽、根尖等分生组织首先出现缺素症，易腐烂死亡，幼叶蜷曲畸形，叶缘开始变黄并逐渐坏死。缺钙造成顶芽和根系顶端不发育，呈"断脖"症状，幼叶失绿、变形、出现弯钩状，严重时生长点坏死，叶尖和生长点呈果胶状。缺钙时根常常变黑腐烂。

⑤ 缺镁症。黄瓜生育期提前，果实开始膨大并进入盛长期时，下位叶的叶脉间渐渐变黄，逐渐发展到除叶缘残留一些绿色外，叶脉间全部黄化。有的中位叶也发生黄化。在生育后期，叶片只有叶脉、叶缘残留一些绿色，其他部位均黄白化。

⑥ 缺锌症。从中位叶开始褪色，叶脉清晰可见。叶脉间逐渐褪色，叶缘发生黄化，逐渐变成褐色。发展到叶缘枯死，叶片向外侧稍微蜷曲。生长点附近的节间缩短，新叶不黄化。

⑦ 缺硼症。生长点附近的节间明显萎缩。上位叶向外侧卷曲，叶缘边褐色。上位叶脉有萎缩现象发生，果实有污点，易产生蜂腰瓜。

⑧ 缺硫症。上中位叶的叶色变淡，叶脉黄化。

⑨ 缺铁症。植株的新叶黄化,渐渐地叶脉也失绿,腋芽部分黄化。

(三)甘蓝类

1. 结球甘蓝施肥技术 结球甘蓝起源于欧洲地中海至北海沿岸,它们具有适应性广、耐寒和耐热性较强、病害少、产量高、营养丰富、耐贮藏运输等特点。

(1)营养特点 结球甘蓝简称甘蓝,属十字花科芸薹类属草本植物。适应性强,栽培简单,耐贮运。主要生育期分苗期、莲座期和结球期。结球甘蓝根基部粗大,但不发达,根系主要分布在60 cm以内的土层中,但以30 cm以内土层的根系最密集,根群横向伸展半径可达80 cm左右,所以能大量吸收耕作层中的养分。但因根系入土不深,故抗旱能力较差,要求比较湿润的栽培环境。

叶片多为绿色,叶肉肥厚,叶面光滑。

结球甘蓝对土壤的适应性较强,以中性和微酸性土壤较好,且可忍耐一定的盐碱性。结球甘蓝是喜肥和耐肥作物。对于土壤营养元素的吸收量比一般蔬菜作物要多,栽培上要选择保水性能较好的肥沃土壤。

(2)需肥特点 甘蓝在不同生育阶段中对各种营养元素的要求不同。早期消耗氮素较多,到莲座期对氮素的需要量达到最高峰,叶球形成期则消耗磷、钾较多。结球甘蓝整个生长期吸收氮、磷、钾的比例多为3:1:4。甘蓝喜硝态氮肥,硝态氮占90%,铵态氮占10%时生长最好。每形成1 000 kg鲜菜,需吸收氮(N)3.5~5.0 kg、磷(P_2O_5)0.7~1.4 kg、钾(K_2O)3.8~5.6 kg。

甘蓝含钙较多,若钙不足,生长点附近的嫩叶尖端或边缘枯萎呈褐色,或结球后内部有干烧心症状。

结球甘蓝在不同生育阶段对养分需求量不同。秋季甘蓝苗期至结球期氮和磷占总吸收量的13%和19%,钾的吸收量较少,仅占5%~10%;结球期到收获,氮和磷的吸收量占总吸收量的81%~87%,钾则占总吸收量的90%~95%。

　　结球甘蓝是喜肥的作物，幼苗期氮、磷不足时幼苗的发育会受到抑制。春季甘蓝育苗时易出现先期抽薹现象，营养条件过差，易促进抽薹，施肥过多，幼苗生长快容易受低温影响，更容易抽薹，所以对幼苗既要补充营养，又要适当控制施肥。一般情况，苗期施少量速效性氮肥，有利于根系恢复生长，促进缓苗。

　　（3）结球甘蓝施肥技术

　　① 基肥。甘蓝的基肥每 667 m^2 用腐熟的厩肥或堆肥 3 000～5 000 kg，配合施用复合肥（16-13-16）每 667 m^2 30～50 kg，或施用单质化肥氮（N）6～8 kg、磷（P_2O_5）5～6 kg、钾（K_2O）4～6 kg。缺硼、缺镁土壤一般每 667 m^2 亩施用硼砂 1.0～1.5 kg、硫酸镁 10～16 kg。

　　② 追肥。结球甘蓝在施足基肥的基础上，追肥的重点应放在莲座叶的生长盛期和结球前期进行。如果幼苗生长较弱，可在幼苗定植后每 667 m^2 追施稀薄的腐熟粪肥 500 kg。进入莲座叶生长盛期，结合浇水每 667 m^2 施用 8～11 kg 尿素及硫酸钾 9～12 kg。在结球期应结合浇水追施 8～11 kg 尿素及硫酸钾 9～12 kg。在结球期应结合浇水追施尿素 5～8 kg，结球后期不再追施氮肥。对于缺硼和缺钙的甘蓝，可在甘蓝的生长中期喷施 2～3 次 0.1%～0.2% 的硼砂溶液和 0.3%～0.5% 的氯化钙或硝酸钙溶液。

　　（4）结球甘蓝缺素症

　　① 缺钙症。内叶边缘连同新叶一起褐变干枯，严重时，结球初期未结球的叶片叶缘皱缩褐腐，结球期缺钙发生心腐。

　　② 缺硼症。中心叶畸形，外叶向外卷，叶脉间变黄。茎叶发硬，叶柄外侧发生横向裂纹。

　　③ 缺铁症。幼叶脉间失绿呈淡黄色至黄白色，细小的网状叶脉仍保持绿色，严重缺铁时叶脉也会黄化。

　　④ 缺镁症。外叶片叶脉间呈淡绿色或红紫色。

　　⑤ 缺铜症。叶色淡绿，生长差，叶易萎缩。

　　⑥ 缺锰症。新叶片变成淡绿甚至黄色，与缺铁症相似。

　　⑦ 缺钾症。结球期外叶周边变黄，后变褐色而枯萎。叶球内

叶减少，包心不紧，球小而松，严重时不能包心。

⑧ 缺氮症。生长缓慢，叶色褪淡成灰绿色，无光泽，叶型狭小挺直，结球不紧或难以包心，外叶呈淡红色，生长发育不良。

⑨ 缺磷症。叶片僵小挺立，叶间和叶缘呈紫红色，常不能结球。

⑩ 缺锌症。生长变差，叶柄及叶片呈紫色。

⑪ 缺硼症。肉质茎心部褐化、开裂，出现空洞。

2. 花椰菜施肥技术

（1）营养特性　花椰菜俗名菜花或花菜，属十字花科二年生植物，主要生育时期可分为苗期、团棵期和花球形成膨大期。花椰菜的根系较强大，须根发达，多集中在 10～35 cm 的土层中，茎较结球甘蓝长而粗，叶狭长，有蜡粉，在将出现花球时，心叶自然向中心卷曲或扭转，可保护花球免受日光直射而变色或免受霜害。

花椰菜喜湿润环境，不耐旱、涝，对水分要求严格，要求土壤疏松，耕层深厚，保水保肥能力强的肥沃土壤。花椰菜生长的土壤以有机质丰富、pH 5.5～7.0、保水保肥能力强的沙壤土和壤土为最适土壤。土壤湿度要求达到 70%～90%，空气相对湿度 80%～90%最适宜。

在满足氮肥需要的基础上，宜增施磷、钾肥。需要时，可进行根外喷硼肥，浓度为 0.2%～0.5%。

（2）需肥特点　土壤中氮素的含量对花球产量的关系最为密切，而磷肥能促进花球的形成。土壤中缺乏钾肥，容易发生黑心病，缺乏硼素，常引起花球出现褐色斑点并带苦味，缺钼易得"鞭尾病"。花椰菜需钙量很高，是喜钙作物。

花椰菜不同生育阶段对养分需求不同。花蕾出现前，吸收养分量少，随着花蕾的膨大，养分吸收量迅速增加；花球膨大盛期是花椰菜吸收养分最多、速度最快时期，因此，在花球发育过程中，应施足氮肥，同时还要保证磷、钾营养的充分供应。花椰菜不同生育阶段对氮、磷、钾养分需求也有差异，氮肥在整个生育期吸收的比例都较高，是喜硝态氮作物。磷、钾肥在花球形成期需要较多。营养生长期对氮肥的需氧量较大，对磷和钾的吸收则集中于花球生长阶段。生产 1 000 kg 花椰菜需吸收氮（N）10.1～14.5 kg、磷（P_2O_5）2.9～4.3 kg、钾（K_2O）9.5～12.5 kg，在整个生长期内吸收氮、磷、钾的比例约为 3.5∶1∶2.5。花椰菜对硼、钼、镁、钙等中量元素需要量较多。

（3）花椰菜施肥技术

① 基肥。早熟品种生长期短，但生长迅速，前期需要养分多，要施用腐熟有机肥，一般每 667 m^2 用畜禽粪肥 1 000～3 000 kg，并配施高浓度复混肥 30～50 kg。中、晚熟品种在每 667 m^2 用畜禽粪肥 2 000～4 000 kg 的基础上，配合施用高浓度三元复合肥，每 667 m^2 30～50 kg。基肥一般结合整地，撒匀后翻入土中。

② 追肥。早熟品种追肥要早，中、晚熟品种追肥次数要多。第一次在定植缓苗后，每 667 m^2 施尿素 10～15 kg，15～20 d 后进行第二次追肥，每 667 m^2 施复合肥 15～20 kg，达 2～3 cm 时再追肥 1 次，每 667 m^2 施复合肥 20～25 kg。花球发育后期不需要施肥，若缺肥可喷施 0.1%～0.5%硼砂，或 0.5%～1.0%的磷酸二氢钾，3～5 d 喷施 1 次，连喷 3～4 次。

（4）花椰菜缺素症

① 缺锌症。生长差，叶子和叶柄变成紫绿色。

② 缺氮症。下部叶片变为淡褐色，生长发育衰弱。

③ 缺钾症。下部叶片的叶脉间发生不规则的淡绿色斑点，斑点相连而失绿，并逐渐向上部叶片发展。

④ 缺铜症。叶萎蔫下垂，生长差。

⑤ 缺铁症。上部叶片叶脉间变为淡绿色甚至黄色。

⑥ 缺镁症。上部叶片叶脉间出现许多白色甚至黄色的小斑点。

⑦ 缺硼症。茎叶僵硬易折，顶叶生长受阻，叶向外卷曲，畸形。下部叶片先开始变黄，易引起花球变褐色或开裂。

⑧ 缺锰症。下部叶片叶脉间呈淡绿色，后变为鲜黄色。

⑨ 缺钙症。顶端叶发育受阻、畸形，靠近顶端的叶片出现淡褐色斑点，叶脉间变黄，从上部叶片开始枯死。

⑩ 缺钼症。叶上生出黄斑，向内侧卷曲，渐渐地黄斑变褐色，另一症状为叶身沿中肋变小型呈鞭状叶。花蕾肥大不佳，严重时则矮化。

第五节　果树的施肥技术

一、果树的营养特性

（一）不同生育阶段的营养重点

果树在一年中对肥料的吸收是不间断的，但在一年中出现几次需肥高峰。需肥高峰一般与果树的物候期相平行，所以生产中都以物候期为参照进行施肥。果树在不同的物候期对营养吸收是有变化的。一般果树在新梢生长需氮量最高，需磷量的高峰在开花、花芽形成及根系生长第一、第二次高峰期，需钾则在果实成熟期。另外，不同的果树对肥料的吸收情况也是有差异的。

（二）不同时期主要营养元素需求变化

氮是蛋白质、核酸、叶绿素、酶及多种维生素的构成成分，被称为"生命的元素"，氮肥能够促进营养生长，延迟衰老提高光合效能，增进品质和提高产量。实践证明，在一定范围内叶片含氮率稍有增加，对枝叶和果实生长又明显效果；氮素水平稍低，从外观看树体尚正常，但树冠体积和叶片均较小。缺氮对光合作用的抑制较其他元素大很多，因此对产量的影响较缺磷、钾为大。氮素是叶绿素、蛋白质等的组成成分，氮素缺乏时，叶片小而薄，叶色淡或发黄，光合效能低，新梢生长细弱；花芽发育不良，落花落果严重；长期缺氮，根系不发达，果实小而少，果品产量低；树体易早衰，抗逆力降低，树龄缩短。氮素过多时，则引起枝条徒长，营养积累不足；影响枝条充实、根系生长和花芽分化，落花落果严重，降低产量、品质及果树的抗逆性。因此，只有适时适量供应氮素，才能保证果树生长发育正常。磷在植物体内是核苷酸、核酸、核蛋白、磷脂、ATP 酶等的重要组成成分，与蛋白质合成、细胞分裂、细胞生长有密切关系，在植物体内直接参与作物光合作用的光合磷酸化和碳同化，以及呼吸过程和碳水化合物的代谢运输，磷对氮代谢也有重要作用，因此，磷在植物新陈代谢以及遗传信息传递等方面发挥着重要作用，是果树生长发育、产量和品质形成的物质基础。磷在促进花芽分化，改进果实品质，促进根系生长，提高果树抗寒、抗旱、抗盐碱能力方面，都有重要作用。缺磷时，酶的活性降低，碳水化合物、蛋白质的代谢受阻，影响分生组织的正常活动，延迟果树萌芽开花物候期，新梢生长细弱，根系发育差，花芽分化不良，产量低；果实含糖量下降，品质差；抗旱、抗寒力降低。特别是在氮素供应过高时缺磷，硝态氮积累，树体表现缺氮现象，叶片出现紫色或红色斑块，容易引起早期落叶。磷过多时，容易引起土壤中铁、锌、镁等元素的缺乏，从而使树体表现出缺铁、缺锌、缺镁等症状，影响果树正常生长发育。

钾不是植物体内有机化合物的成分，主要呈离子状态存在于植物细胞液中。它是多种酶的活化剂，在代谢过程中起着重要作用，不仅可促进光合作用，还可以促进氮代谢，提高植物对氮的吸收和利用。钾调节细胞的渗透压，调节植物生长和经济用水，增强植物抵抗不良因素（旱、寒、病害、盐碱、倒伏）的能力。钾主要集中在生命活动最旺盛的部位，能促进蛋白质的合成，与糖类的合成也有关，能促进糖类到贮藏器官的运输。钾在提高作物产量、增进果实品质、提高抗逆性、抗病性等方面均有良好的作用，特别是对果实品质的形成影响十分明显，故有"品质元素"之称。钾充足时，有利于代谢作用，能促进枝条成熟，增强抗性，增大果个，促进着色，使果实品质好，裂果少，耐贮藏。

缺钾时，树体内蛋白质解体，氨基酸含量增加；碳水化合物代谢受干扰，光合作用受到抑制，叶绿素被破坏，叶缘焦枯，叶子皱缩。中度缺钾的树，会形成许多小花芽，结出小而着色差的果实；抗寒性和抗病性减弱，腐烂病加重发生。钾过多会影响氮、镁、钙等元素吸收，抑制营养生长，削弱树势，还会使果肉松绵，组织内含水量增高，枝条不充实，耐寒性、耐贮性降低。

二、果树的施肥时期

（1）施肥原则　果树施肥应坚持"基肥与追肥相结合，重施基肥，补施追肥"的原则：即秋后到冬季施足基础肥，生长季分次适量追肥，以满足各时期果树不同养分的需要。果树施肥品种应坚持3个配合原则，即有机肥与化肥配合，氮、磷、钾肥配合，大量元素与中、微量元素肥料配合，以满足果树对全营养的需求，实现平衡施肥。

（2）基肥和追肥施用时期

① 基肥。基肥以有机肥为主，是较长时期供给果树多种养分的基础肥料。如堆肥、腐殖酸类肥料、长效肥以及商品有机肥等。秋施基肥正值根系第二或第三次生长高峰，伤根容易愈合，可促进新根；秋季早施基肥，可提高花芽分化质量，为翌年产量做好准备并增强树体抗寒性。基肥以有机肥配合复合肥施入，特别是磷肥共同施入效果更好。

② 花前追肥。果树在萌芽、开花时要消耗大量养分，这时如果养分供应不上，就会导致花期延长，坐果率降低。因此，在果树萌芽前要适时、适量追施好花前肥。应以速效肥料为主。

③ 花后追肥。花后肥应在落花后立即进行追施，以减少果树的生理落果，促进新梢生长，扩大叶片面积，从而增强果树养分的积累和运输能力，提高果数质量和品质。

④ 果实膨大肥。在果实膨大期，生殖生长和营养生长矛盾突出，需要消耗大量的营养物质，应及时追施适量的氮、磷、钾肥料，既可提高叶片光合作用的能力，促进养分转化、吸收和积累，又可满足果实膨大和枝叶生长对营养的需求。

⑤ 采果肥。此肥的主要作用是提高和增强叶片的光合作用和功能，增加树体枝叶对养分的吸收、运输和后期积累，促进枝叶生长和老熟。

三、常用施肥方法

（一）土壤施肥

土壤施肥是果树施肥的基本和常用方法，也是补充果树所需大量营养的必要方法。主要有以下 4 种方法。

（1）环状施肥　以果树主干为中心在树冠滴水线下开环状沟（宽约 30 cm、深 40～50 cm），将肥料施入环状沟中与泥土拌匀，覆土后淋水（不宜一次淋水太多，可少量多次，每次以湿土为宜）。环状沟可与树冠外围垂直，环状沟的直径可随果树逐年长大，逐渐向外推移。

（2）辐射状施肥　以果树主干为中心向外开辐射状沟，将肥料施入辐射状沟中与泥土拌匀，覆土后淋水（不宜一次性淋水太多，可少量多次）。施肥沟的位置要年年变化。

（3）沟状施肥　在树冠外围垂直的地方，在树干相对的两边开平行沟进行施肥，开沟位置方向要年年变化，如果树冠已连接，则在树行间开沟即可。沟状施肥有深沟和浅沟两种，一般施重肥、有机肥采用深沟，追肥和施化肥可采用浅沟。沟的深度要根据根系的分布情况来决定，深沟一般 50～60 cm，浅沟一般 15～20 cm。

（4）表施　平地果园且果树根系已达到相互接触或交叉的程度可采用此方式，一般采用撒施化肥，施肥后结合松土。这种方式省力省时，但经常使用会使根系变浅，磷肥采用表施的效果不太好，铵态氮肥会造成一定损失。

（二）叶面施肥

在果树施肥措施中，配合采用叶面施肥可取得良好的效果，叶面施肥见效快、肥料利用率高，是一种有效的辅助施肥法。叶面喷施速溶速效性氮、磷、钾肥或其他中、微量元素肥料，可以提高果树枝叶的营养水平，增加果树体内营养物质的积累，提高果实产量和品质。

（1）喷施时间　叶面施肥后的水溶液雾滴在叶片上停留时间越长，果树吸收就越多，效果就越好。因此要避免肥液在叶片上的迅速干燥，选择在无风的阴天、晴天的 10 时以前或 16 时以后，中午或刮风、下雨天不宜喷施，如果喷施后 3～4 h 内下雨，应重新喷施。

（2）喷施部位　不同应用元素在树体枝叶每个部位和器官的移动速度不尽相同，因此喷施部位也有所区别，特别是微量元素在树体内流动较慢，最好直接喷施于需要的器官上。如要提高坐果率，必须把硼肥喷到花朵或幼果上；如要防治果实缺钙而产生的病害，增强果实的耐贮性，必须把硝酸钙或氯化钙喷到果实上。进行根外追肥叶面喷施时，由于叶偏背面角质层薄，气孔多，并具有疏松的海绵组织和较大的细胞间隙，有利于肥液的渗透和吸收，因此应侧重喷洒叶背。

（3）喷洒浓度　每次喷洒量是肥液在叶片上达到预滴未滴的状态为佳。各肥料喷施浓度应按照肥料说明书指示进行配比喷施，并且结合当地情况和实际需要，在农技人员指导下在果树的各个生长时期进行合理喷施。

（4）合理进行混合喷施　微肥之间或与其他肥料或农药混喷，可以起到"一喷多效"的作用。但是要先通读说明书，做试验，防治化学反应，降低肥效或引起肥害。

四、不同果树的施肥技术要点

（一）柑橘

1. 营养特性　柑橘是多年生常绿果树，其整个生长周期可分为幼龄树、成年树和老年树 3 个阶段。一年中可分为抽梢期、花芽期、幼果期、果实成熟期等。每生产 1 000 kg 柑橘，果实平均吸收氮（N）1.75 kg、磷（P_2O_5）0.53 kg、钾（K_2O）2.4 kg、钙（CaO）0.8 kg、镁（MgO）0.27 kg，N、P_2O_5、K_2O 比例为1：0.3：1.4。根系吸收养分除供果实外，还有大量积累在树体中，其数量为果实吸收总量的 40%～70%。

新梢对氮、磷、钾三要素的吸收由春季开始迅速增长，夏季末达到高峰，入秋后开始下降，入冬后氮、磷的吸收基本停止，接着钾的吸收也停止。果实对磷的吸收从仲夏逐渐增加，至夏末达高峰，以后趋于平稳，氮、磷吸收从仲夏开始增加，秋季出现高峰。

2. 施肥特点　柑橘大体分为 4 次施肥，冬肥、春肥、稳果肥和壮果肥。

（1）冬肥　不同品种有所区别，早熟品种在采收后施冬肥，中熟品种在采收过程中施冬肥，晚熟品种及耐寒性差的品种可在采收前 7～10 d 施冬肥。

（2）春肥　一般于 2 月下旬至 3 月上旬在果树春芽萌发前施用，弱树或坐果率差的品种可适当提早施用，花量大、坐果率高的树可适当延后。

（3）稳果肥　在 5 月下旬施肥，可显著地提高坐果率。这次施肥需根据树的长势和结果多少来确定，结果少，树势旺的树可不施肥，以免导致落果。

（4）壮果肥　一般在 7～9 月连施 2 次肥，因为在此时期正处于果实迅速膨大、秋梢抽生和花芽分化期，需要吸收较多养分，及时施肥对增加产量极为重要。

3. 施肥方法　柑橘幼树施肥可以促进营养生长、培育壮大、促进健壮的树冠，达到早结果和丰产的目的。所以，施肥要以有机肥料为主，配以少量化肥。如果是酸性土，每坑施有机肥 10～30 kg，另加施 500～1 000 g 石灰；化肥以氮、磷为主，每坑施 20 g 纯氮（尿素 50 g 左右）和 500 g 过磷酸钙或钙、镁、磷肥。柑橘幼树定植后，施一次肥水，以促进生根和恢复生长。幼树施肥应勤施薄施，最好 1～2 个月淋施一次肥水。结果前 1 年的施氮量可以加大，每株施 100～150 g 纯氮肥（尿素 250 g 左右）。

4. 缺素症状与防治

（1）氮　若含氮素不足，新梢短小细弱，叶片小，叶绿素少，呈现黄绿色，干径增长量小，产量低，果实含酸量高，含糖量低，着色也较差。含氮过高，干径增长量也减少，果皮增厚，产量降低，同时树体内形成大量赤霉素，抑制乙烯的生成，从而使花芽形成受阻，导致产量降低。

（2）磷　树体内的磷，以花、种子及新梢、新根的生长点等器官含量高，而枝干部分含量低。在柑橘生长过程中，如果磷素供应不足，会导致新梢和根系生长不良，花芽分化少，果实汁少味酸。如果磷素供应充足，枝条生长充实，根系生长良好，花芽形成多，果皮薄而光滑，色泽鲜艳，风味甜品种好，不仅可以提前成熟，也较为耐贮藏。但是如果磷供应过多，由于元素间拮抗作用会使柑橘表现缺铁、锌或铜的症状。

（3）钾　柑橘树体内含钾量远高于磷，钾可增强光合作用，并促进光合产物的运输，因而能提高产量、改善品质。缺钾的柑橘树，生长受到严重抑制，尤其在果实膨大期缺钾，会加重果实发育不良、果小，使其产量低、贮藏后味淡、易腐烂。如施钾过量，柑橘吸收过多的钾时，则会抑制柑橘对钙、镁的吸收，使果汁减少、酸度变高、糖酸比降低，特别是高钾能促进氨基酸形成蛋白质，使腐胺形成减少，因而由腐胺控制的果皮增厚。

（4）钙　在柑橘树体内，不同器官中含钙量差异悬殊，增施钙肥能促进柑橘生长、提高产量和改善品质。柑橘缺钙时表现叶片边缘褪绿，并逐渐扩大至叶脉间，叶黄区域会发生枯腐的小斑点，树梢从顶端向下死亡，果小、畸形，果肉的汁胞皱缩。

（5）镁　在柑橘树体内，叶片和枝梢中含镁量高于其他部分，果实成熟时，种子内含镁量增多。在温暖而湿润的地区，由于镁容易被淋溶，表土中的镁往往向下层土壤移动，造成柑橘缺镁。柑橘缺镁，成熟叶片常自叶片中部以上部位开始，在与叶脉平行的部位褪绿，然后逐渐扩展，但叶片基部往往还保持绿色。缺镁严重时会造成落叶、枯梢、果实味淡，果肉的颜色也较淡。土壤养分供镁不足，果实中可溶性固形物、柠檬酸、维生素 C 含量降低，甜橙的果肉及果皮呈灰白色，不耐贮运。

缺锌、锰、镁的土壤，可结合施冬肥每株施硫酸锌 0.05 kg、硫酸锰 0.05 kg、硫酸镁 0.03～0.05 kg。也可以喷施 0.2%水溶液。缺硼时，可每株施硼砂 0.02～0.025 kg 或喷施 0.1%硼砂溶液。缺铜时，可基施硫酸铜，每株树用 0.01～0.02 kg 或喷施 0.05%硫酸铜溶液。

（二）桃树

1. 桃树需肥特点　桃树是蔷薇科落叶小乔木。桃树对土壤适应能力很强，一般土壤都能种植，根系较浅，要求土壤有较好的通透性。桃果肥大，枝叶繁茂，生长迅速，对营养元素敏感，需求量也高。

（1）大量元素　除树体吸收养分外，每 1 000 kg 果实需要氮素 1kg、磷素 0.5 kg、钾素 1 kg。桃树对氮、磷、钾的吸收比例为 10：3：6～10：4：16。从硬核期，大约 6 月上旬开始，对主要营养元素的吸收量迅速增加，大约至果实膨大期，收前 20 d 达最高峰养分吸收量急剧上升，尤其是钾的吸收量增加更为明显。钾充足时，桃果实大，含糖量高，风味浓，色泽鲜艳。缺钾时，最先反映在果实大小上。轻度缺钾对果实生长的影响，一般要到果实发育的中后期才表现出来。桃对氮素的吸收量仅次于钾，吸收量上升较平稳，供应充足的氮素是保证丰产的基础，但桃对氮素较敏感。幼树和初果期的树，易出现因氮素过多而徒长和延迟的结果，要注意适当控制。桃需磷量稍少，缺磷时，桃果晦暗，肉质松软，味酸，果实有时有斑点或裂皮。磷与氮的吸收量之比约为 5：2，叶片与果实吸收磷素较多。

（2）中、微量元素　桃树对中、微量元素比较敏感。吸收最多的元素是钙，其中叶片需求量最多，其次是新梢和树干，最后为果实。桃树缺铁症又称为黄叶病、百叶病、褪绿病等。缺铁症状多从新梢顶端的幼嫩叶开始表现，开始叶肉先变黄，而叶脉两侧仍保持绿色，致使叶面呈绿色网纹状失绿，随病势发展，叶片失绿程度加重，出现整叶变为白色，叶缘枯焦，引起落叶，严重缺铁时，新梢顶端枯死。

2. 施肥技术

（1）基肥使用　基肥以有机肥为主，配合适量的化肥。一般每667 m² 施商品有机肥料 500～1 000 kg（或者农家肥 1 500～3 000 kg）、尿素 6 kg、磷酸二铵 13～17 kg、硫酸钾 5 kg。化肥施用量占全年无机肥用量的 1/3～2/3，尤其是磷肥，应主要作为基肥施用。丰产桃园每株桃树施用商品有机肥料 10～20 kg、尿素 0.5～1 kg、过磷酸钙 1～2 kg、硫酸钾 0.5～1 kg；或者每株桃树施用有机肥料 10～20 kg、复合肥料（15 - 15 - 15）0.25 kg。

桃树根系在较低温度下能吸收营养物质和发生新根，春季生长活动开始较早，早期新梢生长旺盛。所以基肥宜在秋季采取环状沟或放射沟施入，深度 30～45 cm。撒施虽肥料分布均匀，但耕翻较浅，根系分布浅，翌年杂草多。秋季施肥时，桃的断根在短期（20 d 左右）内即可愈合，并发生新根，翌年开花早，开花总数增加，花大，坐果率高，游离减轻生理落果，提高产量。如果春施基肥，应在表土化冻后尽早施，若施用过晚，易延迟新梢旺长期而加重"六月落果"，对花芽分化也不利。

（2）追肥　桃树追肥应根据桃树生长发育情况、土壤肥力情况等确定合理的追肥时期和次数。

幼龄和初果期桃树，应适当控制氮肥，以利于早花早果，提高坐果率。盛果期结果量大，树势转弱，氮肥必须充足。

桃树生长前期，萌芽、开花、坐果所需的营养物质主要是树体贮藏营养。促花期：多在早春萌芽期追肥，补充树体贮藏养分的不足，促进新根和新梢的生长，提高坐果率。肥力不足时，应在花后追肥一次，以减少落果。肥料以氮肥为主，一般每 667 m² 施尿素 13～14 kg、硫酸钾 4～5 kg。

桃树生长中期的 6～8 月，种核硬化、花芽分化和果实迅速膨大等同时或交错进行，需要大量营养。硬核期是关键时期，氮、磷、钾配合施用。中、晚熟品种在果实第二次迅速膨大期再追肥 1 次。坐果肥：在开花之后至果实核硬期施用，能提高坐果率、改善树体营养、促进果实前期的快速生长。以氮为主配合磷、钾肥，一般每 667 m² 施尿素 10～11 kg、硫酸钾 7～8 kg。果实膨大肥：在果实再次进入快速生长期之后施用，此时追肥对促进果实的快速生长、促进花芽分化、提高树体贮藏营养有重要作用，以氮、钾肥为主。也可根据桃树生长情况喷施 0.2％～0.4％尿素、0.1％～0.2％磷酸二氢钾和 0.2％～0.3％硫酸钾稀释液。催果肥：在果实成熟前 20 d 施入，磷、钾肥结合，促进果实膨大、着色，提高果实品质。

果实采收后，为增加树体贮藏营养，增强越冬能力，应在 8 月施用一次补肥。早熟品种早施或不施，少数极晚熟品种可提前到采果前期，或结合基肥施用。应注意配合速效肥一起施入。补肥以氮肥为主，天旱时可结合灌水施入。

（3）根外追肥　缺硼桃树，初花期喷施 0.2％～0.3％硼砂溶液，对提高坐果率、增加产量有明显效果。果实膨大期喷施 0.2％～0.3％的硝酸钙可以提高果实的硬度，缺铁可用 0.1％～0.2％硫酸亚铁与 0.5％尿素的混合液喷施，缺锌可叶面喷施 0.1％～0.2％的硫酸锌，果实膨大期可喷施 0.3％～0.5％尿素和磷酸二氢钾，7～10 d 施 1 次（表 5 - 12、表 5 - 13）。

表 5 - 12　每 667 m² 桃树推荐施肥量（单位：kg）

肥力等级	推荐施肥量		
	氮（N）	磷（P_2O_5）	钾（K_2O）
低肥力	16～18	7～9	9～10
中肥力	15～17	6～8	8～9
高肥力	14～16	6～7	7～8

3. 缺素症状及诊断方法

（1）缺氮　症状：桃树缺氮时，全树叶片浅绿色至黄色，新梢下部老叶首先发病，叶片变黄，叶柄、叶缘和叶脉变红，后期脉间叶肉产生红棕色斑点，斑点多，发病重时叶肉呈紫褐色坏死。新梢停止生长，细而短，皮部呈浅红或浅褐色，叶片自下而上脱落。

表 5 - 13　每 667 m² 桃树测土配方施肥推荐卡（单位：kg）

基肥推荐方案				
种　类		肥力水平		
		低肥力	中肥力	高肥力
有机肥	商品有机肥	500～1 000	400～500	300～400
	或农家肥	3 500～4 000	3 000～3 500	2 500～3 000
氮肥	尿素	6	6	5～6
	或硫铵	14	14	12～14
	或碳铵	16	16	14～16
磷肥	磷酸二铵	15～20	13～17	13～15
钾肥	硫酸钾	5～6	5	4～5
	或氯化钾	4～5	4	3～4

追肥推荐方案						
施肥时期	低肥力		中肥力		高肥力	
	尿素	硫酸钾	尿素	硫酸钾	尿素	硫酸钾
萌芽期	13～14	5～6	13～14	4～5	11～13	4～5
硬核期	10～11	8～9	10～11	7～8	9～10	6～7

防治方法：基施或及时追施尿素、硫铵、氯化铵或碳酸氢铵等氮肥，叶面喷施尿素，前期 200～300 倍液，秋季 30～50 倍液，连喷 2～3 次。

（2）缺磷　症状：桃树缺磷时，首先是新梢中下部叶片发病，逐渐遍及整个枝条，直至症状在全树表现。初期叶片呈深绿色，叶柄变红，叶背叶脉变紫，后期叶片正面呈紫铜色。基部老叶有时出现黄绿相间的花斑，甚至整叶变黄，提早脱落。新梢细且分枝少，呈紫红色。果小味淡、早熟。

防治方法：秋施基肥时，增施有机肥和磷肥，生长期间出现缺磷症状时叶面喷施 0.3%～0.5%磷酸二氢钾溶液或 1%～3%过磷酸钙液 2～3 次。

（3）缺钾　症状：缺钾时，新梢中部叶片先发病，逐渐向基部和顶端发展，严重时全树枯萎，抗逆性下降。初期叶缘枯焦，叶片上卷，后期叶缘继续干枯，而叶肉组织继续生长，主脉皱缩，出现褐色坏死斑，叶背多变红色，新梢细而长，花芽少，果小，着色差且早落。

防治方法：基肥应增施农家肥、绿肥等有机肥，并增施钾肥，生长期间可追施硫酸钾和草木灰等钾肥。叶面喷施 0.3％～0.5％磷酸二氢钾水溶液 2～3 次。

（4）缺钙　症状：先从幼叶出现症状，再逐渐向老叶发展。初期幼叶深绿，其叶尖、叶缘或叶脉附近出现红褐色坏死斑，后期幼叶发黄，大量脱落，造成枝梢顶枯。老叶叶缘失绿、干枯并破损。根系生长受阻，幼根腐烂死亡，烂根附近长出短而粗的新根。

防治方法：及时喷施 0.1％硫酸钙溶液、或 0.3％～0.5％硝酸钙溶液、或 0.5％～1.0％氯化钙溶液，连喷两次。

（三）葡萄

1. 葡萄需肥特点

（1）适宜土壤类型　葡萄对土壤的适应性很强，除重黏土、强盐碱土、低洼地外，沙土、沙砾土、壤土、轻黏土等均可种植，尤其喜欢肥沃的沙壤土。

优质葡萄园土肥力指标：有机质含量为 1.5％～2.0％，全氮总量 0.15％～0.25％，全磷量 0.1％以上，全钾量 2.0％以上，速效氮 50 mg/kg 以上，速效磷 10～30 mg/kg 以上，速效钾 150～200 mg/kg 以上。pH 在 6.5～7.5，总孔隙度 60％左右，土壤持水量 60％～70％。

（2）需肥总体情况　葡萄生产 1 000 kg 果实吸收氮 3.0 kg、磷（P_2O_5）1.5 kg、钾（K_2O）3.6 kg，总计要高于桃、蜜橘、苹果等果树。不同矿质营养元素在同一时期的同一器官内的含量不同。生长期内各物候期各种营养元素都能吸收，吸收量存在差异。氮、钾的吸收以开花期最多，磷以花序分离到开花期吸收最多，钙吸收主要在生长后期,镁无明显变化。树液流动期以氮和钙含量最多,一直持续到花序分离期;开花期钾含量增多,持续到果粒增大期;自着色期开始钙的含量又增加。果实吸收营养元素量最多,其次叶片、茎和根。据研究,四年生植株对氮、磷、钾、钙、镁五要素吸收量依次为 132 g、钙 130 g、钾 103 g、磷 22 g、镁 17 g。1 000 m^2 葡萄园产量 1 500 kg,树体各部位吸收氮、磷、钾分别为 8.84 kg、4.15 kg、10.23 kg,其比例为 1∶0.47∶1.16。其中果实吸收氮、磷、钾比例为 1∶0.82∶2.94。

(3) 需氮特点 葡萄对氮、磷、钾吸收中氮占 38.05%,氮的吸收比磷增加 1 倍。其中以叶片最多,占树体总氮吸收量的 37.05%,果实次之为 28.8%,新根占 22.2%,新稍占 9.3%,老枝最少,仅占 1.8%。葡萄萌芽后便开始吸收氮素,随着树体生长而增多。萌芽期吸收量为 12.5%,至开花期前约为全年吸收量一半。到果实膨大期大部分氮已吸收,进入着色期只有果穗含氮量增加,是由叶片和枝蔓中的氮转移至果穗的。

基肥中氮素按全期吸收量计算,萌芽期占 28.1%,开花期增至 72.5%,基肥中氮素大部分是在生长前半期被吸收,开花坐果后至成熟期基肥中氮素存量已不多,因此坐果后应施氮素肥料。土壤中氮素按全期吸收量计算,萌芽期为 27.6%,开花期增至 53.4%,成熟期达 66.9%。

(4) 需磷特点 葡萄对磷的吸收较氮、钾少。果实吸收较多,占树体总磷吸收量的 50.5%,依次是叶片占 21.6%,新根占 18.0%,新稍占 8.2%,老枝仅占 1.7%。葡萄在树液流动期便开始吸收磷素,萌芽展叶后直至果实膨大期,对磷的吸收量逐渐增加,以新梢生长最盛期和果实膨大期对磷的吸收达到高峰。果实膨大后期,叶片、叶柄、新梢中的磷向果实转移,从土壤中吸收已不多。果实采收后叶片、叶柄、枝蔓、根的含磷量增多。落叶前叶片、叶柄中的磷向枝蔓和根中转移。

(5) 需钾特点 葡萄是喜钾果树,三要素中对钾吸收量为最多,比氮多 15.7%,比磷多 1.3 倍。葡萄对三要素的吸收钾占 44.04%。

其中，果实吸收钾量最多，占树体总钾吸收量的 73.3％，其他部位依次是：叶片占 14.7％，新根占 5.6％，新梢占 5.1％，老枝仅占 1.3％。

葡萄萌芽展叶开始吸收钾素，一直持续到果实成熟，果实膨大期吸收钾素较多。钾在葡萄体内能移动，可多次利用，果实膨大期至着色期叶片和叶柄中的钾向果实移动，故果实膨大期前吸收的钾，其效用可维持到浆果成熟。随着浆果膨大和成熟，葡萄果穗中各部分含量变化不同。果汁中钾水平随着浆果膨大而提高，成熟时又显著下降；果皮和种子中钾在浆果膨大至成熟期变化不大；穗轴含量花期显著下降，膨大成熟期又逐步增加。

2. 施肥技术

（1）基肥 基肥宜于晚秋初冬施用，不宜早施基肥，根系还可吸收部分营养，增加树体营养积累，有利于翌年花芽继续分化，有利于前梢前期生长。选用有机肥为主，配施磷化肥。酸性土壤如施用石灰，也要在基肥中施入。长势较弱的品种需施用 2 000 kg 左右，长势中庸中肥品种 1 500 kg 左右，长势旺盛控肥控氮品种 1 000 kg 左右。各品种配施过磷酸钙 50 kg 左右，或钙、镁、磷肥（缓效性）100 kg 左右。

（2）催芽肥 萌芽前 15 d 左右施用，南方大棚促成栽培可在覆膜后施用。中肥品种可施氮、磷、钾复合肥 15～20 kg。需肥较多品种可施氮、磷、钾复合肥 15～20 kg，配施尿素 7.5～10 kg。不同品种还应根据不同需要修改施肥。

（3）壮蔓肥 壮蔓肥又称为催条肥。选用氮、磷、钾复合肥为主，长势弱的可施用尿素。萌芽至开花期的中期，一般园应在萌芽后 25～30 d，新梢 7～8 叶时为适宜施肥期。根据树体长势定，一般可施用氮、磷、钾复合肥 10～15 kg 或尿素 5.0～7.5 kg。

（4）果实第一膨大肥 选用氮、磷、钾复合肥和硫酸钾为主，配施尿素，在施用氮、磷、钾复合肥的园不必施用磷化肥，因复合肥中磷素已达到过磷酸钙含磷量。氮、磷、钾复合肥最好选用高钾型复合肥，不宜选用高磷型复合肥。基肥没有施用有机肥的品种和葡萄园，膨果肥可施用充分腐熟的有机肥。多数品种基本用肥量：氮、磷、钾复合肥 40～50 kg、硫酸钾 30 kg。根据品种需肥特性、挂果量和树体长势作调整。分两次施用，每次施总用肥量一半左右。第一次施肥期，多数品种胜利落果基本结束施用，即见花后 15～18 d 施用。第二次施肥期应在第一次施肥后 10～12 d 施用。

（5）果实第二膨果肥 第二膨果肥又称为着色肥。

所有中、晚熟品种均应施用果实第二膨果肥，包括长势旺盛的品种和长势好的葡萄牙。早熟品种见花后 45 d 左右，中熟品种见花后 50 d 左右，晚熟品种见花后 55 d 左右。后隔 20 d 左右施第二次。

多数中熟品种，单用硫酸钾 20 kg 左右。长势中庸或偏弱的晚熟品种和中熟品种挂果偏多的葡萄园，施硫酸钾 20 kg 左右可配施氮、磷、钾复合肥 10～15 kg，补充氮、磷营养，满足中、后期对氮、磷营养的需要。要特别注意氮素肥料必须控制施用，因葡萄吸收氮素营养至开花期吸收量占全年吸收量 51.6%，至果实膨大期大部分氮已吸收，进入着色期对氮的吸收量已不多，而且氮元素属移动性，叶片上的氮元素可向果实移动。如此期氮肥施用过多，使蔓叶仍较旺盛生长，果实含糖量下降，影响着色，成熟期推迟，还会诱发果实病害，弊多利少。中熟偏晚和晚熟品种。应施两次果实第二膨果肥。第一次施用后隔 15～20 d 施用第二次，第二次可施用硫酸钾 15 kg 左右。

（6）采果肥 晚熟品种和特晚熟品种不需施采果肥。长势旺盛的早、中熟品种，树势旺的葡萄园，采果后蔓叶生长仍很好的，可不施用采果肥。

一般园可施氮、磷、钾复合肥 10～15 kg，或尿素 7.5～10 kg；挂果多，采果后树势较弱的园，氮、磷、钾复合肥可与尿素配合施用，或单施尿素 10～15 kg。中熟品种应在采果后 10 d 内施好，早熟品种应在采果后 20 d 内施好。

3. 施肥准则 施肥要入土，有机肥料不能畦面铺施，化学肥料不能面上撒施。种植园施肥深度 10～20 cm，施肥位置离主干

40～80 cm 为宜，幼龄树 40 cm，以后逐年向外移至 80 cm。磷化肥要与有机肥混合施用、减少磷化肥与土粒接触面是提高磷化肥有效性的关键措施。施肥面要广，不宜穴施。

4. 缺素症的防治

（1）硼　在降水量较多的地区，偏酸性土壤中易发缺硼。缺硼症状：果实膨大过程中果面凹陷，果皮不变色，果肉变褐色（果实日灼病果皮变褐色，果肉发生初期不变色）。

春季催芽肥，根据当地缺硼程度，施硼砂或硼酸 2～4 kg。

（2）镁　南方除紫色土外，含镁量普遍较低，普遍缺镁。缺镁症状：老叶叶脉间呈带状黄色斑点，从叶片中央向叶缘发展逐渐黄化。

春节施催芽肥，根据当地缺镁程度，施农用硫酸镁 20～30 kg，可有效防止缺镁症发生。

（3）铁　土壤偏碱性地区的葡萄园可能会发生缺铁症。其表现为最初出现迅速展开的幼叶叶脉间黄化，称为黄化病。幼叶产生缺铁黄化病，喷 0.2% 硫酸亚铁，生长新叶继续黄化，间隔 7 d 左右再喷 0.2% 硫酸亚铁，叶片不再发生黄化即可停用。但是浓度不能超过 0.3%，否则会产生肥害焦叶。

（4）锌　缺锌现象主要发生在北方地区，呈碱性土壤。但是大量施用磷肥和氮肥也会导致缺锌。缺锌症表现为：新梢顶端叶片狭小或枝条纤细，节间短，小叶密集丛生，出现"小叶病"。要和病毒病的扇叶病加以区别。

发生缺锌症状时，叶面喷施 0.2%～0.4% 硫酸锌，并加等量生石灰，即 100 L（kg）水中将 200～400 g 硫酸锌和等量生石灰加入。生石灰作为安全剂中和溶液，防止焦叶，要单独喷于叶面，不能与农药混用。

（5）锰　缺锰地区主要是北方石灰性土壤，南方酸性土壤大量施用生石灰的地区。缺锰症状表现为先以新梢基部叶片变浅绿，接着出现类似花叶的黄色斑点，上部幼叶仍保持绿色。

发生缺锰症状，叶面喷 0.3% 硫酸锰，加拌生石灰。配法：

10 L水溶解 300 g 硫酸锰，10 L 水溶解 150 g 生石灰（先用少量热水化开），将石灰乳加入硫酸锰液中搅拌，再加 80 L 水，使总溶液达到 100 L 水。

第六节　其他园艺作物施肥技术

一、西瓜甜瓜大棚栽培施肥技术

西瓜、甜瓜是重要的水果品种，尤其在夏季水果中占有突出的地位。大棚西甜瓜栽培具有保温、保湿和避雨的特点，具有上市早、产量高、品质好和经济效益的高的栽培优势，是上海市西瓜、甜瓜生产的主要形式。目前，冬春早熟大棚西瓜每 667 m^2 的产量水平为 4 000～5 000 kg，大棚甜瓜每 667 m^2 的产量水平为 1 500～2 000 kg，是大棚栽培西瓜、甜瓜优质高产的重要措施。

（一）西瓜大棚栽培施肥技术

西瓜对养分的需要量较多，据有关资料，每生产 1 000 kg 果实需氮（N）4.6 kg、磷（P_2O_5）3.4 kg、钾（K_2O）3.4 kg，氮、磷、钾比例为 1∶0.74∶0.74。生产上可以以此作为需肥量依据，并根据当地的生产条件、土壤类型和肥力状况、不同品种和产量水平作适当调整。

西瓜在不同生育阶段对氮、磷、钾三要素的需要量和吸收比例是不同的。发芽期吸收量较少，仅占总吸能量的 0.01％；幼苗期吸肥也较少，约占总吸肥量的 0.54％；伸蔓期吸肥量增多，约占总吸量的 14.67％。以上 3 个时期以营养生长为主，故吸收氮素比例均较大。结果期吸肥量最多，约占总吸肥量的 85％左右，其中又以钾肥吸收量最多，特别是果实膨大期，吸收量最大，同时对品质的提高最显著。

根据西瓜的需肥特点，土壤类型及肥力状况和生产实践，大棚春季西瓜施肥应掌握有机肥与化肥配合施用，以有机肥为主，氮、磷、钾配合施用；注重钾养分供应；追肥中，轻苗肥，重施膨瓜肥；土壤施肥和叶面施肥相结合。西瓜系忌氯作物，切忌含氯肥料的施用。

1. 育苗施肥　培育壮苗是西瓜高产的基础。对早熟西瓜来说，育苗期常温度较低，而西瓜又不耐低温，根系再生能力弱，更不耐移植，幼苗生长较快，育苗期较短。因此，在西瓜常规育苗过程中，营养土配制中肥料的合理配比十分重要，适宜的养分含量是培育壮苗的基础。要求选择肥沃、疏松、几年前未种过葫芦科和茄果类作物的水稻土表土作为床土，添加 10% 商品有机肥和 1% 的磷肥，进行配制，在混合堆制和过筛后备用。

由于育苗期西瓜幼苗吸肥量较少，一般不进行追肥，只需加强苗床水分、通风和光照管理即可。

2. 大田基肥　西瓜施足基肥，提供整个生育期的所需养分，有利于提高西瓜品质。基肥以有机肥原为主。每 667 m² 施商品有机肥 500～1 000 kg，每 667 m² 配施三元复合肥（15 - 15 - 15 - S）20～30 kg 和硫酸钾 10～15 kg。复合肥的施用量可依土壤质地不同而有所不同，质地偏轻的可少施，质地偏重的可多施。小型西瓜的复合肥用量也可相应减少。基肥在土壤耕翻前施入，使肥泥充分混匀。

3. 苗肥　西瓜在移栽活棵后的幼苗期，地上部分生长较为缓慢，而根系生长较为迅速，具有旺盛的吸收功能，幼苗期是西瓜花芽分化期，也是叶原基和侧蔓等器官的分化期。追施苗肥有利于幼苗健壮生长。一般每 667 m² 施苗肥 1.5～2 kg 三元复合肥。肥料对水后浇灌。施肥时间在移栽后 15 d 左右。苗肥具体施用量视基肥施用量，植株生长情况和西瓜品种的类型而作调整。小型西瓜苗期对氮肥敏感，氮肥过多，易引起伸蔓期旺长，从而降低坐果率。用量应适量降低。大棚西瓜的伸蔓期和坐果初期，要求植株生长平衡，一般不施用速效肥料。

4. 重施膨瓜肥　当西瓜坐果后长到如鸡蛋大小时，果实表面的茸毛开始表现稀疏不显，呈现明显光泽，表明幼果已坐稳，一般不再发生落果现象。此时开始至果实体积定型为果实生长盛期（常温下 18～24 d），俗称膨瓜期。膨瓜期植株鲜重和干重的绝对生长量和相对生长量为最大，叶面积也在果实体积定型前后达到最大值。此时，果实生长优势已形成，植株中同化物质向果实运送，果实直径和体积急剧增长，此期是决定西瓜产量的关键时期。膨瓜期对肥水的需要量达到最高，应最大限度地满足西瓜对肥水的需要。

膨瓜肥一般分两次施用，第一次在幼苗达到鸡蛋大小后进行，施后 7 d 左右再施一次。每次施肥视长势而定。一般每次每 667 m² 施用三元复合肥（15 - 15 - 15 - S）15～20 kg。肥料经溶解后（肥水比 1∶100）对水经滴灌施入。对水量视土壤墒情而定。施肥一般在午后、傍晚时分进行。西瓜成熟前 7～10 d 停止肥水供应，以免影响西瓜品质。在第二批西瓜幼果坐果后达鸡蛋大小后，再次施用膨瓜肥。用量和用法参照首次瓜进行。

5. 中后期追肥　大棚西瓜长季节栽培，在前二批西瓜采果后，利用健壮的子蔓和侧蔓继续坐果采收，应加强田间管理，保持养分供应，促使多结瓜，结大瓜。一般每隔 10 d 左右追肥一次，每次每 667 m² 施用三元复合肥 10～15 kg，采用对水后滴灌。施肥在傍晚时进行。

根外追肥也能补充养分，用 0.2% 磷酸二氢钾进行叶面喷施，每隔 7～10 d 进行一次，根外追肥在傍晚时进行。

（二）甜瓜大棚栽培施肥技术

目前，上海市甜瓜大棚栽培的主要类型为厚皮甜瓜，主要品种为西莫洛托、玉茹以及哈密瓜系列品种。以冬春季栽培为主体。

甜瓜的需肥量较大，每株需氮量为 6～12 g，需磷 12～18 g，需钾 20 g。由于瓜地的土壤有一定差异，种植品种也有不同，实际生产中，依上述需肥量可作适当调整。甜瓜属忌氯作物，含氯化肥不宜在瓜田施用。

甜瓜在苗期以吸氮为主，吸收量较小，蔓期吸收磷、钾的比重增加，吸收量也随着生长量增加而增大，结瓜后的果实膨大期对养分的吸收量大幅增加，尤其是对钾素养分的吸收。肥料的施用必须强调有机肥和化肥的配合、氮磷钾元素的配合和基追肥的配合。生产中应掌握"施足基肥，巧施提苗肥，重施膨瓜肥"的施肥原则。

1. 基肥　基肥能提供甜瓜整个生育期的养分。在定植前对土壤耕作时施足有机肥料，每 667 m² 施商品有机肥 1 000 kg，并配施三元复合肥（15 - 15 - 15 - S）50 kg 和硫酸钾 10 kg，基肥量占甜瓜一生总用量的 70% 左右。

2. 苗肥　在甜瓜定植活棵后的苗期，根据天气状况和幼苗生长情况巧施苗肥，一般每 667 m² 施复合肥 2～3 kg。肥料对水后在根际浇施，每 667 m² 用水 250～300 kg。苗肥在定植后约 15 d 后施用。在基肥施足情况下，伸蔓期一般不施用肥料。

3. 重施膨瓜肥　甜瓜在坐果以后，进入一段果实快速生长时期（25～30 d），俗称膨瓜期，这一阶段对养分的吸收量很大，及时提供养分，对甜瓜的产量和品质的提高作用十分明显，生产上采用重施膨瓜肥。当甜瓜幼果长至鸡蛋大小时施用，一般施用两次，每次施三元复合肥 15～20 kg，两次施肥间隔 7 d 左右。坐果以后，也可通过根外施肥补充养分，用 0.2% 磷酸二氢钾，每隔 7～10 d 喷施一次，瓜田在采收前 10 d 应停止灌水，以免影响甜瓜品质。

二、草莓设施栽培施肥技术

草莓设施栽培具有上市早、产量高、品质好和经济效益高的特点。一般每 667 m² 产 1 200 kg 左右，高产的可达 1 500 kg 以上。目前，大棚设施栽培已是上海市草莓生产的主要形式。

草莓为高产作物，一生中吸肥量较多。据日本学者研究，从 9 月定植到翌年 5 月，每棵肥料的吸收量为氮 2.5 g、磷 0.6 g、钾 3 g。氮、磷、钾的吸收比例为 1∶0.24∶1.2。生产中施肥量可以按当地生产条件和产量水平，当季肥料的利用率适当加以调整。在草莓的不同生育阶段，对养分的吸收也有不同。苗期生长势小，养分吸收量少；在开花结果后，吸收量增加，需肥量大。生产中应注意不同生育阶段的肥水管理，满足其养分需要。根据草莓的需肥规律、土壤的肥力状况和生产实践，其施肥应掌握基追肥配合、有机肥和化肥配合以及氮、磷、钾配合施用的原则。采用施足基肥、适时适量追肥施肥技术。

（一）草莓育苗施肥

培育壮苗是草莓高产优质的基础，秧苗的壮弱对果实的大小、产量和质量影响十分明显，因此，设施栽培培育壮苗显得尤为突出。科学合理用肥是培育壮苗的重要环节。

1. 基肥　育苗应选择在与草莓无共同病害的作物前期田块上进行，以水稻茬口为佳。田块要求地势平坦，土质疏松、肥沃，排灌方便，光照充足。在耕翻晒垡、熟化土壤后，施用基肥。育苗田基肥施用方法可有两种，一种是全部撒施，每 667 m² 用草莓专用复合肥 200 kg，配施 30 kg 三元复合肥（15‑15‑15‑S）和过磷酸钙 25 kg，然后旋耕将肥料施入土壤，另一种可将用肥量的一半按照上述方式施用，另一半面施在畦中 1 m 宽左右的定植垄上再耕翻，将开沟泥覆盖在垄面上，形成龟背状。基肥中避免施用未腐熟的有机肥，以免地下害虫如蛴螬、蝼蛄危害。

2. 追肥　母苗定植活棵后，追肥苗肥，每 667 m² 施用尿素 7.5 kg 左右。在匍匐茎大量抽生的 5～6 月追肥一次，每 667 m² 施用尿素 10 kg，或 10 kg 三元复合肥（15‑15‑15‑S）；在 8 月上旬后，应控制氮肥，增施磷、钾肥，有条件的地方可采用叶面施肥，每隔 12 d 左右喷 1 次 0.3％磷酸二氢钾，以促进苗体健壮和花蕾分化。追肥时，应注意育苗田土壤墒情，以确保肥效发挥。

（二）草莓设施栽培大田施肥

由于设施栽培草莓定植活棵后，在短期内既要发根形成强大根系，又要茎叶正常生长和大量开花结果，故必须要有充足全面的养分供应，尤其是氮、磷、钾三要素养分供应。

1. 施足基肥　基肥施用在移栽定植前进行。由于草莓栽植密度大，生长期内补肥较为不便，基肥必须一次施足。以确保生育期多种养分供应。基肥以有机肥为主。每667 m² 施商品有机肥5 000 kg。配合施用适量化肥，一般以磷酸二铵为好，每667 m² 施用20 kg。有条件的地方可施用棉籽饼肥，每667 m² 30 kg。缺素田块注意微量元素的补充。在偏碱性土壤每667 m² 可增施硼砂0.5 kg，偏酸性土壤增施25 kg生石灰。基肥施用结合耕地进行。

2. 适时适量追肥 追肥采用"少量多次"的原则，及时补充草莓生长发育所需养分，品种上以速效肥化肥为主，要求养分全面。其数量、次数、时间依据土壤肥力状况、植株生长发育状况而定。一般追肥4～5次。在设施栽培条件下，草莓生长快、生长量大，在前中期生长不能缺肥，如不及时追施，植株容易早衰。因此，分别在盖地膜前，顶头果实膨大期，主花序果盛收期、主花序果收后植株恢复期和腋花序果开始采收期追施肥料各一次。因草莓开花结果期需要较多磷、钾养分，肥料品种以三元复合肥（15 - 15 - 15 - S）为宜，分别每667 m² 用8～10 kg。为提高肥效、应将肥料溶于水后，对水浇施。如采用滴管追施液肥，效果会更好。草莓生长对水分要求较高，追肥时应注意土壤墒情，根据墒情来决定肥料的对水比例，以提高追肥效果。

3. 根外追肥 草莓设施栽培密度高，叶片大，叶层厚，且地膜覆盖，因而特别适用根外追肥。根外追肥可提高叶片光合强度。提高叶片呼吸作用和酶的活性，促进根系发育增加，改善果实品质。根外追肥通常在生长中后期结合药剂防治进行。叶面喷施0.3％～5％尿素，0.3％～0.5％磷酸二氢钾、0.1％～0.3％硼酸、0.01％钼酸铵、多元微肥和植保素等营养液。提高单果重及含糖量，使果实更鲜美，商品价值更高。根外追肥在现蕾期，花芽分化期和现蕾期为佳。施用时间在16～17时进行为宜。尽可能延长叶面肥在叶片上的停留时间，提高根外追肥效果。

4. 增施二氧化碳气肥 草莓在生产发育过程中，叶片接受阳光、吸收二氧化碳进行光合作用。在设施栽培中，正值寒冷的冬季，一般情况下，为了增温保温，放风量较少，放风时间也较短。

棚内气体与棚外大气的交换量减少。日出后不久，由于草莓的光合作用，使棚内的二氧化碳浓度低于外界（0.3％），致使草莓的光合作用减弱。据日本学者研究，温室中增施二氧化碳会明显提高草莓光合作用效率；并使产量比对照增产 20％～50％。同时，增施二氧化碳还能增加大果比率，提高果实糖度，从而提高果实的糖酸比。

（1）二氧化碳施用浓度　草莓二氧化碳施用浓度依品种、光照度、温度高低和肥水等情况而定，一般以接近二氧化碳饱和点的浓度为宜，但考虑到成本和效益的关系，过高的浓度即使略有增产，生产上的意义也不大。目前，冬季设施栽培草莓二氧化碳施用浓度定在 750～1 000 mg/L，3 月后随着换气量增大，二氧化碳损失增加，施肥浓度可下调。

（2）施用时间　实践证明，设施栽培的寒冬季，二氧化碳最佳施用时间是 9～16 时，如用二氧化碳发生器作为二氧化碳肥源，施用时间还应适当提前，使日出后半小时达到所要求的二氧化碳浓度，中午如要通风，应在通风前半小时停止施用。

（3）施用时期　设施栽培草莓的采收期为 12 月至翌年 4 月，植株着果最多的时期正是大棚不放风和少放风的时节。一般在 11 月至翌年 2 月施用二氧化碳。设施草莓盖膜保湿增温后，生长加快，待长出 2～3 叶，再施用二氧化碳效果为好。

（4）施用方法　生产中实用的施用方法包括有机物发酵法和二氧化碳发生剂法。

有机发酵法：有机肥施入土壤后分解时会释放大量的二氧化碳，如每 667 m² 施用 3 000 kg 秸秆堆肥，则可在 1 个月内使温室内二氧化碳浓度达到 0.06％～0.08％，利用增施有机肥提高大棚内二氧化碳浓度，可一举数得。主要不足是这一方法二氧化碳的释放量和浓度相对平衡，在草莓光合作用旺盛期不能很快达到要求，有一定的局限性。

二氧化碳发生剂法：利用物质间的化学反应产生二氧化碳。常用的有盐酸—石灰石法、硫酸—石灰石法、碳酸氢铵—硫酸法。其中，碳酸氢铵—硫酸法取材方便，成本低，应用较多。应用时将硫酸稀释为稀硫酸，可将 1 份硫酸缓缓倒入 3 份清水中，即可使用。目前市面上已有成套装置销售。在反应结束后的残液中，加入过量的碳酸氢铵中和掉残液中的硫酸，即成硫酸铵溶液，稀释 50 倍后可作追肥施用。

三、糯玉米栽培施肥技术

糯玉米是一种利用新鲜果穗蒸煮、冷冻或成熟玉米籽粒生产淀粉的特用玉米。在上海市各区县都有广泛种植。因其营养丰富，色、香、味俱全而赢得广大城乡居民的青睐，在种植业结构调整和产业经营上具有广阔发展前景。

糯玉米是高产作物，一生中需肥较多。随着产量的提高，吸收到植株内的养分数量也增多。糯玉米一生中吸收的养分，以氮最多，其次是钾和磷。吸收量受土壤、肥料、气候、生育状况等因素的影响而变化较大。一般每生产 100 kg 糯玉米籽粒，需吸收氮 2.55 kg 左右、磷 0.98 kg 左右、钾 2.49 kg 左右，氮、磷、钾的吸收比例约为 2.6∶1∶2.5。生产上可以将其作为计划产量指标需肥量的依据，并按当地生产条件和产量水平适当加以调整，制订施肥方案。

在糯玉米的不同生育阶段，其养分吸收的速度、数量差异很大。幼苗期生长缓慢，养分吸收量很少。拔节至开花期，生长加快，雌雄穗开始形成和发育，吸收量增加，特别在抽雄前 10 d 至抽雄后 25 d 左右，吸收速度快，吸收量最多，氮、磷、钾的吸收量占整个生育期吸收量的 50% 左右。这一阶段，是糯玉米需要养分的关键时期，如此时缺肥，就会削弱叶片制造养分的能力，影响雌、雄穗的发育和籽粒的形成与灌浆，造成减产。

科学施肥是夺取糯玉米果穗高产、优质的一个重要环节。根据糯玉米的需肥规律，土壤肥力状况和各地实践经验，糯玉米施肥应掌握以下基本原则：基肥为主，追肥为辅；有机肥为主，化肥为辅；氮肥为主，磷、钾肥为辅；穗肥为主，粒肥为辅；重施基肥，增施种肥（播种或移栽时施的肥），分期追肥。从土壤肥力、产量等因素综合考虑，每 667 m² 糯玉米的适宜氮肥用量为 25 kg。

1. 施足基肥　基肥是指播种前施用的肥料，也称为底肥，以有机肥为主，化肥为辅。基肥的作用是培肥地力，疏松土壤，缓慢释放养分，起到先肥土、后肥苗的作用，供糯玉米幼苗期和中后期生长发育的需要。

基肥施用有条施、撒施和穴施，以条施和穴施效果最好。肥料靠近糯玉米根系，容易被糯玉米吸收利用，损失小，利用率高。如以氮、磷、钾化肥或复混肥料作基肥时，尽量采用条施或穴施。每 667 m² 施复合肥（15 - 15 - 15）15 kg。用有机肥作基肥应早施，结合土壤耕翻时施入，一般每 667 m² 施农家有机肥 2 000 kg。

2. 用好种肥　种肥是糯玉米在播种或移栽时，施在种子或幼苗附近，供给种子发芽和幼苗生长所需的肥料，俗称"随身肥"。种肥的效用，主要提供苗期需要。

速效氮素化肥可作种肥。氮素化肥种类很多，因其性质和含量不同，对种子发芽和幼苗生长有不同的影响。有的适合作种肥；有的不适合作种肥，应在了解肥料性质之后选择施用。就含氮形态来说，固体的有硝态氮和铵态氮肥，只要用量合适、施用方法得当，作种肥安全可行。实践表明，磷酸二铵作种肥比较安全。碳酸氢铵、尿素作种肥，一定要远离种子或幼苗根部，避免灼伤，影响全苗、壮苗。

糯玉米播种或移栽时，施用磷肥和钾肥有明显增产效果。播种或移栽时集中条施或穴施氮、磷、钾肥料，可以提高施肥点局部的养分浓度，减少土壤的固定，有利于糯玉米根系的吸收利用，最大限度提高当季养分利用率。

种肥施用数量应根据土壤肥力、基肥用量而定。在施用较多基肥情况下，可以不施或少施种肥。一般每 667 m² 施尿素 80～10 kg；或施入磷酸二铵 8～10 kg。种肥宜穴施或条施，施用肥料应使其与种子隔离或与土壤混合，避免烧种。

3. 追肥技术　追肥时期、次数和数量要根据糯玉米吸肥规律、产量水平、地力基础、基肥和种肥施用情况等综合考虑决定。追肥分为苗肥（3～4 叶）、拔节肥（8～9 叶）、穗肥（13～15 叶）和粒肥。

（1）苗肥　是指糯玉米出苗后到拔节期以前所施的肥料。上海地区种植的春玉米（露地），从 4 月上旬起 1 个多月的时间里所施用的肥料称为苗肥，苗肥的掌握原则是"早、轻、勤"。

"早"：由于糯玉米播种较早，播种时气温较低，出苗缓慢，苗期生长势较弱，同时由于当时气温低，肥料的分解、释放缓慢，土壤供肥力差，糯玉米幼苗的吸收能力也较差。因此，适当提高施用速效肥料量，有利于促进糯玉米壮苗早发。

"轻"：糯玉米幼苗对养分需要量，与一生的总需肥量相比所占的份额较少。由于糯玉米苗期根茎细胞组织幼嫩，施肥如过多，对糯玉米苗的生长不利。

"勤"：春玉米从出苗到拔节的 40 d 时间内，视苗情追施速效肥料。期间一般追肥两次，于拔节期（8～9 叶）、大喇叭口期（13～15叶）各追施一次，每次每 667 m² 施尿素 6～8 kg 或碳酸氢铵 10～15 kg。

苗肥的具体施用，还要根据天气情况，土壤水分，种肥多少以及苗情而定。一般来说，苗肥的比重占整个施肥量的 10%～15%。

苗肥施用采取开沟浇施，施后覆土，或松土后浇施，施后壅土覆盖，防止晒失或遇雨水流失，以提高肥效。

糯玉米苗情常会出现苗色发红现象，其原因较多，除生理因素外，缺少磷肥，积水受涝，泥土板结，低温、霜冻的影响，都会引起苗色发红。不管糯玉米叶色发红的原因如何，其中有一点是共同的，就是叶色发红的糯玉米苗其根系发育较差，生长势不强、茎叶细小。要减少和防止糯玉米苗色发红，必须改善土壤通透状况，开沟排水，降低土壤湿度，增施有机肥和磷肥。对已出现叶片发红的糯玉米苗，则要注意深开排水沟，降低土壤湿度，增施优质有机肥和磷肥，促使糯玉米叶片转化，确保正常生长。

（2）拔节肥　定苗以后至拔节期间所施的肥料，也就是春玉米出苗后 40 d 左右（4 月底至 5 月上旬）所施的肥料。这一期间气温逐渐升高，糯玉米的营养生长较为旺盛，雄穗和雌穗也将分化，对养分的需求日益增加，因此，及时而适量地追施拔节肥，对促进糯玉米的营养生长，搭好丰产架子是很重要的。此时如养分供应不足，糯玉米个体生长不良，个体发育受到一定限制，造成穗小、粒小和秃顶的后果，难以获得高产与优质。但这一时期的追肥也不能过多，以免造成植株茎叶徒长，下部节间伸长，组织疏松，不利于抗风防倒。拔节肥追施应遵循"巧而稳"的原则，看苗促进。根据前期肥料用量多少、肥力高低、苗情长势、天气特点灵活掌握，如基肥和苗肥不足，地力较差，植株长势不足，天气干旱，则拔节肥应重施、早施；反之，则应轻施、迟施。一般来说，拔节肥应占总施肥量的 15% 左右。

（3）穗肥　穗肥是糯玉米在拔节期至抽雄期之间所追施的肥料，也是糯玉米获得高产最关键的一次肥料。糯玉米施穗肥时期，正是糯玉米雄穗、雌穗的小穗和小花分化期，也是营养生长和生殖生长的双旺阶段，所需肥水量最多，是肥水的"临界期"，是决定果穗大小、籽粒多少的关键时期。此时肥水齐攻，既能满足穗分化对肥水需要，又能提高中上部叶片的光合生产率，使运入果穗的养分增多，促进粒多和粒重。

穗肥的施用时期，一般春玉米在叶龄 13～15 片展开叶即大喇叭口期，夏玉米在 11～13 片展开叶即小喇叭口期追施最适宜。穗肥用量占总施肥量的 30%～35%。宜采用速效氮肥，可结合中耕施用，可以迅速发挥肥效。一般每 667 m² 追施碳酸氢铵 35～40 kg，或尿素 15～20 kg。在天气干旱、土壤水分不足的情况下，结合灌溉进行，确保肥水供应，增产效果显著。

（4）粒肥　糯玉米抽雄前后 10～15 d 追施的肥料称为粒肥。这时植株叶片即将完全展开或已展开，雌穗花丝完成受精过程，植株从营养生长转入生殖生长，此时适当补充粒肥，可延长植株根系和叶片活力，促使青秆活熟，是增加粒重、获得高产与提高果穗商品性的重要保证。粒肥的施用的原则是"宁早勿迟"，其数量一般占总施肥量的 5%左右。每 667 m² 施用碳铵 5～7.5 kg 或尿素 1.5～2 kg。

夏玉米由于抢茬直播，一般不施用基肥，种肥用量也不足。氮素化肥的追施原则是前期要适当早施和多施，中后期要适量施用。高产田，地力基础好，追肥数量多，最好采用轻施苗肥、重施穗肥和后期补施粒肥的三次施肥法；苗肥用量占总施肥量的 30%，穗肥占 50%，粒肥占 20%。中产田，地力基础好，追肥数量多，宜采用施足苗肥和重施穗肥的二次施肥法；苗肥占 40%，穗肥占 60%。低产田，地力基础差，追肥次数少，采用重追苗肥，轻施穗肥效肥好，苗肥占 60%，穗肥占 40%。生产上有些农户采用"一炮轰"施肥法，即在夏玉米拔节至小喇叭口期将全部化肥一次施下，以后不再追肥。但这种方法在中、高产田块不适宜，导致肥料损失多，利用率降低，同时易引起糯玉米茎叶徒长、倒伏，后期易脱肥早衰，产量低。

附　录

附录一　常见作物栽培适宜的土壤酸碱度

农作物类		果树类		蔬菜类	
作物名称	pH	作物名称	pH	作物名称	pH
水稻	6.0～7.5	葡萄	5.8～7.5	百合	5.5～6.5
小麦	6.0～7.5	柑橘	5.5～6.5	花椰菜	5.5～6.8
大麦	6.5～7.8	橙	6.0～7.0	番茄	5.5～6.8
玉米	6.0～7.5	枇杷	6.6～7.0	茄子	5.5～6.8
油菜	6.0～7.5	枣	5.2～8.0	黄瓜	5.5～6.8
甘薯	5.0～6.0	柿	5.0～6.8	南瓜	5.5～6.8
棉花	6.0～8.0	无花果	7.2～7.5	甘蓝	5.5～6.8
花生	5.5～7.0	猕猴桃	4.9～6.7	甜椒	5.5～6.8
芝麻	6.0～7.0	樱桃	6.5～7.5	胡萝卜	5.5～6.8
大豆	6.5～7.0	银杏	6.5～7.5	芋艿	5.5～7.0
蚕豆	6.0～8.0	板栗	5.6～6.5	草莓	5.8～6.5
紫云英	6.0～7.0	苹果	5.4～6.8	莴苣	6.0左右
紫花苜蓿	7.0～8.0	杨梅	4.0～5.0	洋葱	6.0～6.8
荞麦	5.0～7.5	杏	6.8～7.9	豌豆	6.0～6.8
甘蔗	6.0～7.5	菠萝	4.5～5.5	菠菜	6.0～6.8
向日葵	6.0～7.5	香蕉	6.0～6.5	大白菜	6.0～6.8
甜菜	7.0～8.0	核桃	6.5～7.5	甜瓜	6.0～6.8
茶	5.0～5.5	蔬菜类		毛豆	6.0～6.8
桑	6.0～7.5	作物名称	pH	芹菜	6.0～7.5
果树类		马铃薯	5.0～6.0	豇豆	6.2～7.0
作物名称	pH	西瓜	5.0～6.8	芦笋	6.5～7.0
		大蒜	5.5～6.5	黄花菜	6.5～7.5
桃	5.2～6.8	韭菜	5.5～6.5	生姜	5.0～7.0
梨	5.6～7.2	大葱	7.0左右		

附录二　主要作物经济产量吸收氮、磷、钾的大致数量

作物	收获物	形成 100 kg 经济产量所吸收的养分数量（kg）			作物	收获物	形成 100 kg 经济产量所吸收的养分数量（kg）		
		氮(N)	磷(P_2O_5)	钾(K_2O)			氮(N)	磷(P_2O_5)	钾(K_2O)
水稻	籽粒	2.10~2.40	0.90~1.30	2.10~3.30	番茄	果实	0.45	0.50	0.50
冬小麦	籽粒	3.00	1.25	2.50	胡萝卜	块根	0.31	0.10	0.50
春小麦	籽粒	3.00	1.00	2.50	萝卜	块根	0.60	0.31	0.50
大麦	籽粒	2.70	0.90	2.20	卷心菜	叶球	0.41	0.05	0.38
荞麦	籽粒	3.30	1.60	4.30	洋葱	葱头	0.27	0.12	0.23
玉米	籽粒	2.57	0.86	2.14	芹菜	全株	0.16	0.08	0.42
谷子	籽粒	2.50	1.75	1.75	菠菜	全株	0.36	0.18	0.52
高粱	籽粒	2.60	1.30	3.00	花椰菜	全株	2.00	0.67	1.65
甘薯	鲜块根	0.35	0.18	0.55	菜豆	荚果	0.80	0.25	0.70
马铃薯	鲜块根	0.50	0.20	1.06	韭菜	地上部	0.15~0.18	0.05~0.06	0.17~0.2
大豆	豆粒	7.20	1.80	4.00	大葱	全株	0.30	0.12	0.40
绿豆	豆粒	9.68	0.93	3.51	辣椒	果实	0.34~0.36	0.05~0.08	0.13~0.16
蚕豆	豆粒	6.44	2.00	5.00	西瓜	果实	0.18	0.04	0.20
豌豆	豆粒	3.09	0.86	2.86	冬瓜	果实	0.13	0.06	0.15
花生	荚果	6.80~7.00	1.30	3.80~4.00	甜瓜	果实	0.35	0.17	0.69
棉花	籽棉	5.00	1.80	4.00	南瓜	果实	0.42	0.17	0.64
油菜	菜籽	5.80	2.50	4.30	草莓	果实	0.40	0.10	0.45
芝麻	籽粒	8.23	2.07	4.41	大白菜	地上部	0.15	0.07	0.20
向日葵	籽粒	6.22~7.44	1.35~1.86	14.6~16.6	梨	果实	0.47	0.23	0.48
甜菜	块茎	0.40	0.07	0.30	樱桃	果实	0.25	0.10	0.3~0.35
甘蔗	茎	0.19	0.07	0.30	柿（富有）	果实	0.59	0.14	0.54
柑橘	果实	0.60	0.11	0.40	柿	果实	0.80	0.30	1.20
黄瓜	果实	0.28	0.09	0.39	枣	果实	1.50	1.00	1.30
架芸豆	果实	0.81	0.23	0.68	猕猴桃	果实	0.18	0.02	0.32
茄子	果实	0.30	0.10	0.40	葡萄（玫瑰露）	果实	0.60	0.30	0.72
甘蓝	叶球	0.31~0.48	0.15~0.12	0.35~0.54	桃（白凤）	果实	0.48	0.20	0.76

附录三　各种作物秸秆养分含量

秸秆品种	粗有机物（%）	碳氮比	大量及中量元素（%）							微量元素（mg/kg）					
			全氮(N)	全磷(P)	全钾(K)	钙(Ca)	镁(Mg)	硫(S)	硅(Si)	铜(Cu)	锌(Zn)	铁(Fe)	锰(Mn)	硼(B)	钼(Mo)
水稻秸	78.6		0.91	0.13	1.89	0.61	0.22	0.14	9.45	15.6	55.6	134	800	6.1	0.88
小麦秸	81.1		0.65	0.08	1.05	0.52	0.17	0.1	3.15	15.1	18	355	62.5	3.4	0.42
玉米秸	80.5		0.92	0.15	1.18	0.54	0.22	0.09	2.98	11.8	32.2	493	73.8	6.4	0.51
大麦秸	92.5	76.6	0.56	0.09	1.37	0.35	0.09	0.10	2.73	10.1	32.1	179	66.4	4.7	0.30
大豆秸	89.7	29.3	1.81	0.20	1.17	1.71	0.48	0.21	1.58	11.9	27.8	536	70.1	24.4	1.09
油菜秸	85.0	55.0	0.87	0.14	1.94	1.52	0.25	0.44	0.58	8.5	38.1	442	42.7	18.5	1.03
蚕豆秸	78.8	29.9	2.45	0.24	1.71	0.62	0.29	0.32	2.03	24.7	51.6	1240	323	7.4	1.16
高粱秸	79.6	46.7	1.25	0.15	1.43	0.46	0.19		3.19	14.3	46.6	254	127	7.2	0.34
谷子秸	93.4		0.82	0.10	1.75					14.3	46.6	254	127	7.2	0.34
荞麦秸	87.8	50.5	0.80	1.91	2.12	1.62	0.37	0.14	0.97	4.9	27.9	772	102	13.1	0.31
甘薯藤	83.4	14.2	2.37	0.28	3.05	2.11	0.46	0.30	1.76	12.6	26.5	1023	119	31.2	0.67
马铃薯茎	80.2		2.65	0.27	3.96	3.03	0.58	0.37	2.43	14.3	53.0	1952	145	17.4	0.69
花生秸	88.6	23.9	1.82	0.16	1.09	1.76	0.56	0.14	2.79	9.7	34.1	994	164	26.1	0.59
向日葵秸	92.0		0.82	0.11	1.77	1.58	0.31	0.17	0.62	10.2	21.6	259	30.9	19.5	0.37
甘蔗茎叶	91.1	49.1	1.10	0.14	1.10	0.88	0.21	0.29	4.13	6.8	21.0	271	140	5.58	1.14
西瓜藤	80.2	20.2	2.58	0.23	1.97	4.64	0.83	0.24	3.01	13.0	43.6			17.0	0.49
绿豆秸	85.5		1.58	0.24	1.07										
豌豆秸	57.3		2.57	0.21	1.08										
棉秸	90.9		1.24	0.15	1.02	0.85	0.28	0.17		14.2	39.1	1463	54.3	14.2	
冬瓜藤	82.5		3.43	0.52	2.77										
南瓜藤	81.7		4.35	0.65	2.47										
黄瓜藤	75.1		3.18	0.45	1.62										
辣椒秸	87.8	13.9	3.27	0.30	4.49										
番茄秸	81.6	16.9	2.05	0.24	2.21										
洋葱茎秸	79.3		2.89	0.37	2.02	1.34	0.24	0.77							
芋头茎秸	79.0		2.21	0.45	5.68										

附录四　常见化肥的主要技术指标

肥料名称	标准号	指标名称	技术指标			
			优等品	一等品	合格品 I	II
碳酸氢铵	GB 3559—2001	N≥	17.2	17.1	16.8	
氯化铵	GB/T2946—2008	N≥	25.4	25.0	24.0	
硫酸铵	GB 535—1995	N≥	21.0	21.0	20.5	
尿素	GB 2440—2001	N≥	46.4	46.2	46.0	
		缩二脲≤	0.9	1.0	1.5	
结晶状硝酸铵	GB 2945—1989	N≥	34.6	34.6	34.6	
颗粒状硝酸铵	GB 2945—1989	N≥	34.4	34.0	34.0	
多孔粒状硝酸铵	HG/T 3280—2011	硝酸铵≥	99.5			
过磷酸钙	GB 20413—2006	P_2O_5≥	18.0	16.0	14.0	12.0
粉状重过磷酸钙	GB 21634—2008	P_2O_5≥	42.0	40.0	38.0	
粒状重过磷酸钙	GB 21634—2008	P_2O_5≥	44.0	42.0	40.0	
钙镁磷肥	GB20412—2006	P_2O_5≥	18.0	15.0	12.0	
氯化钾（农业用）	GB6549—2011	K_2O≥	60.0	57.0	55.0	
粉末结晶状硫酸钾	GB20406—2006	K_2O≥	50.0	50.0	45.0	
颗粒状硫酸钾	GB20406—2006	K_2O≥	50.0	50.0	40.0	
粒状磷酸一铵（传统法）	GB10205—2009	总养分≥	64.0	60.0	56.0	
		P_2O_5≥	51.0	48.0	45.0	
		N≥	11.0	10.0	9.0	
		水溶性磷≥	87.0	80.0	75.0	
粒状磷酸二铵（传统法）	GB 10205—2009	总养分≥	64.0	57.0	53.0	
		P_2O_5≥	45.0	41.0	38.0	
		N≥	17.0	14.0	13.0	
		水溶性磷≥	87.0	80.0	75.0	

（续）

肥料名称	标准号	指标名称	技术指标			
			优等品	一等品	合格品	
					I	II
粒状磷酸一铵（料浆法）	GB 10205—2009	总养分≥	58.0	55.0	52.0	
		P_2O_5≥	46.0	43.0	41.0	
		N≥	10.0	10.0	9.0	
		水溶性磷≥	80.0	75.0	70.0	
粒状磷酸二铵（料浆法）	GB 10205—2009	总养分≥	60.0	57.0	53.0	
		P_2O_5≥	43.0	41.0	38.0	
		N≥	15.0	14.0	13.0	
		水溶性磷≥	80.0	75.0	70.0	
硝酸磷肥	GB/T 10510—2007	$N+P_2O_5+K_2O$≥	40.5	37.0	35.0	
		水溶性磷≥	70.0	55.0	40.0	
硝酸磷钾肥	GB/T 10510—2007	$N+P_2O_5+K_2O$≥	42.0	40.0	38.0	
		水溶性磷≥	60.0	50.0	40.0	
磷酸二氢钾	HG 2321—1992	KH_2PO_4≥		96.0	92.0	
		K_2O≥		33.2	31.8	
农用硫酸锌	GB 21001—1986	锌≥	35.0		21.8	
复混肥料	GB 15063—2009	$N+P_2O_5+K_2O$≥	40.0	30.0	25.0	
		水溶性磷≥	60.0	50.0	40.0	
有机肥料	NY 525—2012	有机质≥	45.0			
		$N+P_2O_5+K_2O$≥	5.0			
有机无机复混肥	GB 18877—2009	$N+P_2O_5+K_2O$≥			15.0	25.0
		有机质≥			20.0	15.0

注：① 本表仅列出肥料的主要技术指标，其他指标参见相应标准。

② 技术指标分别为高浓度、中浓度和低浓度产品值。

附录五　常见有机肥料的主要成分含量（％）

种　类	粗有机质	N	P₂O₅	K₂O	CaO
人粪（鲜样）	14.40	1.13	0.60	0.36	
人尿（鲜样）	1.20	0.53	0.09	0.17	
人粪尿（鲜样）	4.80	0.64	0.25	0.23	
猪粪（鲜样）	18.30	0.56	0.55	0.35	0.69
猪尿（鲜样）	0.80	0.30	0.05	0.19	0.01
猪厩肥（鲜样）	3.80	0.45	0.16	0.20	0.42
牛粪（鲜样）	14.90	0.32	0.23	0.28	2.57
牛尿（鲜样）	2.80	0.50	0.04	1.10	0.08
牛厩肥（鲜样）	7.80	0.34	1.88	0.51	0.56
羊粪（鲜样）		0.65	0.50	0.25	
羊尿（鲜样）		1.40	0.03	2.10	
鸡粪（烘干）	49.48	2.34	2.13	1.93	
鸭粪（烘干）	43.49	1.66	2.02	1.65	
鹅粪（烘干）	49.28	1.64	1.54	2.10	
大豆饼		7.00	1.32	2.13	
芝麻饼		5.80	3.00	1.30	
花生饼		6.32	1.17	1.34	
棉籽饼		3.41	1.63	0.97	
棉仁饼		5.32	2.50	1.77	
菜籽饼		4.60	2.48	1.40	
杏仁饼		4.56	1.35	0.85	

（左侧跨行标注：粪便及厩肥类；饼肥类）

（续）

种　类	粗有机质	N	P₂O₅	K₂O	CaO
蓖麻籽饼		5.00	2.00	1.90	
胡麻饼		5.79	2.81	1.27	
椰籽饼		3.74	1.30	1.96	
葵花籽饼		5.40	2.70	—	
大米糠饼		2.33	3.01	1.76	
茶籽饼		1.11	0.37	1.23	
椿树籽饼		2.70	1.21	1.78	
草木灰类					
小杉木灰			3.10	10.95	22.09
松木灰			3.41	12.44	25.18
小灌木灰			3.14	5.92	25.09
禾本科草灰			2.30	8.09	10.72
棉籽壳灰			1.20	5.80	5.92
稻草灰			0.59	8.09	1.92
芦苇灰			0.24	1.75	
谷糠灰			0.16	1.82	
竹秆灰			1.89	5.56	
垃圾灰			1.67	1.98	
灶灰			1.39	4.52	
山土灰			0.21	1.07	

饼肥类

（续）

种　类		粗有机质	N	P₂O₅	K₂O	CaO
糟渣肥类	啤酒糟		0.78	0.39	0.04	
	酱油糟（半干）		2.46	0.47	0.45	
	芝麻酱糟		6.59	3.30	1.30	
	粉渣（甘薯）		0.26	0.19	—	
	豆腐渣（湿）		0.68	0.12	0.17	
	豆渣干		2.51	0.30	0.43	
	醋糟（干）		2.54	0.42	0.09	
	可可壳		2.50	0.75	2.50	
	粉渣（马铃薯）		1.00	0.18	—	
	咖啡渣		2.32	0.46	1.29	
	味精渣		1.83	0.92	—	
	麦芽渣		3.68	1.82	2.08	
	氨基酸渣		2.26	0.41	—	
	饴糖渣（干）		6.68	1.30	—	
	薄荷渣（湿）		0.63	0.33	0.71	
	甘蔗渣		1.00	4.20	3.30	
	糖用甜菜渣		0.40	1.50	0.15	
	烟草碎末		2.40	0.40	3.00	

附录六　畜禽粪尿日排泄量（参考值）

项目	牛（kg/头）	猪（kg/头）	肉鸡（kg/只）	蛋鸡（kg/只）
粪	30	2.40	0.07	0.17
尿	18	3.17		

附录七　肥料混合参考表

	硫酸铵、氯化铵	碳酸氢铵、氨水	尿素	硝酸铵	石灰氮	过磷酸钙	钙镁磷肥	重过磷酸钙	磷矿粉	硫酸钾、氯化钾	窑灰钾肥	磷酸铵	硝酸磷肥	草木灰	石灰	人粪尿
硫酸铵、氯化铵																
碳酸氢铵、氨水	△															
尿素	○	△														
硝酸铵	○	×	×													
石灰氮	×	×	×	×												
过磷酸钙	○	△	○	△	×											
钙镁磷肥	×	×	×	×	×	△										
重过磷酸钙	○	△	○	○	×	△	△									
磷矿粉	○	○	○	○	○	○	○	○								
硫酸钾、氯化钾	○	○	○	○	△	○	○	○	○							
窑灰钾肥	×	×	○	×	×	×	○	×	○	×						
磷酸铵	○	○	○	○	×	○	×	○	○	○	×					
硝酸磷肥	△	△	○	△	×	○	△	×	○	○	×	△				
草木灰	×	×	×	○	×	×	×	×	○	○	○	×	×			
石灰	×	×	×	×	○	×	○	×	○	×	×	×	×	×		
人粪尿	○	△	○	○	×	○	×	○	○	○	×	○	△	×	×	
新鲜堆肥、厩肥	○	○	○	×	○	○	○	○	○	○	×	○	○	×	○	○

注：① "○"表示可混合施用；"×"表示不能混合施用；"△"表示混合后要立即施用，不宜久放。

② 新鲜堆肥、厩肥和草木灰、石灰混合，因为前者在分解过程中会产生有机酸，影响微生物的活性，可加入2%～3%石灰或5%草木灰，调节酸度，促进肥料的腐熟。

③ 过磷酸钙可以和适量草木灰混合，因为过磷酸钙通常含有5%游离酸，如与磷肥含量5%草木灰混合，可消除磷肥中游离酸的不良影响，而磷肥和钾肥肥效也不会降低。

④ 草木灰不能和腐熟人粪尿混合施用，因为草木灰的主要成分是碳酸钾，其水溶液呈碱性，而腐熟的人粪尿中的氮素以碳酸铵形式存在，当它遇碱时，就会挥发出氮，由此造成氮素损失而降低肥效。据试验，用1份草木灰和1.5份人粪尿混合后放3 d，氮素损失达27.3%。

附录八　主要化肥换算系数

（把氧化物换算成元素和把元素换算为氧化物）

		换算系数 1	换算系数 2		
P_2O_5	×	0.44	0.436 4	=	P
K_2O	×	0.83	0.830 1	=	K
CaO	×	0.71	0.714 7	=	Ca
MgO	×	0.6	0.603 2	=	Mg
SO_3	×	0.4	0.400 5	=	S
SO_2	×	0.5	0.500 5	=	S
SiO_2	×	0.47	0.467 2	=	Si
B_2O_3	×	0.31	0.310 5	=	B
ZnO	×	0.8	0.803 4	=	Zn
MoO_3	×	0.67	0.666 6	=	Mo
MnO	×	0.77	0.774 4	=	Mn
FeO、Fe_2O_3	×	0.77、0.70	0.777 3、0.699 4	=	Fe
CuO	×	0.44	0.444 1	=	Cu
P	×	2.29	2.291 5	=	P_2O_5
K	×	1.2	1.204 7	=	K_2O
Ca	×	1.4	1.399 2	=	CaO
Mg	×	1.66	1.657 9	=	MgO
S	×	2.5	2.497 2	=	SO_3
S	×	2	1.998 1	=	SO_2
Si	×	2.1	2.140 4	=	SiO_2
B	×	3.22	3.220 6	=	B_2O_3
Zn	×	1.24	1.244 7	=	ZnO
Mo	×	1.5	1.500 3	=	MoO_3
Mn	×	1.3	1.291 3	=	MnO
Fe	×	1.29、1.43	1.286 5、1.429 8	=	FeO、Fe_2O_3
Cu	×	1.25	1.251 7	=	CuO

　　注：当需要作某些高精度计算时（如在研究论文、作物营养平衡等），可采用"换算系数 2"列数字作为换算系数。

　　引自：Handbook of Chemistry and Physics. 1973. The Chemical Rubber Company, Cleveland，Ohio.

参考文献

鲍士旦.2000.土壤农化分析.北京：中国农业出版社.

蔡绍珍，陈振德.1997.蔬菜的营养与施肥技术.青岛：青岛出版社.

曹志洪，林先贵，等.2005.论"稻田圈"在保护城乡生态环境中的功能Ⅰ.稻田土壤磷素径流迁移流失的特征.土壤学报，42（5）：799-803.

曹志洪，林先贵，等.2006.论"稻田圈"在保护城乡生态环境中的功能Ⅱ.稻田土壤氮素养分的积累，迁移及其生态环境意义.土壤学报，43（2）：256-260.

陈怀满.1996.土壤—植物系统中的重金属污染.北京：科学出版社.

陈锦年，林明.2007.宝山区耕地地力与农田环境研究.上海：上海科学普及出版社.

陈新平，张福锁.2006.通过"3414"试验建立测土配方施肥技术指标体系.中国农技推广，22（4）：36.

程美廷.1990.温室土壤盐分积累盐害及其防治.土壤肥料（1）：1-4.

程秋华，朱建忠.2008.嘉定区耕地地力调查与可持续发展研究.上海：上海科学普及出版社.

范红伟，黄丹枫.2004.西瓜、甜瓜安全生产实用技术.上海：上海科学技术出版社.

冯恭衍.1996.宝山之土壤与农业环境研究.上海：百家出版社.

高祥照，马常宝，杜森.2005.测土配方施肥技术.北京：中国农业出版社.

高拯民.1986.土壤—植物系统污染生态研究.北京：中国科学技术出版社.

何君健.1981.上海地区地质构造特征简介.上海地质（2）.

何念祖，孟赐福.1987.植物营养原理.上海：上海科学技术出版社.

侯传庆.1992.上海土壤.上海：上海科学技术出版社.

侯云霞.1987.上海蔬菜保护地的土壤盐分状况.上海：上海农业学报，3（4）：31-38.

黄昌勇，徐建明．土壤学．2010．北京：中国农业出版社．

黄德明．2003．十年来我国测土配方施肥的进展．植物营养与肥料学报，9（4）．

姜勇，梁文举，闻大中．2003．沈阳郊区农业土壤中微量元素．北京：中国农业科学技术出版社．

孔文杰，倪吾钟．2006．有机无机肥配合施用对土壤—水稻系统重金属平衡和稻米重金属含量的影响．中国水稻科学，20（5）：517－523．

李昌健，栗铁申．2005．测土配方施肥技术问答．北京：中国农业出版社．

林成谷．1983．土壤学：北方本．北京：农业出版社．

刘更另．1991．中国有机肥料．北京：农业出版社．

刘芷宇，唐永良，罗质超，等．1982．主要作物营养失调症状图谱．北京：农业出版社．

茅国芳，陆利民，朱萍，等．2005．沪郊西瓜甜瓜设施栽培土壤次生盐渍化的基本特性与防治技术研究．上海农业学报，21（1）：58－66．

农业部人事劳动司农业职业技能教材编审委员会．2007．肥料配方师职业技能培训大纲．北京：中国农业出版社．

钱非凡，李伯才．2007．上海市奉贤区耕地地力调查与质量评价．上海：上海科学技术出版社．

钱非凡，朱萍．2010．奉贤区中低产田改良．上海：上海科技教育出版社．

全国农业技术推广服务中心编著．2006．耕地地力评价指南．北京：中国农业科学技术出版社．

全国土壤普查办公室．1998．中国土壤．北京：中国农业出版社．

隋鹏飞，黄鸿翔，田有国，等．2000．中国土壤分类与代码．北京：中国标准出版社．

王坚，蒋有条，林德佩，等．1998．西瓜栽培与育种．北京：农业出版社．

王圣瑞，陈新骨，高祥照，等．2002．"3414"肥料试验模型拟合的探讨．植物营养与肥料学报，8（4）：409－413．

汪雅各．1991．上海农业环境污染研究．上海：上海科学技术出版社．

汪雅各，张四荣．2001．无污染蔬菜生产的理论与实践．北京：中国农业出版社．

奚振邦．2008．现代化学肥料学．北京：中国农业出版社．

谢建昌，陈据型．1997．菜园土壤肥力与蔬菜合理施肥．南京：河海大学出版社．

薛循革．2006．浦东新区耕地地力与质量研究．上海：上海科学普及出版社．

姚春霞．2005．西瓜设施栽培化肥减量对其产量和品质的影响．华北农学报，

20（1）：76-79.

姚春霞．2005．上海市蔬菜地土壤硝酸盐含量及评价．生态环境，14（3）：
　365-368.

姚春霞．2005．上海市蔬菜地土壤硝态氮状况研究．生态环境，14（3）：
　220-223.

杨丽娟，张玉龙．2001．保护地菜田土壤硝酸盐积累及其调控措施的研究进
　展．土壤通报，32（2）：66-69.

张炳宁，彭世琪，张月平．2004．县域耕地资源管理信息系统数据字典．北
　京：中国农业出版社．

张福锁．2006．测土配方施肥技术要览．北京：中国农业大学出版社．

张洪昌，段继贤，廖洪．2001．肥料应用手册．北京：中国农业出版社．

张月平，张炳宁．2004．县域耕地资源管理信息系统（CLRMIS）研制与应用//第
　六届 ArcGIS 暨 ERDAS 中国用户大会论文集（2004）．北京：地震出版社：
　544-551.

张振贤，于贤昌．1996．蔬菜施肥原理与技术．北京：中国农业出版社．

赵东彦．2005．土壤质量管理与科学施肥．北京：中国社会出版社．

赵春宗．1980．上海火山岩露头岩石基本特征．上海地质（2）．

中国农业科学院土壤肥料研究所．1994．中国肥料．上海：上海科学技术出版社．

中国科学院南京土壤研究所．1981．土壤理化分析．上海：上海科学技术出版社．

朱恩，朱建华．上海耕地地力与环境质量．上海：上海科学技术出版社．

褚绍唐．1980．历史时期太湖流域主要水系的变迁．复旦学报（S1）．

中国农业科学院土壤肥料研究所．1994．中国肥料．上海：上海科学技术出版社．

《上海农业志》编纂委员会．1996．上海农业志．上海：上海社会科学院出版社．